21世纪高等职业教育计算机系列规划教材

Internet应用

（第2版）

程书红　李　静　主　编
彭文锋　王　毅　副主编
翁代云　邓长春　参　编
　　　　　杨　莉　主　审

电子工业出版社

Publishing House of Electronics Industry
北京·BEIJING

内 容 简 介

本书为网络初学者编写,从最基本的如何将计算机接入网络开始讲起,逐步介绍了网页浏览器、电子邮件、网络搜索引擎、电子公告板和论坛、网络即时通信、网络电话、下载软件、图像浏览器、共享网络、网络安全等互联网基础知识,同时还介绍了 SOHO 一族网上银行、网上购物、网上炒股、网上订票、网上移动营业厅等时尚的网络生活方式以及当今备受网民青睐的博客、BBS、个人主页的制作。力求在最短的时间内,以最简单的方式帮助您轻轻松松学会网上冲浪。

本书内容丰富,即使您对网络一无所知,也可以顺利学习本书。本书将成为您学习上网知识的最佳选择。

本书可作为高职院校学生的教材,也可作为各类 Internet 培训班的教材,还可作为工程技术人员与管理干部的自学教材。

未经许可,不得以任何方式复制或抄袭本书之部分或全部内容。
版权所有,侵权必究。

图书在版编目(CIP)数据

Internet 应用 / 程书红,李静主编. —2 版. —北京:电子工业出版社,2014.3
21 世纪高等职业教育计算机系列规划教材

ISBN 978-7-121-22212-2

Ⅰ.①I… Ⅱ.①程… ②李… Ⅲ.①互联网络—高等职业教育—教材 Ⅳ.①TP393.4

中国版本图书馆 CIP 数据核字(2013)第 308799 号

策划编辑:徐建军(xujj@phei.com.cn)
责任编辑:郝黎明
印　　刷:北京虎彩文化传播有限公司
装　　订:北京虎彩文化传播有限公司
出版发行:电子工业出版社
　　　　　北京市海淀区万寿路 173 信箱　邮编 100036
开　　本:787×1 092　1/16　印张:17.75　字数:454.4 千字
版　　次:2014 年 3 月第 1 版
印　　次:2018 年 8 月第 8 次印刷
定　　价:36.00 元

凡所购买电子工业出版社图书有缺损问题,请向购买书店调换。若书店售缺,请与本社发行部联系,联系及邮购电话:(010)88254888,88258888。
质量投诉请发邮件至 zlts@phei.com.cn,盗版侵权举报请发邮件至 dbqq@phei.com.cn。
本书咨询联系方式:(010)88254570。

前　言

今天，Internet 技术已改变了人们的工作方式和生活方式，越来越多的人在生活和学习中已离不开 Internet。Internet 已成为各类信息系统的基础平台，Internet 技术已成为政府部门、科研院所和各种企事业单位的重要信息工具，也成为信息社会的重要标志。因此，Internet 技术在当今信息时代，对学生今后的学习和工作意义重大，它也是所有专业的一门重要的必修课程。

本书按照大学生的基本能力来选择教学内容；以提高学生的学习兴趣，取得良好的教学效果为目标，采用多种新的教学方法和手段；以模拟实际工作环境为导向的教学任务来培养学生的综合职业素质。

本书教学内容设计原则是根据现代大学生的基本能力要素形成课程能力单元，每个能力单元有特定的任务；将讲授理论知识与实际动手训练相融合，完全实现"理论实训一体化"，提高教学效率；让学生扮演职业岗位承担者的角色，掌握课程各能力单元的技能，最后以考核方式来检查学生掌握专项技能的程度和水平。

本书将课程总目标转化成职业任务行动过程，按职业任务分析、分解课程模块、知识点和技能点。每个能力单元以项目为导向，以任务驱动。本书共设置了 8 个课程能力单元，60 余个任务，如下表所示。

序号	能力素质	知识模块	教学内容	课时分配
1	认识 Internet 与 Web	了解 Internet 的起源和发展	了解 ARPAnet 网的诞生	4
			NSFnet 网的建立	
			下一代 Internet	
		Internet 技术基础	掌握 IP 地址及其操作	
			了解 IPv6 及域名	
		了解 Internet 提供的服务	信息通信服务	
			数据及资源服务	
			电子商务及社会交流	
2	网络连接	Internet 接入	网线制作——直连双绞线制作	10
			ADSL 接入 Internet	
			共享 ADSL 接入 Internet	
			移动通信 3G 接入 Internet	
			计算机和移动智能终端共享接入 Internet	
			常用网络管理工具及故障排除方法	

续表

序号	能力素质	知识模块	教学内容	课时分配
3	信息收集	上网浏览与信息搜索	浏览器设置	10
			信息搜索	
		保存网络资源	使用收藏夹	
			保存网页	
			FTP 的使用	
			使用 Thunder（迅雷）下载资源	
			压缩软件 WinRAR 的使用	
		RSS 资讯订阅	看天下网络资讯浏览器的下载与安装	
			看天下网络资讯浏览器的使用	
			系统配置管理	
			频道订阅与管理	
			阅读与内容管理	
			看天下使用高级技巧	
4	网上交流	收发电子邮件	申请网易 163 邮箱	6
			登录网易 163 邮箱收发邮件	
			离线邮件管理 Foxmail	
		网络即时通信	安装 QQ 客户端程序	
			申请 QQ 号码	
			QQ 客户端基本设置	
			使用 QQ 与好友通信	
		网络电话	Skype	
			UUCall	
		社交网站	QQ 空间	
5	电子商务初步	网上银行	开通网上银行	10
			使用网上银行	
		网上购物	开通网络支付工具	
			网上购物与交易	
		网上炒股	开通账户	
			网络炒股	
		网上订票	网上订飞机票	
			网上订火车票	
		网上移动营业厅	网上移动营业厅	
		网上求职	网上求职	
6	个性网络生活	博客、微博	浏览博客博文	12
			制作博客	
			制作微博	
		BBS	百度贴吧	
			百度知道	

续表

序号	能力素质	知识模块	教学内容	课时分配
6	个性网络生活	网上娱乐	在线玩游戏	
			在线听广播	
			在线听音乐	
			在线看电视	
			在线阅读	
		网页制作	利用 Dreamweaver 制作网页	
			个人主页的申请与站点发布	
			网络推广	
7	网络安全	常用的杀毒软件	Symantec AntiVirus 软件	6
			扫描计算机病毒	
			升级杀毒软件	
			开启自动防护功能	
		防止黑客攻击	使用 Windows 防火墙	
			使用网络安全工具天网防火墙	
		防止垃圾邮件	使用 Outlook 阻止垃圾邮件	
			有效拒收垃圾邮件	
8	常用工具软件	使用图形图像处理工具	屏幕捕获工具——SnagIt	6
			图像管理工具——ACDSee	
			图像处理工具——光影魔术手	
		使用音频播放、阅读工具	音乐播放工具——酷我音乐盒	
			Adobe Reader 的基本操作	
		网速测试	在线网速测试	
			无线网络带宽测试工具 IxChariot 的使用	
		远程控制工具	远程桌面的使用	
			VPN 软件的使用	
		合计学时		64

本书由重庆城市管理职业学院的骨干教师、重庆邮政公司信息技术局等企业技术人员组织编写。在编写过程中得到了重庆城市管理职业学院副院长曹毅博士的指导和支持，同时也参阅了许多参考资料，本书在编写过程中得到了各方面的大力支持，在此一并表示感谢。

本书第 1 章由李静和李芳编写，第 2 章由王毅和何娇编写，第 3 章由程书红编写，第 4 章由翁代云编写，第 5 章由王毅和彭茂玲编写，第 6 章由李静编写，第 7 章由彭文锋（企业高级工程师）、罗勇编写，第 8 章由邓长春和程书红编写，全书由杨莉主审、程书红统稿。

由于时间仓促，编者的学识和水平有限，疏漏和不当之处在所难免，敬请读者不吝指正。

编　者

CONTENTS

第 1 章　认识 Internet 与 Web ··· 1
  1.1　章节描述 ··· 1
    1.1.1　能力目标 ·· 1
    1.1.2　教学建议 ·· 1
    1.1.3　应用背景 ·· 1
  1.2　了解 Internet 的起源和发展 ··· 2
    1.2.1　ARPAnet 的诞生 ·· 2
    1.2.2　NSFnet 的建立 ·· 2
    1.2.3　美国国内互联网（US Internet）的形成 ····················· 3
    1.2.4　全球范围 Internet 的形成和发展 ······························ 3
    1.2.5　下一代 Internet ·· 3
  1.3　Internet 技术基础 ·· 4
    1.3.1　IP 地址 ·· 4
    1.3.2　IPv6 初步 ··· 5
    1.3.3　WWW ·· 5
    1.3.4　域名系统（DNS） ··· 6
    1.3.5　Internet 的组织管理 ·· 6
  1.4　Internet 提供的服务 ··· 8
    1.4.1　远程管理（Telnet、远程控制） ······························· 8
    1.4.2　信息共享服务 ·· 8
    1.4.3　信息通信服务（注：E-mail、即时通信、网络电话） ····· 9
    1.4.4　数据及资源服务（注：FTP 及软件下载） ················· 10
    1.4.5　电子商务 ·· 11
    1.4.6　社会交流 ·· 12
    1.4.7　网络娱乐 ·· 13
    1.4.8　新型应用 ·· 14
  1.5　小结 ·· 15
  1.6　能力鉴定 ·· 15

1.7　习题 16

第2章　网络连接 17
　2.1　项目描述 17
　　2.1.1　能力目标 17
　　2.1.2　教学建议 17
　　2.1.3　应用背景 18
　2.2　项目一　Internet 接入 18
　　2.2.1　预备知识 18
　　2.2.2　任务一　网线制作——直连双绞线制作 20
　　2.2.3　任务二　ADSL 接入 Internet 23
　　2.2.4　任务三　共享 ADSL 接入 Internet 27
　　2.2.5　任务四　移动通信 3G 接入 Internet 33
　　2.2.6　任务五　计算机和移动智能终端共享接入 Internet 36
　　2.2.7　任务六　常用网络管理工具及故障排除方法 40
　2.3　阅读材料 43
　　2.3.1　常见的 Internet 接入方式 43
　　2.3.2　常见的网络接入介质 44
　2.4　小结 45
　2.5　能力鉴定 45
　2.6　习题 46

第3章　信息收集 47
　3.1　项目描述 47
　　3.1.1　能力目标 47
　　3.1.2　教学建议 47
　　3.1.3　应用背景 48
　3.2　项目一　上网浏览与信息搜索 48
　　3.2.1　预备知识 48
　　3.2.2　任务一　浏览器设置 48
　　3.2.3　任务二　信息搜索 52
　3.3　项目二　保存网络资源 71
　　3.3.1　任务一　使用收藏夹 71
　　3.3.2　任务二　保存网页 74
　　3.3.3　任务三　FTP 的使用方法 75
　　3.3.4　任务四　使用 Thunder（迅雷）下载资源 78
　　3.3.5　任务五　压缩软件 WinRAR 的使用 81
　3.4　项目三　RSS 资讯订阅 85
　　3.4.1　预备知识 85
　　3.4.2　任务一　看天下网络资讯浏览器的下载与安装 85
　　3.4.3　任务二　看天下网络资讯浏览器的使用 86

目 录

- 3.4.4 任务三 系统配置管理 ··87
- 3.4.5 任务四 频道订阅与管理 ··88
- 3.4.6 任务五 阅读与内容管理 ··91
- 3.4.7 任务六 看天下使用高级技巧 ··93
- 3.5 知识拓展 ··95
  - 3.5.1 其他常用的浏览器 ··95
  - 3.5.2 其他知名的搜索引擎 ··95
  - 3.5.3 其他下载工具 ··96
  - 3.5.4 RSS 拓展工具 ··97
- 3.6 小结 ··99
- 3.7 能力鉴定 ··99
- 3.8 习题 ···100

第4章 网上交流 ···101

- 4.1 项目描述 ···101
  - 4.1.1 能力目标 ··101
  - 4.1.2 教学建议 ··101
  - 4.1.3 应用背景 ··102
- 4.2 项目一 收发电子邮件 ··102
  - 4.2.1 预备知识 ··102
  - 4.2.2 任务一 申请网易 163 邮箱 ··103
  - 4.2.3 任务二 登录网易 163 邮箱收发邮件 ································105
  - 4.2.4 任务三 离线邮件管理 Foxmail ····································109
- 4.3 项目二 网络即时通信 ··113
  - 4.3.1 预备知识 ··113
  - 4.3.2 任务一 安装 QQ 客户端程序 ······································113
  - 4.3.3 任务二 申请 QQ 号码 ··114
  - 4.3.4 任务三 QQ 客户端基本设置 ······································116
  - 4.3.5 任务四 使用 QQ 与好友通信 ······································117
- 4.4 项目三 网络电话 ··122
  - 4.4.1 预备知识 ··122
  - 4.4.2 任务一 TOM-Skype ··123
  - 4.4.3 任务二 UUCall ··126
- 4.5 项目四 社交网站 ··129
  - 4.5.1 预备知识 ··129
  - 4.5.2 任务 QQ 空间 ··129
- 4.6 知识拓展 ···132
- 4.7 小结 ··136
- 4.8 能力鉴定 ··136
- 4.9 习题 ···137

第 5 章　电子商务初步 140
5.1　项目描述 140
5.1.1　能力目标 140
5.1.2　教学建议 140
5.1.3　应用背景 141
5.2　项目一　网上银行 141
5.2.1　预备知识 141
5.2.2　任务一　开通网上银行 142
5.2.3　任务二　使用网上银行 145
5.2.4　阅读材料 148
5.3　项目二　网上购物 149
5.3.1　任务一　开通网络支付工具 149
5.3.2　任务二　网上购物与交易 152
5.3.3　阅读材料 156
5.4　项目三　网上炒股 157
5.4.1　任务一　开通账户 157
5.4.2　任务二　网络炒股 158
5.4.3　阅读材料 162
5.5　项目四　网上订票 162
5.5.1　任务一　网上订飞机票 162
5.5.2　任务二　网上订火车票 164
5.6　项目五　网上移动营业厅 167
任务　网上移动营业厅 167
5.7　项目六　网上求职 170
5.7.1　任务　网上求职 170
5.7.2　阅读材料 174
5.8　小结 175
5.9　能力鉴定 175
5.10　习题 176

第 6 章　个性网络生活 177
6.1　项目描述 177
6.1.1　能力目标 177
6.1.2　教学建议 177
6.1.3　应用背景 178
6.2　项目一　博客、微博 178
6.2.1　预备知识 178
6.2.2　任务一　浏览博客博文 179
6.2.3　任务二　制作博客 180
6.2.4　任务三　制作微博 181

- 6.3 项目二 BBS ·· 183
  - 6.3.1 预备知识 ·· 183
  - 6.3.2 任务一 百度贴吧 ·· 183
  - 6.3.3 任务二 百度知道 ·· 185
- 6.4 项目三 网上娱乐 ·· 186
  - 6.4.1 任务一 在线玩游戏 ····································· 186
  - 6.4.2 任务二 在线听广播 ····································· 186
  - 6.4.3 任务三 在线听音乐 ····································· 188
  - 6.4.4 任务四 在线看电视 ····································· 188
  - 6.4.5 任务五 在线阅读 ·· 190
- 6.5 项目四 网页制作 ·· 190
  - 6.5.1 预备知识 ·· 190
  - 6.5.2 任务一 利用 Dreamweaver 制作网页 ············· 190
  - 6.5.3 任务二 个人主页的申请与站点发布 ·············· 201
  - 6.5.4 任务二 网络推广 ·· 206
- 6.6 知识拓展 ··· 207
- 6.7 小结 ··· 208
- 6.8 能力鉴定 ··· 208
- 6.9 习题 ··· 209

第 7 章 网络安全 ··· 212
- 7.1 项目描述 ··· 212
  - 7.1.1 能力目标 ·· 212
  - 7.1.2 教学建议 ·· 212
  - 7.1.3 应用背景 ·· 213
- 7.2 项目一 常用的杀毒软件 ····································· 213
  - 7.2.1 任务一 Symantec AntiVirus 软件 ················· 213
  - 7.2.2 任务二 扫描计算机病毒 ······························· 214
  - 7.2.3 任务三 升级杀毒软件 ·································· 215
  - 7.2.4 任务四 开启自动防护功能 ··························· 216
- 7.3 项目二 防止黑客攻击 ·· 217
  - 7.3.1 预备知识 ·· 217
  - 7.3.2 任务一 使用 Windows 防火墙 ······················ 218
  - 7.3.3 任务二 使用网络安全工具天网防火墙 ··········· 220
- 7.4 项目三 防止垃圾邮件 ·· 223
  - 7.4.1 预备知识 ·· 223
  - 7.4.2 任务一 使用 Outlook 阻止垃圾邮件 ·············· 224
  - 7.4.3 任务二 有效拒收垃圾邮件 ··························· 226
- 7.5 知识拓展 ··· 227
  - 7.5.1 计算机病毒 ·· 227

  7.5.2 黑客 ································· 229
  7.5.3 垃圾邮件 ······························ 229
 7.6 小结 ··································· 230
 7.7 能力鉴定 ································ 231
 7.8 习题 ··································· 231

第8章 常用工具软件 ···························· 233
 8.1 项目描述 ································ 233
  8.1.1 能力目标 ······························ 233
  8.1.2 教学建议 ······························ 233
  8.1.3 应用背景 ······························ 234
 8.2 项目一 使用图形图像处理工具 ···················· 234
  8.2.1 任务一 屏幕捕获工具——SnagIt ················· 234
  8.2.2 任务二 图像管理工具——ACDSee ················· 239
  8.2.3 任务三 图像处理工具——光影魔术手 ················ 245
 8.3 项目二 使用音频播放、阅读工具 ···················· 252
  8.3.1 任务一 音乐播放工具——酷我音乐盒 ················ 252
  8.3.2 任务二 Adobe Reader 的基本操作 ················· 256
 8.4 项目三 网速测试 ·························· 259
  8.4.1 预备知识 ······························ 259
  8.4.2 任务一 在线网速测试 ······················ 259
  8.4.3 任务二 无线网络带宽测试工具 IxChariot 的使用 ············ 260
 8.5 项目四 远程控制工具 ························ 263
  8.5.1 预备知识 ······························ 263
  8.5.2 任务一 远程桌面的使用 ····················· 263
  8.5.3 任务二 VPN 软件的使用 ····················· 264
 8.6 知识拓展 ································ 268
  8.6.1 其他常用的播放器 ························· 268
  8.6.2 iSee 数字图像工具 ························· 269
 8.7 小结 ··································· 270
 8.8 能力鉴定 ································ 270
 8.9 习题 ··································· 270

第 1 章

认识 Internet 与 Web

1.1 章节描述

1.1.1 能力目标

通过本章的学习与训练,学生能了解 Internet 的起源和发展,掌握 Internet 提供的服务及 WWW 基本知识。

1. 了解 Internet 的起源和发展。
2. 了解 Internet 技术基础。
3. 了解 Internet 提供的服务。

1.1.2 教学建议

1. 教学计划(见表 1-1)

表 1-1 教学计划表

任 务		重点(难点)	实作要求	建议学时
了解 Internet 的起源和发展	了解 ARPAnet 的诞生、NSFnet 的建立及下一代 Internet		查询 ARPAnet 的相关信息	1
			查询 NSFnet 的相关信息	
			查询下一代 Internet 的相关信息	
Internet 技术基础	掌握 IP 地址及其操作,了解 IPv6 及域名	重点	学会相关操作	1
了解 Internet 提供的服务	了解 Internet 提供的服务,重点是信息通信服务、数据及资源服务、电子商务及社会交流服务等	重点	学会使用 WWW 操作	2
合计学时				4

2. 教学资源准备

(1)软件资源:相关查询软件及 IE 浏览器。
(2)硬件资源:安装 Windows XP 操作系统的计算机。

1.1.3 应用背景

小刘是某学院系部的教学秘书,因经常使用 Internet,他需要对 Internet 及 Web 的知识进行了解，通过本章的学习能顺利实现这个目标。

1.2 了解 Internet 的起源和发展

Internet 自 20 世纪 60 年代末诞生以来，经历了 ARPAnet 的诞生、NSFnet 的建立、美国国内互联网的形成，以及 Internet 在全世界的形成和发展等阶段。为了使某些刚入网的读者了解 Internet，本节将介绍 Internet 的发展过程。

1.2.1 ARPAnet 的诞生

随着计算机应用的发展，出现了多台计算机互连的需求。20 世纪 60 年代中期发展了由若干台计算机互连起来的系统，即利用高速通信线路将多台地理位置不同，并且具有独立功能的计算机连接起来，开始了计算机与计算机之间的通信。此类网络有两种结构形式：一是各主计算机通过高速通信线路直接互连起来，这里各主计算机同时承担数据处理和通信工作；二是通过通信控制处理机 CCP（Communication Control Processor）间接地把各主计算机连接起来。通信控制处理机负责网络上各主计算机之间的通信处理与控制，主计算机是网络资源的拥有者，负责数据处理，它们共同组成资源共享的高级形态的计算机网络。这是计算机网络发展的高级阶段。这个阶段的一个里程碑是美国的 ARPAnet 网络的诞生。目前，人们通常认为它就是 Internet 的起源。

1968 年美国国防部的高级研究计划署（ARPA）提出了研制 ARPAnet 计划，1969 年便建成了具有 4 个节点的试验网络。1971 年 2 月建成了具有 15 个节点、23 台主机的网络并投入使用，这就是有名的 ARPAnet，它是世界上最早出现的计算机网络之一，也是美国 Internet 的第一个主干网，现代计算机网络的许多概念和方法都来源于它。

从对计算机网络技术研究的角度来看，ARPA 建立 ARPAnet 的目的之一，是希望寻找一种新的方法将当时的许多局域网和广域网互连起来，构成一种"网际网"（International network 或 Internet）。在进行网络技术的实验研究中，专家们发现，计算机软件在网络互连的整个技术中占有极为重要的位置。为此，ARPA 的鲍勃·凯恩和斯坦福的温登·泽夫合作，设计了一套用于网络互连的 Internet 软件，其中有两个部分显得特别重要和具有开创性，这就是网际协议 IP（Internet Protocol）软件和传输控制协议 TCP（Transmission Control Protocol）软件，它们的协调使用对网络中的数据可靠传输起到了关键作用。在以后的非正式讨论中，研究人员使用这两个重要软件的字头来代表整个 Internet 通信软件，称为 TCP/IP 软件。

1982 年，Internet 的网络原型试验已经就绪，TCP/IP 软件也通过测试，一些学术界和工业界的研究机构开始经常性地使用 TCP/IP 软件。1983 年初，美国国防通信局 DCA（Defense Communication Agency）决定把 ARPAnet 的各个站点全部转为 TCP/IP 协议，这就为建成全球的 Internet 打下了基础。

1.2.2 NSFnet 的建立

由于美国军方 ARPAnet 的成功，美国国家科学基金会 NSF（National Science Foundation）决定资助建立计算机科学网，该项目也得到了 ARPA 的资助。

1985 年，NSF 抓住时机提出了建立 NSFnet 网络的计划。作为实施计划的第一步，NSF

把全美五大超级计算机中心利用通信干线连接起来，组成了全国范围的科学技术网 NSFnet，成为美国 Internet 的第二个主干网，传输速率为 56Kb/s。接着，在 1987 年，NSF 采用招标方式，由三家公司（IBM、MCI 和 MERIT）合作建立了一个新的广域网，该网络作为美国 Internet 的主干网，由全美 13 个主节点构成。主干节点又向下连接各个地区网，再连到各个大学的校园网，采用 TCP/IP 作为统一的通信协议标准。传输速率由 56Kb/s 提高到 1.544Mb/s。

1.2.3 美国国内互联网（US Internet）的形成

在美国采用 Internet 作为互联网的名称是在 MILnet（由 ARPAnet 分出来的美国军方网络）实现与 NSFnet 连接之后开始的。接着，美国联邦政府其他部门的计算机网络相继并入了 Internet。例如，能源科学网 ESnet（Energy Science Network）、航天技术网 NASAnet（NASA Network）、商业网 COMnet（Commerical Network）等。这样便构成了美国全国的互联网络 US Internet。1990年，ARPAnet 在完成其历史使命以后停止运作。同年，由 IBM、MCI 和 MERIT 三家公司组建 ANS（Advanced Network and Services）公司建立了一个新的广域网，即目前的 Internet 主干网 ANSnet，它的传输速率达到 45Mb/s，传输线容量是被取代的 NSFnet 主干网容量的 30 倍。

1.2.4 全球范围 Internet 的形成和发展

20 世纪 80 年代以来，由于 Internet 在美国获得了迅速发展和巨大成功，世界各工业化国家及一些发展中国家纷纷加入 Internet 的行列，使 Internet 成为全球性的网络，即我们在本书中所讲述的 Internet。

Internet 在美国是为了促进科学技术和教育的发展而建立的。在它建立之初，首先加入其中的都是一些学术界的网络。因此，在 1991 年以前，无论在美国还是在其他国家，Internet 的连接与应用，都被严格限制在科技与教育领域。

由于 Internet 的开放性及其具有的信息资源共享和交流的能力，它从形成之日起，便吸引了广大的用户。当大量的用户开始涌入 Internet 时，它就很难以原来的固定模式发展下去了。随着用户的急剧增加，Internet 的规模迅速扩大。它的应用领域也走向多样化，除了科技和教育之外，它的应用很快进入文化、政治、经济、新闻、体育、娱乐、商业及服务行业。1992 年，成立了 Internet 协会。此时，Internet 联机数目已经突破一百万台。1993 年，美国白宫、联合国总部和世界银行等又先后加入 Internet。

目前，根据不完全统计，全世界有 200 多个国家和地区连入了 Internet（包括全功能 IP 连接和单纯的电子邮件连接）。到 2013 年底，全球网上用户已超过 28 亿，以 Internet 为核心的信息服务业产值超过 10 万亿美元。

1.2.5 下一代 Internet

从 1993 年起，由于 WWW 技术的发明及推广应用，Internet 面向商业用户并向普通公众开放，用户数量开始以滚雪球的方式增长，各种网上的服务不断增加，接入 Internet 的国家和地区也越来越多，再加上 Internet 先天不足（例如，宽带过窄、对信息的管理不足）造成信息传输的严重阻塞。为了解决这一问题，1996 年 10 月，美国 34 所大学提出了建设下一代 Internet（NGI，Next Generation Internet）的计划，表明要进行第二代 Internet（Internet 2）的研制。根据当时的构想，第二代 Internet 将以美国国家科学基金会建立的"极高性能主干网络"为基础，它的主要任务之一是开发和试验先进的组网技术，研究网络的可靠性、多样性、安全性、业务实时能力（如广域分布计算）、远程操作和远程控制试验设施等问题。研究的重点是网络扩展设计、端到端的服务质量（QoS）和安全性三个方面。第二代 Internet 又是一次以教育科研为先导，瞄准 Internet 的高级应用，是 Internet 更高层次的发展阶段。

　　第二代 Internet 的建设，将使多媒体信息可以实现真正的实时交换，同时还可以实现网上虚拟现实和实时视频会议等。例如，大学可以进行远程教学，医生可以进行远程医疗等。第二代 Internet 计划之快，它引起的反响之大，都超出了人们的意料。1997 年以来，美国国会参、众两院的科研委员会的议员多次呼吁政府关注和资助该计划。1998 年 2 月，美国总统克林顿宣布第二代 Internet 被纳入美国政府的"下一代 Internet"的总体规划中，政府将对其进行资助。第二代 Internet 委员会副主席范·豪威灵博士指出，第二代 Internet 技术的扩散将远比 Internet 快得多，普通老百姓很快就可以应用它，到那时离真正的"信息高速公路"也就不远了。

　　中国第二代互联网协会（中国 Internet 2）已经成立，该协会是一个学术性组织，将联合众多的大学和研究院，主要以学术交流为主，进行选择并提供正确的发展方向，其工作主要涉及三个方面：网络环境、网络结构、协议标准及应用。

1.3　Internet 技术基础

　　Internet 是一个在物理上由功能独立、位置分散的覆盖全球的若干计算机系统，通过通信设备和传输介质连接起来，并由网络控制软件和网络协议管理，以实现信息传输和资源共享的系统。在 Internet 中，计算机及计算机系统成千上万，如何识别管理每一台计算机或计算机系统，就需要用 IP 地址对其进行标识和区分。

1.3.1　IP 地址

　　IP 地址用来唯一标识 Internet 上计算机的逻辑地址，每台连入 Internet 的计算机和路由器及其他网络终端都有一个唯一的 IP 地址。通俗地理解，IP 地址就像我们日常生活中的门牌号一样。IP 地址主要分为 IPv4 和 IPv6 两个版本。目前通常所说的 IP 地址就是指 IPv4 版本，IPv6 则是 IP 地址的未来发展方向。

　　IP 地址共有 32 位，包括网络号和主机号。32 位分为 4 个字段并用十进制进行表示，字段间用小数点间隔。IP 地址共分为 A、B、C、D、E 5 类，其结构如图 1-1 所示。

位数:	1	2	3	…	8	16	24	32
A 类:	0			网络号		主机号		
B 类:	1	0			网络号		主机号	
C 类:	1	1	0			网络号		主机号
D 类:	1	1	1	0		组播地址		
E 类:	1	1	1	1		保留地址，将来使用		

图 1-1　IP 地址结构图

A 类地址中最高位的"0"与其后 7 位构成网络号，其第一字段取值范围为 0～127。其后的 24 位为该网内主机号。在 Internet 中有 126 个 A 类网段（0 和 127 都被保留），而每个 A 类网段中可以达到 1600 万个节点。因此，A 类型仅适用于非常大型的网络。

B 类地址中的最高 2 位"10"与其后 14 位构成网络号，其第一字段取值范围为 128～191。其后 16 位为该网内主机号。B 类地址允许有 2^{14}=16384 个网段，每个 B 类网段中又可以有多达 65534 个节点。该类地址适用于中型网络或网络管理器。

C 类地址中的最高 3 位"110"与其后的 21 位为网络号，第一字段取值范围为 192～223。其后 8 位为网内主机号。在互联网中可以允许有 200 万个 C 类网络，每个 C 类网中可以有 254 个节点，通常适用于小型网络。

D 类地址多用于多路广播用户，IP 地址第一字段取值范围为 224～239。网内可以没有主机，也可以有主机，还可以有多台主机。

E 类地址主要用于将来扩充备用和网络实验测试。其第一字段取值范围为 240～255。

1.3.2 IPv6 初步

IPv4 的地址空间为 32 位，其理论可以支持 2^{32}（约 40 亿）个 IP 地址。但一方面由于 IPv4 采用 A、B、C 地址类型划分方式，导致许多 IP 地址浪费。另一方面 Internet 的迅猛发展及各类信息化、智能化电器的大量应用，使得在 IPv4 体制下的 IP 地址资源越来越紧张，难以满足人类社会发展和生活的需要。在此情况下，IETF（互联网工程任务组）于 1994 年提出 IPv6 作为下一代 IP 标准。

IPv6 作为新一代的 IP 标准，在兼容 IPv4 功能的基础上，更增加了许多新的功能：

（1）巨大的地址空间。IPv6 地址空间由 32 位拓展到 128 位，使其 IP 地址的总数大约为 $3.4×10^{38}$ 个，即使地球表面每平方米都能分到大约 $6.5×10^{23}$ 个 IP 地址，从而可以完全满足人们的需要。

（2）即插即用功能。IPv6 提供了地址自动配置机制，使主机能自动生成地址，避免手工操作的低效率，实现主机的即插即用功能。地址自动配置又分为状态地址配置和无状态地址配置两种方式。路由器在地址自动配置中发挥着巨大作用。

（3）简化 IP 报头格式。简化 IP 报头格式，降低了处理开销，提高了处理效率。

（4）高效分级的寻址和路由结构。IPv6 在设计上允许使用层次化的地址结构，使用多级的子网划分和地址分配，从而创建一个高效的、分层次的、可以有效收敛的路由结构。使得路由器具有更小的路由表，有更高效快速的转发速度。

（5）对 QoS 的更好支持。IPv6 报头结构中新增了优先级域和流标签域。优先级域和流标签域的结合使用，使得 IPv6 对 QoS 能进行更好的支持。

（6）更好的安全性。IPv4 只是简单的网络通信协议，没有考虑安全特性。IPv6 在设计之初，就充分考虑了安全问题，并支持 IPSec，定义了实现协议的认证、数据完整性和数据加密所需的有关功能。

IPv6 独具特色的创新业务，将对语音、数据、视频等提供更卓越的支持与应用，必将带给我们生活高品质、全方位的崭新享受。

1.3.3 WWW

WWW 是 World Wide Web 的缩写，中文名称为万维网。1992 年 7 月，WWW 在欧洲

量子物理实验室 CERN（the European Laboratory for Particle Physics）内部得到了广泛的应用。从此以后 WWW 逐渐被大众所接受，并在 Internet 上开始有所发行。

WWW 并不是一个独立的网络，而是一个基于 Internet 的应用、采用客户端/服务端运行模式、基于超文本（Hypertext）技术的信息查询工具。在 Internet 中，提供信息的最基本单位是网页，每个网页中所提供的信息非常丰富，包括文字、图片、动画、声音及视频等多种信息。而每个网页可以存放在世界任何一个 WWW 服务器上，方便用户浏览查询。在 WWW 系统中，使用一种简单的命名机制——URL 地址（即 Web 地址或网址）来唯一标识和定位 Internet 中的资源。

通过 WWW，人们只要使用简单的方法，就可以很迅速方便地取得丰富的信息资料。由于用户在通过 Web 浏览器访问信息资源的过程中，无需再关心一些技术性的细节，而且界面非常友好，因此，WWW 在 Internet 上刚推出就受到了热烈的欢迎，走红全球，并迅速得到了爆炸性的发展。

1.3.4 域名系统（DNS）

域名系统（Domain Name System，DNS）是为了克服 IP 地址不便记忆的缺陷，而采用文字来唯一地标识 Internet 上的计算机，并且与 IP 地址一一对应的网络服务和应用。

域名系统将整个 Internet 视为一个由不同层次的域组成的域名空间。一个域通常指网络上需要命名资源的管理集合，它包括客户机、服务器、路由器等。在域名的命名方式上，采用从左到右，从小范围到大范围的层次型命名方法，以此来表示主机所属的层次关系。域名由字母、数字或连字符组成，开头和结尾必须是字母或数字。域名结构通常为"主机名.机构名.网络名.最高域名"，如"mail.sina.com.cn"中的"mail"是指主机名为一台邮件服务器；"sina"则指机构为新浪网络公司，邮件服务器是新浪公司所属管理的；"com"则是指新浪公司是一家商业机构；"cn"是指该商业机构位于中国境内。

DNS 采用分级地址工作方式。顶层域分为两类：组织性域名和地理国家性域名。组织性域名主要包括以下几类：com（商业组织）、edu（教育组织）、gov（政府机构）、net（网络服务机构）、org（非营利性组织）等。而地理国家性域名是对除美国以外的其他国家或地区，都采用代表该国家或地区的域名，通常以该国家或地区的两个英文缩写字母来表示。如 cn（中国）、ca（加拿大）、jp（日本）、uk（英国）、hk（中国香港）等。

1.3.5 Internet 的组织管理

全球 Internet 是由分散在世界各国成千上万个网络互连而成的网络集合体。它现在已经非常庞大，这成千上万个网络规模各异，各属不同的组织、团体和部门。其中有跨越洲际的网络，有覆盖多个国家的网络，有各国的国家级网络，也有各部门各团体的专用网络、校园网、公司网等。这些网络各有其主，分别归属各自的投资部门，由各自的投资部门管理，也就是说，各个部门负责各自网络的规划、资金、建设、发展，确定各自网络的目的、使用政策、经营政策和运行方式等。从这点来说，全球 Internet 就是在这些分散的、分布式的管理机构下运行的。因此，从组织上来说，这是一个松散的集合体，用户自由接入 Internet；从整体来说，它并无严格意义上的统一管理机构，没有一个组织对它负责，Internet 沿袭了

20世纪60年代形成的多元化模式。

不过,还是有几个组织帮助展望新的 Internet 技术、管理注册过程,以及处理其他与运行主要网络相关的事情。下面简单介绍一些相关组织。

(1) Internet 协会。Internet 协会(ISOC)是一个专业性的会员组织,由来自 100 多个国家的数百个组织及 6000 名个人成员组成,这些组织和个人掌握影响 Internet 现在和未来的技术。ISOC 由 Internet 体系结构组(IAB)和 Internet 工程任务组(IETF)等组成。

● Internet 体系结构组。Internet 体系结构组(IAB)以前为 Internet 行动组,是 Internet 协会技术顾问,这个小组定期会晤,考查由 Internet 工程任务组和 Internet 工程指导组提出的新思想和建议,并给 IETF 提供一些新的想法和建议。

● Internet 工程任务组。Internet 工程任务组(IETF)是由网络设计者、制造商和致力网络发展的研究人员组成的一个开放性组织。IETF 一年会晤三次,主要的工作通过电子邮件组来完成。IETF 被分成多个工作组,每个组有特定的主题。

(2) W3C(World Wide Web)。一个经常被提及的组织 W3C——负责为发展迅速的万维网(WWW)制定相关标准和规范,该组织是一个工业协会,由麻省理工学院的计算机科学实验室负责运作。

(3) Internet 名字和编号分配组织(ICANN)。ICANN 是为国际化管理名字和编号而形成的组织,主要负责全球互联网的根域名服务器和域名体系、IP 地址及互联网其他号码资源的分配管理和政策制定。当前,ICANN 参与共享式注册系统(Shared Registry System,SRS)。通过 SRS,Internet 域名的注册过程是开放式公平竞争的。ICANN 的最高管理机构——ICANN 理事会是由来自世界各国的 19 名代表组成。

(4) 国际互联网络信息中心(InterNIC)。InterNIC 是为了保证国际互联网络的正常运行和向全体互联网络用户提供服务而设立的。InterNIC 网站目前由 ICANN 负责维护,提供互联网域名登记的公开信息。

(5) RFC 编辑。RFC 是关于 Internet 标准的一系列文档,RFC 编辑是 Internet RFC 文档的出版商,负责 RFC 文档的最后编辑检查。

(6) Internet 服务提供商。20 世纪 90 年代 Internet 商业化之后,出现了非常多的 Internet 服务提供商(ISP),它们有服务器,用点对点协议(PPP)或串行线路接口协议(SLIP),使得用户可以通过拨号接入 Internet。

另外,由于 20 世纪 90 年代后 Internet 的商业化,产生了许多利益纠纷,如由域名引起的纠纷,这不仅环绕着有关域名的商标、知识产权等法律问题,而且更关系到对域名的管理权、分配权。原来的那些面向技术的 Internet 组织和团体不具备处理这些商业问题和法律问题的地位和能力,不适合担当 Internet 合法框架管理者的角色。为了保护本组织的利益,各种国际组织都以积极的态度挤到 Internet 的各种管理活动中去。为了改革原来的域名管理体系,由 Internet 协会(ISOC)牵头,会同国际电联(ITU)、国际知识产权组织(WIPO)、国际商标组织等国际组织发起成立了"国际特别委员会 IAHC"。在 IAHC 的组织下,开放了一组新的顶级域名,并成立了一套国际性的民间机构,负责这些新的域名的管理和分配。

目前,因为美国是 Internet 的发源地,所以它在 Internet、信息技术、信息产业和信息化方面处于霸主地位,领导着世界新潮流;而且在 Internet 的各种主要组织中,很多主要人物都来自美国主要网络的主管部门,在 Internet 的管理上,美国起着重要的作用。当然,事情正在起着变化，随着 Internet 在其他国家的迅速发展，各国要求打破垄断、平等发展的呼声也越来越高，各国的组织正致力于本国网络的发展、协调，致力于本国网络的本地化，保护本国、本地区的利益，包括长远利益。

1.4 Internet 提供的服务

1.4.1 远程管理（Telnet、远程控制）

（1）远程登录（Remote-login）是 Internet 提供的最基本的信息服务之一，远程登录是在网络通信协议 Telnet 的支持下使本地计算机暂时成为远程计算机仿真终端的过程。在远程计算机上登录，必须事先成为该计算机系统的合法用户并拥有相应的账号和口令。登录时要给出远程计算机的域名或 IP 地址，并按照系统提示，输入用户名及口令。登录成功后，用户便可以实时使用该系统对外开放的功能和资源，例如，共享它的软/硬件资源和数据库或使用其提供的 Internet 的信息服务，如 E-mail、FTP、Archie、Gopher、WWW、WAIS 等。

Telnet 是一个强有力的资源共享工具。许多大学图书馆都通过 Telnet 对外提供联机检索服务，一些政府部门、研究机构也将它们的数据库对外开放，使用户通过 Telnet 进行查询。

（2）远程控制，是指管理人员在异地通过计算机网络，异地拨号或双方都接入 Internet 等手段，联通需被控制的计算机，将被控计算机的桌面环境显示到自己的计算机上，通过本地计算机对远程计算机进行配置、软件安装、修改等工作。

远程控制必须通过网络才能进行。位于本地的计算机是操纵指令的发出端，称为主控端或客户端，非本地的被控计算机称为被控端或服务器端。"远程"不等同于远距离，主控端和被控端可以是位于同一局域网的同一房间中，也可以是连入 Internet 的处在任何位置的两台或多台计算机。远程控制主要通过远程控制软件来实现。远程控制软件一般分客户端程序（Client）和服务器端程序（Server）两部分，通常将服务器端程序安装到主控端的电脑上，将客户端程序安装到被控端的电脑上。使用时服务器端程序向被控端电脑中的客户端程序发出信号，建立一个特殊的远程服务，然后通过这个远程服务，使用各种远程控制功能发送远程控制命令，控制被控端电脑中的各种应用程序运行。

随着网络和网络技术的高度发展和工业生产的需要，远程操作及控制技术越来越引起人们的关注。远程控制不仅支持 LAN、WAN、拨号方式及互联网方式等网络方式，而且有的远程控制软件还支持通过串口、并口、红外端口来对远程机进行控制（不过这里说的远程电脑，只能是有限距离范围内的电脑了）。传统的远程控制软件一般使用 NETBEUI、NETBIOS、IPX/SPX、TCP 等协议来实现远程控制。不过，随着网络技术的发展，很多远程控制软件提供通过 Web 页面以 Java 技术来控制远程电脑，这样可以实现不同操作系统下的远程控制。

1.4.2 信息共享服务

信息共享（Information Sharing）指不同终端（客户端）通过网络（包括局域网、Internet）共同管理、分享服务器（数据库）的数据信息。就是不同层次、不同部门信息系统间，信息和信息产品的交流与共用，与其他人共同分享，以便更加合理地达到资源配置，节约社会成本，创造更多的财富。信息共享是提高信息资源利用率，避免在信息采集、存储和管理上重复浪费的一个重要手段。

网络新闻（Network News）通常又称为 USENET。它是具有共同爱好的 Internet 用户相互交换意见的一种无形的用户交流网络，它相当于一个全球范围的电子公告牌系统。

网络新闻是按不同的专题组织的。志趣相同的用户借助网络上一些被称为新闻服务器的计算机开展各种类型的专题讨论。只要用户的计算机运行一种称为"新闻阅读器"的软件，就可以通过 Internet 随时阅读新闻服务器提供的分门别类的消息，并可以将你的见解提供给新闻服务器以便作为一条消息发送出去。

网络新闻是按专题分类的，每一类为一个分组。目前有 8 个大的专题组：计算机科学、网络新闻、娱乐、科技、社会科学、专题辩论、杂类及候补组。而每一个专题组又分为若干子专题，子专题下还可以有更小的子专题。目前有成千上万的新闻组，每天发表海量信息。故很多站点由于存储空间和信息流量的限制，对新闻组不得不限制接收。一个用户所能读到的新闻的专题种类取决于用户访问的新闻服务器。每个新闻服务器在收集和发布网络消息时都是"各自为政"的。

搜索引擎是指根据一定的策略、运用特定的计算机程序从互联网上搜集信息，在对信息进行组织和处理后，为用户提供检索服务，将用户检索的相关信息展示给用户的系统。百度是比较常用的搜索引擎之一。

1.4.3 信息通信服务（注：E-mail、即时通信、网络电话）

电子邮件（Electronic Mail）简称 E-mail。它是用户或用户组之间通过计算机网络收发信息的服务。目前电子邮件已成为网络用户之间快速、简便、可靠且成本低廉的现代通信手段，也是 Internet 上使用最广泛、最受欢迎的服务之一。

电子邮件使网络用户能够发送或接收文字、图像和语音等多种形式的信息。目前 Internet 上 60%以上的活动都与电子邮件有关。使用 Internet 提供的电子邮件服务，实际上并不一定需要直接与 Internet 联网。只要通过已与 Internet 联网并提供 Internet 邮件服务的机构收发电子邮件即可。

使用电子邮件服务的前提：拥有自己的电子信箱，一般又称为电子邮件地址（E-mail Address）。电子信箱是提供电子邮件服务的机构为用户建立的，实际上是该机构在与 Internet 联网的计算机上为你分配的一个专门用于存放往来邮件的磁盘存储区域，这个区域是由电子邮件系统管理的。

电子邮件系统的特点：

（1）方便性。像使用留言电话那样在自己方便的时候处理记录下来的请求；通过电子邮件传送文本信息、图像文件、报表和计算机程序等。

（2）广域性。电子邮件系统具有开放性，许多非 Internet 上的用户可以通过网关（Gateway）与 Internet 上的用户交换电子邮件。

（3）廉价性和快捷性。电子邮件系统采用"存储转发"方式为用户传递电子邮件。通过在一些 Internet 的通信节点计算机上运行相应的软件，可以使这些计算机充当"邮局"的角色。用户使用的"电子邮箱"就是建立在这类计算机上的。当用户希望通过 Internet 给某人发送信件时，他先要与为自己提供电子邮件服务的计算机联机，然后将要发送的信件与收信人的电子邮件地址送给电子邮件系统。电子邮件系统会自动将用户的信件通过网络一站一站地送到目的地，整个过程对用户来讲是透明的。

若在传递过程中某个通信站点发现用户给出的收信人电子邮件地址有误而无法继续传递，系统会将原信逐站退回并通知不能送达的原因。当信件送到目的地的计算机后，该计算机的电子邮件系统就将它放入收信人的电子邮箱中等候用户自行读取。用户只要随时以计算机联机方式打开自己的电子邮箱，便可以查阅自己的邮件了。

通过电子邮件还可访问的信息服务有：FTP、Archie、Gopher、WWW、News、WAIS 等，Internet 网上的许多信息服务中心都提供了这种机制。当用户想向这些信息中心查询资料时，只需要向其指定的电子信箱发送一封含有一系列查询命令的电子邮件，用户就可以获得相应服务。

即时通信（IM）是指能够即时发送和接收互联网消息等的业务。即时通信自 1998 年面世以来，特别是近几年的迅速发展，它的功能日益丰富，逐渐集成了电子邮件、博客、音乐、电视、游戏和搜索等多种功能。即时通信不再是一个单纯的聊天工具，它已经发展成集交流、资讯、娱乐、搜索、电子商务、办公协作和企业客户服务等为一体的综合化信息平台。随着移动互联网的发展，互联网即时通信也在向移动即时通信化扩张。目前，微软、AOL、Yahoo、UcSTAR 等重要即时通信提供商都提供通过手机接入互联网即时通信的业务，用户可以通过手机与其他已经安装了相应客户端软件的手机或电脑收发消息。

即时通信产品最早的创始人是三个以色列青年。他们在 1996 年开发的即时通信产品称为 ICQ。1998 年当 ICQ 注册用户数达到 1200 万时，被 AOL 看中，以 2.87 亿美元的天价买走。ICQ 用户主要集中在美洲和欧洲。现在国内的即时通信工具按照使用对象分为两类。一类是个人用 IM，如 QQ、百度 hi、网易泡泡、盛大圈圈、淘宝旺旺等。QQ 的前身 OICQ 在 1999 年 2 月第一次推出即时通信，目前几乎接近垄断中国在线即时通信软件市场。它具备文字消息、音视频通话、文件传输等功能，用户可通过它找到志同道合的朋友，并随时与好友联络感情。另一类是企业用 IM，简称 EIM，如 E 话通、UC、EC 企业即时通信软件、UcSTAR、商务通等。

网络电话通常称为 IP 电话，是在以 IP 为网络层协议的计算机网络中进行语音通信的系统，它采用的技术统称为 VoIP（Voice over IP）。网络电话诞生于计算机电话集成（Computer Telephony Integration，CTI）技术，是 CTI 技术发展到一定阶段的产物，是在 CTI 基础上发展起来的一项将 IP 数据网络与公用电话网络（Public Switch Telephone Network，PSTN）无缝集成的新技术。目前所说的网络电话是分组交换技术和 PSTN 网络融合后的结果。经过十余年的发展，网络电话技术已经成功应用于金融行业、高速公路通信网、电力行业、胜利油田、机场调度、跨国公司及校园等场合。

1.4.4 数据及资源服务（注：FTP 及软件下载）

文件传输是指计算机网络上在主机之间传送文件，它是在网络通信协议 FTP（File Transfer Protocol）的支持下进行的。

用户一般不希望在远程联机情况下浏览存放在计算机上的文件，更乐意先将这些文件取回到自己计算机中，这样不但能节省时间和费用，还可以从容地阅读和处理这些取来的文件。Internet 提供的文件服务 FTP 正好能满足用户的这一需求。Internet 上的两台计算机在地理位置上无论相距多远，只要两者都支持 FTP 协议，网上的用户就能将一台计算机上的文件传送到另一台。

FTP 与 Telnet 类似，也是一种实时的联机服务。使用 FTP 服务，用户首先要登录到对方的计算机上，与远程登录不同的是，用户只能进行与文件搜索和文件传送等有关的操作。使用 FTP 可以传送任何类型的文件，如文本文件、二进制文件、图像文件、声音文件、数据压缩文件等。

普通的 FTP 服务要求用户在登录到远程计算机时提供相应的用户名和口令。许多信息服务机构为了方便用户通过网络获取其发布的信息，提供了一种称为匿名 FTP 的服务（Anonymous FTP）。用户在登录到这种 FTP 服务器时无须事先注册或建立用户名与口令，而是以 anonymous 作为用户名，一般用自己的电子邮件地址作为口令。

匿名 FTP 是最重要的 Internet 服务之一。许多匿名 FTP 服务器上都有免费的软件、电子杂志、技术文档及科学数据等供人们使用。匿名 FTP 对用户使用权限有一定限制：通常仅允许用户获取文件，而不允许用户修改现有文件或向它传送文件；另外对于用户可以获取的文件范围也有一定限制。为了便于用户获取超长的文件或成组的文件，在匿名 FTP 服务器中，文件预先进行压缩或打包处理。用户在使用这类文件时应具备一定的文件压缩与还原、文件打包与解包等处理能力。

软件下载（DownLoad）是指通过网络进行传输文件，把互联网或其他电子计算机上的信息保存到本地电脑上的一种网络活动。下载可以显式或隐式地进行，只要是获得本地电脑上所没有的信息的活动，都可以认为是下载，如在线观看。

1.4.5 电子商务

电子商务通常是指在互联网开放的网络环境下，基于浏览器/服务器应用方式，买卖双方不谋面地进行各种商贸活动，实现消费者的网上购物、商户之间的网上交易和在线电子支付，以及各种商务活动、交易活动、金融活动和相关的综合服务活动的一种新型的商业运营模式。电子商务是以商务活动为主体，以计算机网络为基础，以电子化方式为手段，在法律许可范围内所进行的商务活动过程。电子商务涵盖的范围很广，一般可分为企业对企业（Business-to-Business，即 B2B）、企业对消费者（Business-to-Consumer，即 B2C）、个人对消费者（Consumer-to-Consumer，即 C2C）、企业对政府（Business-to-Government）等 4 种模式，其中主要为企业对企业（Business-to-Business）、企业对消费者（Business-to-Consumer）2 种模式。随着国内 Internet 使用人数的增加，利用 Internet 进行网络支付和网络购物已日渐流行。

网络支付是指电子交易的当事人，包括消费者、厂商和金融机构，使用安全电子支付手段通过网络进行的货币支付或资金流转，主要包括电子货币类、电子信用卡类、电子支票类。网络支付与传统的支付方式相比，网络支付具有以下特征：

（1）数字化。网络支付是采用先进的技术通过数字流转来完成信息传输的，其各种支付方式都是采用数字化的方式进行款项支付的；而传统的支付方式则是通过现金的流转、票据的转让及银行的汇兑等物理实体流转来完成款项支付的。

（2）互联网平台。网络支付的工作环境是基于一个开放的系统平台（即互联网）之中；

而传统支付则是在较为封闭的系统中运作。

（3）通信手段。网络支付使用的是最先进的通信手段，如互联网、Extranet；而传统支付使用的则是传统的通信媒介。

（4）网络支付对软、硬件设施的要求很高，一般要求有联网的计算机、相关的软件及其他一些配套设施，而传统支付则没有这么高的要求。

（5）经济优势。网络支付具有方便、快捷、高效、经济的优势。用户只要拥有一台上网的PC，便可足不出户，在很短的时间内完成整个支付过程。支付费用仅相当于传统支付的几十分之一，甚至几百分之一。网络支付可以完全突破时间和空间的限制，可以满足24/7（每周7天，每天24小时）的工作模式，其效率之高是传统支付望尘莫及的。

网上购物，就是通过互联网检索商品信息，并通过电子订购单发出购物请求，然后填上私人支票账号或信用卡的号码，厂商通过邮购的方式发货，或是通过快递公司送货上门。目前国内的网上购物，一般付款方式是款到发货（直接银行转账，在线汇款），但也有担保交易（淘宝支付宝、百度百付宝、腾讯财付通等的担保交易）及货到付款等方式。

网上购物的发展主要是得到了网民的认可，低价作为核心竞争力也成为网上购物迅速发展的重要原因。网上购物给用户提供方便的购买途径，只要简单的网络操作，足不出户，即可送货上门，并具有完善的售后服务。同时，在像当当网这样的地方购买商品，也能实现送货上门，货到付款，使网上购物的安全性得到了保障。这些都是顾客热衷网上购物和网络销售快速增长的原因。

但由于网上购物是在虚拟环境下达成的商品交易，因而在实际交易过程中也容易出现商品质量问题、商家诚信问题。同时对消费者隐私及消费者权益的保护都有待加强。

1.4.6 社会交流

BBS是英文Bulletin Board System的缩写，中文意思是"电子公告系统"或"电子公告栏"，即Internet上的各种论坛。当浏览者进入讨论区后，他可以浏览该区其他访问者留下的文章、问题和建议，也可以发表文章或回复他人，这又被称为"贴帖子"。总之在BBS上大家可以对一个共同感兴趣的问题进行讨论，并且能直接与其他的人进行沟通。

BBS最大的特点就是开辟了一块"公共"空间供所有用户读取其中信息。这些信息所涉及的领域几乎无所不包，不论你的兴趣是政治、经济、军事还是文化，都有特定的BBS系统在某处等着为你服务。不同的BBS上存放着各种不同的文件和信息。在这些公告板里，成千上万的人热衷于讨论各种各样的话题。浏览可以检索关于某个话题的所有信息，或只是最近的信息，或某一个人的所有信息，或与某一信息相关的其他信息，或者在某标题行有某一个特殊字眼的信息，凡此种种，都可检索。只要你选择加入自己感兴趣的BBS，就可以几乎免费地获取这些资源。BBS也是一种通信方式。BBS用户通过站上文章和信件、上线交谈等方式，能够迅速快捷地传递信息，参与讨论，发表意见，征询建议，结交朋友。

博客（Blog或Weblog），又译为网络日志、部落格或部落阁等，是一种通常由个人管理、不定期张贴新的文章的网站。博客是社会媒体网络的一部分，是以网络作为载体，简易、迅速、便捷地发布自己的心得，及时有效、轻松地与他人进行交流，集丰富多彩的个性化展示于一体的综合性平台。Blog是继E-mail、BBS、ICQ之后出现的第四种网络交流方式,十分受大家的欢迎,是以超级链接为武器的网络日记,代表着新的生活方式和新的工作方式,更代表着新的学习方式。

博客最早出现在20世纪90年代中后期的美国。起初博客在美国的使用范围主要限于一些IT技术迷、网站设计者和新闻爱好者。随着克林顿与莱温斯基的丑闻、9.11事件、伊拉克战争等事件在博客上传播,博客迅速扩展到全球范围,并逐渐成为很多人生活的一部分。

2002年,方兴东创立了博客中国(www.blogchina.com)。这个博客网站的建立具有里程碑的意义。当时,方兴东将网站定位于"引导博客潮流,精选信息知识,未来成为中国高科技的第一知识门户网站",倡导"每天5分钟,给思想加油"的理念,锁定产业界、学术界、政府界等领域的高端人群为目标读者,突破了当时中国网络娱乐化、庸俗化甚至带有低俗信息的固有模式,令人耳目一新,极具冲击力,目前博客中国网站已经成为中国最具知名度的博客传播平台之一。

虽然博客2002年才被方兴东引入中国,但是其影响力已不容忽视。博客的影响力进一步加强。博客的传播方式使其逐渐具有了全时性和即时性的特点,由2007年末延续到2008年的周正龙华南虎事件、南方雪灾、"5.12"汶川地震、奥运圣火传递活动,这些重大事件本身的震撼力与影响力都极大地刺激了博客作者的表达欲望,对博客用户和网络中博客内容的急速增长起到了促进作用。随着博客的普及度越来越高,博客将会在未来继续成为互联网应用的一个焦点。可以说,博客不仅已经成为博客主日常工作、交流、生活中的一部分,也成为当今网民阅读的重要内容,成为传递政府政务信息的一个重要工具,成为人们思想交流、沟通关系、表达意愿和文化消费的一种方式。

1.4.7 网络娱乐

在线电影,顾名思义就是在网络上的电影院,一般特别指的是能够在线直接观看的网上影院。在线影院是依照现实中电影院的功能,通过一些技术手段,通过互联网等技术在线架构的网上电影院,用户可以在这个虚拟的电影院中观看影视节目,实现足不出户就可以看影视的目的。一般说来,在线影院跨越了时间和地域的限制,让用户可以随时随地点播自己想看的电影。随着互联网内容的丰富和带宽的不断增加,网上影院收录的影片越来越多,点播也越来越快,画质也越来越高。

在线电影的关键技术是流媒体。流媒体通过流式传输,将整个音频和视频(A/V)及三维(3D)媒体等多媒体文件经过特定的压缩方式解析成一个个压缩包,由视频服务器向用户计算机顺序(严格说来,是一种点播技术)或实时传送。在采用流式传输方式的系统中,用户不必像采用下载方式那样等到整个文件全部下载完毕,而是只需经过几秒或几十秒的启动延时即可在用户的计算机上利用解压设备(硬件或软件)对压缩的A/V、3D等多媒体文件解压后进行播放和观看。此时多媒体文件的剩余部分将在后台的服务器内继续下载。与单纯的下载方式相比,这种对多媒体文件边下载边播放的流式传输方式不仅使启动延时大幅度地缩短,而且对系统缓存容量的需求也大大降低,极大地减少了用户等待的时间。

在线音乐是指利用互联网在线听音乐。互联网拥有庞大、完整的曲库,歌曲更新迅速,试听流畅,并提供免费或收费的歌曲在线试听、下载。可以利用专门的应用软件来收听,可以通过访问相应的网站在线收听,在线音乐的软件和网站很多。

在线游戏是指一些大型多人在线类网络游戏（MMORPG）或一些基于互联网平台的小游戏（如 Flash 小游戏在线游戏等）的集群的统称，是以互联网为平台的大大小小的网络游戏的综合称谓。

1.4.8 新型应用

传感网是指由随机分布的集成有传感器、数据处理单元和通信单元的微小节点，通过自组织的方式构成的无线网络。它借助于节点中内置的传感器测量周边环境中的热、红外、声纳、雷达和地震波等信号，从而探测包括温度、湿度、噪声、光强度、压力、土壤成分、移动物体的速度和方向等物质现象。虽然以互联网为代表的计算机网络技术是 20 世纪计算机科学的一项伟大成果，它给我们的生活带来了深刻的变化，但是网络功能再强大，网络世界再丰富，也终究是虚拟的，它与我们所生活的现实世界还是相隔的。在网络世界中，很难感知现实世界，很多事情还是不可能的。传感网正是在这样的背景下应运而生的全新网络技术，它综合了传感器、低功耗、通信及微机电等技术，在军事和工业生产等领域发挥着重要作用。可以预见，在不久的将来，传感网将给我们的生活方式带来革命性的变化。

物联网是新一代信息技术的重要组成部分。其英文名称是"The Internet of things"。因此，顾名思义，"物联网就是物物相连的互联网"。这有两层意思：第一，物联网的核心和基础仍然是互联网，是在互联网基础上的延伸和扩展的网络；第二，其用户端延伸和扩展到了任何物品与物品之间，进行信息交换和通信。因此，物联网的定义是通过射频识别（RFID）、红外感应器、全球定位系统、激光扫描器等信息传感设备，按约定的协议，把任何物品与互联网相连接，进行信息交换和通信，以实现对物品的智能化识别、定位、跟踪、监控和管理的一种网络。物联网是一个基于互联网、传统电信网等信息承载体，让所有能够被独立寻址的普通物理对象实现互联互通的网络。它具有普通对象设备化、自治终端互联化和普适服务智能化三个重要特征。照国际电信联盟（ITU）的定义，物联网主要解决物品与物品（Thing to Thing，T2T），人与物品（Human to Thing，H2T），人与人（Human to Human，H2H）之间的互联。但是与传统互联网不同的是，H2T 是指人利用通用装置与物品之间的连接，从而使得物品连接更加简化，而 H2H 是指人与人之间不依赖 PC 而进行的互联。因为互联网并没有考虑到对于任何物品连接的问题，故我们使用物联网来解决这个传统意义上的问题。物联网顾名思义就是连接物品的网络，许多学者讨论物联网时，经常会引入一个 M2M 的概念，可以解释成为人到人（Man to Man）、人到机器（Man to Machine）、机器到机器（Machineto Machine）。但是，M2M 所有的解释并不仅限于能够解释物联网，同样，M2M 这个概念在互联网汇总也已经得到了很好的阐释，就连人与人之间的互动，也已经通过第三方平台或者网络电视完成。人到机器的交互一直是人体工程学和人机界面等领域研究的主要课题；但是机器与机器之间的交互已经由互联网提供了最为成功的方案。从本质上而言，在人与机器、机器与机器的交互中，大部分是为了实现人与人之间的信息交互，万维网（World Wide Web）技术成功的动因在于：通过搜索和链接，提供了人与人之间异步进行信息交互的快捷方式。中国物联网校企联盟将物联网定义为当下几乎所有技术与计算机、互联网技术的结合，实现物与物之间环境和状态信息实时的共享，以及智能化的收集、传递、处理、执行。广义上说，当下涉及信息技术的应用，都可以纳入物联网的范畴。物联网的概念是在 1999 年提出的，物联网的英文名为 Internet of Things（IoT），又称为 Web of Things。被视为互联网应用扩展，应用创新是物联网的发展的核心，以用户体验为核心的创新是物联网发展的灵魂。2005 年，在突尼斯举行的信息社会世界峰会上，国际电信联盟发布了《ITU 互联网报告 2005：物联网》，正式提出了"物联网"的概念。

"泛在网"（Ubiquitous Network）即广泛存在的网络，它以无所不在、无所不包、无所不能为基本特征，以实现在任何时间、任何地点、任何人、任何物都能顺畅地通信为目标。其建设目标锁定为为用户提供更好的应用和服务体验。近年来，在物联网、互联网、电信网、传感网等网络技术的共同发展下，实现社会化的泛在网也逐渐形成。而基于环境感知、内容感知的能力，泛在网为个人和社会提供了泛在的、无所不含的信息服务和应用。

尽管泛在网络还是一门年轻的学科，但是，如今的泛在网络已经成为许多国家的学术研究战略规划的重要一部分，在世界范围内的研究热潮方兴未艾。随着经济发展和社会信息化水平的日益提高，构建"泛在网络社会"，带动信息产业的整体发展，已经成为一些发达国家和城市追求的目标。2004 年，日本将 E-Japan 战略目标修订成了"U-Japan"战略，因此，日本成为了最早采用"泛在（Ubiquitous）"这一名词来描述信息化战略并提出构建无所不在的全面信息化社会愿景的国家。2006 年，韩国将 IT-839 计划修订为"U-IT839"计划，它引入"无处不在的网络"这一概念，增加了 RF-ID，USN（Ubiquitous Sensor Network）等"泛在"网络的新的组成元素。欧盟也启动了"环境感知智能（Ambient Intelligence）"项目，旨在研究多种无线接入技术协同、融合的未来泛在网络框架。2008 年底，我国启动了"新一代宽带无线移动通信网"国家科技重大专项，其中，"无线泛在网络架构研究和总体设计"被作为主要的研究课题之一，并于 2010 年成立了一个新的技术委员会，专注于无线泛在网络标准化研究。

1.5 小结

本章主要讲述了 Internet 的起源和发展、Internet 技术基础及 Internet 提供的服务。学习者应该掌握 Internet 的起源和发展及 Internet 提供的服务。

1.6 能力鉴定

本章主要为理论基础知识，能力鉴定以理论知识为主，对少数概念可以教师问学生答的方式检查掌握情况，并将鉴定结果填入表 1-2。

表 1-2 能力鉴定记录表

序 号	项 目	鉴定内容	能	不能	教师签名	备 注
1	Internet 的起源和发展	了解 Internet 的发展历程				
		掌握下一代 Internet 的形成和发展				
2	Internet 技术基础	了解 Internet 技术基础				
3	Internet 提供的服务	能使用 Internet 的相关服务				

1.7 习题

填空题

1．Internet 提供的主要服务包括远程登录服务、_____、_____、_____、_____以及文档查询和信息浏览服务等

2．Internet 的组织管理机构有 Internet 协会、_____、_____、_____、_____、_____、_____及 Internet 服务提供商。

3．WWW 的中文名称是_____。

第 2 章 网 络 连 接

2.1 项目描述

2.1.1 能力目标

通过本章的学习与训练,学生能达到一般办公职员的上网连接能力,知道怎样制作网线并安装 ADSL 宽带上网设备、通过 ADSL 或其他方式连接 Internet、多台计算机共用一条线路采用有线或无线方式上网、计算机和移动智能终端的共享上网方法。

1. 了解直连双绞线的制作方法。
2. 掌握 ADSL 接入 Internet 的方法。
3. 掌握通过宽带路由器有线或无线共享接入 Internet 的方法。
4. 掌握通过 3G 接入 Internet 的方法。
5. 掌握计算机和移动智能终端互为共享接入 Internet 的方法。
6. 了解常用网络管理工具和故障排除方法。

2.1.2 教学建议

1. 教学计划(见表 2-1)

表 2-1 教学计划表

	任 务	重点(难点)	实作要求	建议学时
Internet 接入	任务一 网线制作——直连双绞线制作	难点	(1)掌握制作直连双绞线的方法	2
	任务二 ADSL 接入 Internet	重点	(1)掌握 ADSL 设备的连接方法 (2)掌握操作系统的连网配置方法	2
	任务三 共享 ADSL 接入 Internet	重点 难点	(1)掌握宽带路由器的配置方法 (2)掌握无线宽带路由器的设置方法	2
	任务四 移动通信 3G 接入 Internet		掌握通过 3G 上网卡接入 Internet 的方法	1
	任务五 计算机和移动智能终端共享接入 Internet		(1)掌握移动智能终端通过计算机连接 Internet 的方法 (2)掌握计算机通过移动智能终端连接 Internet 的方法	2
	任务六 常用网络管理工具及故障排除方法	难点	(1)掌握计算机常用网络管理命令的使用方法 (2)了解常见办公室网络故障的排除方法	1
	合计学时			10

2. 教学资源准备（见表2-2）

表2-2 教学资源准备表

任　　务	教学参考资料	设备与设施
任务一　网线制作——直连双绞线制作	EIA/TIA568标准	非屏蔽双绞线、RJ-45接头、剥线刀、压线钳
任务二　ADSL接入Internet	ADSL Modem产品说明书	双绞线、ADSL Modem和计算机
任务三　共享ADSL接入Internet	宽带路由器产品说明书	双绞线、ADSL Modem、宽带路由器和计算机
任务四　移动通信3G接入Internet	3G上网卡产品说明书	3G上网卡和计算机
任务五　计算机和移动智能终端共享接入Internet		智能手机和计算机
任务六　常用网络管理工具及故障排除方法		计算机

2.1.3 应用背景

小刘是某学院系部的教学秘书，单位为他及其办公室同事配备了计算机。因工作需要，这些办公电脑需要接入Internet。他购买了ADSL线路的接入设备并且也通过电信部门申请了ADSL宽带互联网接入手续，他应该怎样满足办公室几台计算机的上网需求呢？当他出差在外而身边没有有线网络时应该怎么上网呢？通过本章的学习能顺利实现这些目标。

2.2　项目一　Internet接入

2.2.1 预备知识

1. 常用Internet接入方法

目前，电信部门开设的Internet接入方法通常有5种形式：拨号上网、ADSL接入、无线宽带、局域网接入和3G上网方式。

拨号上网是传统的窄带接入方式，需要通过Modem将计算机和电话线连接起来，然后再进行拨号（号码通常为16300）登录。Modem是在数字信号和模拟信号之间进行信号转换的设备。当使用Modem接入网络时，因为要进行两种信号之间的转换，网络连接速度较低，且性能较差。目前拨号上网的下行速率为56Kbps，上行速率为33.6Kbps。由于接入速率很低，这种接入方式已基本淘汰，只作为无宽带网络环境的补充形式。

ADSL接入是当前流行的宽带接入方式，ADSL采用非对称数字用户环路技术被誉为"现代信息高速公路上的快车"。它的上网传输速度比普通拨号上网快数十倍，因其下行速率高、频带宽、性能优等特点而深受广大用户的喜爱，成为继Modem、ISDN之后的又一种全新更快捷、更高效的接入方式。它仍然利用电话线接入宽带，不需重新布线，一线多用，上网、打电话可同时进行，互不干扰。

无线宽带是为拥有笔记本电脑或PDA的人士提供的无线宽带上网业务。它通过计算机携带的无线局域网卡连接到电信部门提供的无线AP（Access Point，无线访问节点）上从而实现Internet连接。由于它的计费较贵，不太适用于家庭或办公室环境使用，通常适用于电信公司所布网的休闲中心、商务宾馆、咖啡吧等公共区域。

局域网接入方式是结合计算机局域网技术的 IP 宽带网络接入技术。它是在用户一侧采用计算机局域网的技术将网络专用线（通常是 5 类双绞线）布放到每位用户家庭或办公室中，然后再通过交换机汇聚到用户所在区域的"信息机房"，最后再通过光纤接入网连接到城域 IP 骨干网及 Internet 出口，从而使用户通过电脑与信息插座连接，实现从用户端到 Internet 的接入。通过这种方式接入 Internet 可以获得很高的速率，可达 100Mbps 的速率接入到电信局。但是由于其价格较贵，通常只适用于对数据流量需求较大的大中型企业。

3G 即第三代移动通信技术（3rd-generation），是指将无线通信与国际互联网等多媒体通信结合的新一代移动通信系统，是支持高速数据传输的蜂窝移动通信技术。它能够处理图像、音乐、视频流等多种媒体形式，提供包括网页浏览、电话会议、电子商务等多种信息服务。3G 和先前的移动通信技术相比主要区别是在传输声音和数据的速度上的提升，它能够在全球范围内更好地实现无线漫游，并处理图像、音乐、视频流等多种媒体形式，提供包括网页浏览、电话会议、电子商务等多种信息服务，同时也要考虑与已有第二代系统的良好兼容性。为了提供这种服务，无线网络必须能够支持不同的数据传输速率，也就是说在室内、室外和行车的环境中能够分别支持至少 2Mbps、384kbps 以及 144kbps 的传输速率。目前 3G 存在 4 种标准：CDMA2000，WCDMA，TD-SCDMA，WiMAX。国内运营商采用的 3G 技术标准为中国电信的 CDMA2000，中国联通的 WCDMA，中国移动的 TD-SCDMA。全球用户中使用技术最多的是 WCDMA。

2. ADSL 和 ADSL2/2+

非对称数字用户线 ADSL（Asymmetrical Digital Subscriber Line）是一种在无中继的用户环路网上利用双绞线传输高速数据的技术。它在电话线上可提供高达 8Mbps 的下行速率和 1Mbps 的上行速率，有效传输距离可达 3～5km。它充分利用现有的电话线路和网络，只需在电话网络的两端加装 ADSL 设备即可。ADSL 接入 Internet 方式是目前对于小型企业和家庭最佳的解决方案。ADSL Modem 是一种宽带上网设备，它在不影响语音传送的前提下，利用电话线的高频段进行高速数据传输。由于 ADSL 信号的频段范围高于话音的频段范围，通过分离器相互隔离，因而可以实现话音和 ADSL 信号共存于同一电话线。

相对于第一代 ADSL，ADSL2 的传输性能有了一定增强，其改进主要表现在长距离、抗线路损伤、抗噪声等方面。最大可支持下行 12Mbps、上行 1Mbps 的速率。在功能上实施了电源管理，增加了低功耗模式，支持在线诊断、链路捆绑，应用范围进一步扩大。而 ADSL2+将传输带宽增加一倍，从而实现理论值最高达 26Mbps 的下行接入速率，不加中继器时传输距离可以达到 7km，能让多个视频流同时在网络中传输、大型网络游戏及海量文件下载等应用都成为可能。目前在中国沿海发达地区已开始部署基于 ADSL2/2+技术的 Internet 接入技术。

3. 常用网络接入设备

1）交换机

交换机是提供有多个端口用于连接多个计算机或其他网络设备的存储转发设备。它的特点是端口数量较多、数据传输效率高、转发延迟很小、吞吐量大、丢失率低、网络整体性能增强等。交换机基于 MAC 地址识别，能完成封装转发数据帧功能，它可以"学习" MAC 地址，并将其存放在内部地址表中，通过在数据帧的始发者和目标接收者之间建立临时的交换路径，使数据帧直接由源地址到达目的地址。

从广义上来看，交换机分为两类：企业级交换机和工作组级交换机。企业级交换机一般用于大中型企业网络中，设备的功能多、性能高、支持网络远程管理、有标准的规格、价格较高。工作组级交换机通常用于小型办公室或家庭网络，端口数量较少、不能安装于机柜、价格较便宜、不能通过网络远程管理和配置，仅用于简单的几台计算机或设备的连接。从传输介质和传输速度上可分为以太网交换机、快速以太网交换机、千兆以太网交换机、FDDI 交换机、ATM 交换机和令牌环交换机等，目前市场的主流为百兆快速以太网交换机和千兆以太网交换机。

2）路由器

路由器是一种连接多个网络或网段的网络互联设备，它能将不同网络或网段之间的数据信息进行转发或转换，以使它们能够相互读到和读懂对方的数据，从而构成一个更大的网络。它的作用是连通不同的网络，还有一个作用是选择信息传送的线路。选择通畅快捷的近路，能大大提高通信速度，减轻网络系统通信负荷，节约网络系统资源，提高网络系统畅通率，从而让网络系统发挥出更大的效益来。

路由器通常分为企业级路由器和家用路由器。企业级路由器用于企业网络和 Internet 的连接处，由于数据吞吐量较大，速率和稳定性要求较高，当然价格就贵得多，通常在万元以上。而家用路由器通常用于家庭网络和 Internet 的连接处，由于家庭电脑数量普遍较少，所以对其性能要求较低，价格在百元左右。路由器还可以分为有线路由器和无线路由器，无线路由器能将有线网络的数据转换成无线信号，供无线网卡和移动智能终端通信。

3）防火墙

防火墙是隔离本地网络与外界网络之间的一道防御系统，在企业网络中通过它可以隔离 Internet 与企业内部局域网的连接，同时不会妨碍企业内部对 Internet 的访问。防火墙可以监控进出网络的通信数据，从而完成看似不可能的任务：仅让安全、核准了的信息进入，同时又抵制对企业构成威胁的数据。随着安全性问题上的失误和缺陷越来越普遍，对网络的入侵不仅来自高超的攻击手段，也有可能来自配置上的低级错误或不合适的口令选择。因此，防火墙的作用是防止不希望的、未授权的通信进出被保护的网络，迫使企业强化自己的网络安全政策。

2.2.2 任务一 网线制作——直连双绞线制作

1．非屏蔽双绞线简介

ADSL 方式接入 Internet 时需要通过一条双绞线将 ADSL Modem 和计算机内的网卡连接起来。因此，在自己动手连网之前需要制作一条双绞连接线。非屏蔽双绞线价格便宜，速率很高，在组网中起着重要的作用。

制作双绞线的关键是要注意 8 根导线排列的顺序，称为线序。EIA/TIA568 包含 T568A 和 T568B 两个子标准，如表 2-3 所示。这两个子标准没有质的区别，只是在线序上有一定的交换。在工程中人们习惯采用 T568B 标准。

表 2.3 双绞线顺序表

引脚号	1	2	3	4	5	6	7	8
T568A 标准	白绿	绿	白橙	蓝	白蓝	橙	白棕	棕
T568B 标准	白橙	橙	白绿	蓝	白蓝	绿	白棕	棕

2. 制作工具和基本材料

（1）非屏蔽双绞线。

（2）RJ-45 接头，属于耗材，不可回收，如图 2-1 所示。

（3）RJ-45 压线钳，主要由剪线口、剥线口、压线口组成，如图 2-2 所示。

（4）剥线刀，专用剥线工具，如图 2-3 所示。

（5）测线仪，常用的双绞线测线仪由信号发射器和信号接收器组成。双方各有 8 个信号灯及 1 个 RJ-45 接口，如图 2-4 所示。

图 2-1　RJ-45 接头

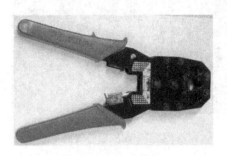
图 2-2　RJ-45 压线钳

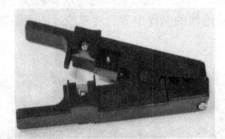
图 2-3　RJ-45 剥线刀

图 2-4　RJ-45 测线仪

3. 双绞线接头制作步骤

（1）将双绞线的外表皮剥除。

根据实际需要用剥线刀剪裁适当长度的 RJ-45 线，使用剥线刀夹住双绞线旋转一圈，剥去约 2cm 左右的塑料外皮，如图 2-5 所示。

（2）除去外套层。

采用旋转的方式将双绞线外套层慢慢抽出，如图 2-6 所示。

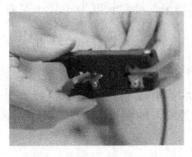
图 2-5　剥除双绞线外皮

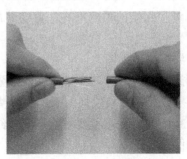
图 2-6　除去外套层

(3) 准备工作。

将 4 对双绞线分开，并查看双绞线是否有损坏，如有破损或断裂的情况出现，则需要重复上述两个步骤，剥皮后的效果如图 2-7 所示。

(4) 将双绞线拆开。

拆开成对的双绞线，使它们不扭曲在一起，以更清楚地看到每一根线芯，并将每根线芯弄直，如图 2-8 所示。

图 2-7 剥皮后的效果

图 2-8 拆开双绞线

(5) 按照标准线序进行排列。

将每根芯进行排序，根据表 2-1 所示的标准使线芯的颜色与选择的线序标准颜色从左至右相匹配。在计算机到 ADSL Modem 连线的制作中我们对双绞线的两头都采用 T568B 顺序，如图 2-9 所示。

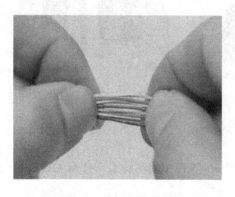

图 2-9 按标准排列线芯

图 2-10 剪线

(6) 剪线。

剪切线对使它们的顶端平齐，剪切之后露出来的线对长度为 1.5cm 左右，如图 2-10 所示。

(7) 剪线后的效果图。

使用剥线刀剪切后的双绞线头效果如图 2-11 所示。

(8) 将剪切好的双绞线插入 RJ-45 接头，确认所有线对接触到 RJ-45 接头顶部的金属针脚。在 RJ-45 接头的顶部要求能见到双绞线各线对的铜芯，如果没有排列好，则进行重新排列，如图 2-12 所示。

 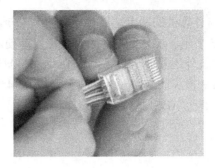

图 2-11　剪线后效果图　　　　　图 2-12　将双绞线插入 RJ-45 接头内

（9）压制工作。

将 RJ-45 接头装入压线钳的压线口，紧紧握住把柄并用力压制。压线钳可以把 RJ-45 接头顶部的金属片压入双绞线的内部，使其和双绞线的每根芯内的铜丝充分接触。同时 RJ-45 接头尾部的塑料卡子应将双绞线卡住，保护双绞线和 RJ-45 接头不至于在暂受外力的情况下脱落。压制后的效果如图 2-13 所示。

（10）测试。

使用测试仪检查线缆接头制作是否正确。将制作成功的双绞线缆接头两端分别插入测试仪的信号发射端和接收端，然后打开测试仪电源，观察指示灯情况，如图 2-14 所示。如果接收端的 8 个指示灯依次发出绿光，表示连接正确。如果有的指示灯不发光或发光的次序不对，则说明连接有问题，这时需要重新制作。

 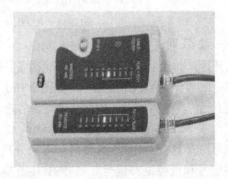

图 2-13　成品　　　　　　　　　图 2-14　测试

4．双绞线接头制作归纳总结

通过本任务的学习，读者会了非屏蔽双绞线直连线缆接头的制作标准和方法。特别要注意的是，在制作的各个环节中不能对压接处进行拧、撕，防止双绞线缆中各线芯的破损和断裂，在用压线钳进行压接时要用力压实，不能有松动。

2.2.3　任务二　ADSL 接入 Internet

1．准备工作

如果计算机需要通过 ADSL 接入 Internet，须先向本地的电信部门办理入网申请，当申请成功之后，用户会获得上网账号和密码。ADSL 安装包括局端线路调整和用户端设备安装。局端方面由电信服务商将用户原有的电话线串接入 ADSL 局端设备；用户端的 ADSL 安装只要将电话线连上滤波器，滤波器与 ADSL Modem 之间用一条两芯电话线连上，ADSL

Modem 与计算机的网卡之间用一条直通非屏蔽双绞线连通即可完成硬件连接，其拓扑结构如图 2-15 所示。ADSL 设备的安装比以前使用的拨号上网设备的安装要稍微复杂一些。用户除计算机外还需要一块以太网卡、一个 ADSL Modem、一个信号分离器；另外还需要两根两端做好接头的 RJ-11 电话线和一根 RJ-45 双绞线。下面以 Windows XP 操作系统为例来介绍如何通过 ADSL 接入 Internet。

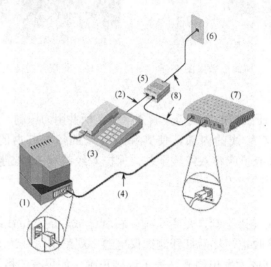

（1）计算机；（2）电话线；（3）电话机；（4）非屏蔽双绞线
（5）分离器；（6）电话插孔；（7）ADSL Modem；（8）电话线

图 2-15　ADSL 设备连接拓扑结构图

2．安装网卡

断开计算机电源，将主机箱打开，把准备好的 10/100Mbp/s 自适应以太网卡插入 PCI 插槽中，如图 2-16 所示。如果计算机主板上已经集成有网卡，则此步骤可以省略。

3．安装 ADSL Modem 信号分离器

信号分离器（Splite，滤波器）用来分离电话线中的高频数字信号和低频语音信号，让拨打/接听电话与计算机上网可同时进行。低频语音信号由分离器接入电话机，用来传输普通语音信息；高频数字信号则接入 ADSL Modem，用

图 2-16　网卡

来传输数据信息。这样，在使用电话时就不会因为高频信号的干扰而影响语音质量，也不会在上网的时候，由于打电话的语音信号串入而影响上网的速度，从而实现一边上网一边打电话。

信号分离器有 3 个插孔，如图 2-17 所示，安装时先将来自电信局的电话线插入信号分离器的"LINE"端口。通过"PHONE"插孔来连接电话机，而"ADSL"插孔与 ADSL Modem 设备的连接线相连接，如表 2.4 所示。3 个插孔对应的名称标注在信号分离器的背面，如果端口连接错误，将导致无法上网。

图 2-17　ADSL Modem 信号分离器

表 2.4　ADSL Modem 信号分离器连接方法

接口名称	使用说明
LINE	接来自电信部门的入户线
ADSL	连接 ADSL Modem
PHONE	接电话机

4. 安装 ADSL Modem

在 ADSL Modem 上有三个插孔，如图 2-18 所示，分别是"ADSL（或 LINE）"插孔和"Ethernet（或 LAN）"插孔和电源插孔。用一根电话线将信号分离器的"ADSL"插孔与 ADSL Modem 的"ADSL"插孔相连接。利用任务一所做的双绞线，将计算机内网

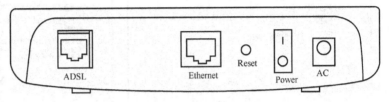

图 2-18　ADSL Modem 连接示意图

卡与 ADSL Modem 的"Ethernet"插孔相连起来。然后连接好电源线，打开计算机和 ADSL Modem 电源。观察指示灯状态。如果网卡安装成功，线路也正常，则 Modem 前面板上的"POWER"、"ACT"、"LINK"等第三个指示灯亮起，而"DATA"指示灯会自动闪烁。如果"POWER"指示灯亮，代表电源正常；"LINK"指示灯亮，代表与计算机连接正常；"ACT"指示灯亮，网卡连接正常；"DATA"指示灯闪烁，代表数据传送正常。

> **小提示**
>
> 如果有多台计算机通过一个 ADSL 账号共享上网，则需要在 ADSL Modem 和计算机之间加入一个宽带路由器从而组建小型的局域网。

5. 软件操作步骤

（1）执行【开始】→【程序】→【附件】→【通信】→【新建连接向导】命令，启动"新建连接向导"对话框，如图 2-19 所示。

（2）单击"下一步"按钮，打开"网络连接类型"对话框，选择"连接到 Internet"单选按钮，如图 2-20 所示。

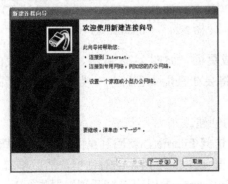

图 2-19　"新建连接向导"对话框

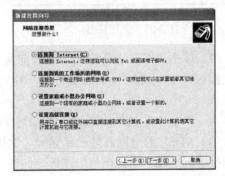

图 2-20　"网络连接类型"对话框

(3)单击"下一步"按钮,打开"准备好"对话框,选择"手动设置我的连接"选项,如图 2-21 所示。

(4)单击"下一步"按钮,打开"Internet 连接"对话框,选择"用要求用户名和密码的宽带连接来连接"选项,如图 2-22 所示。

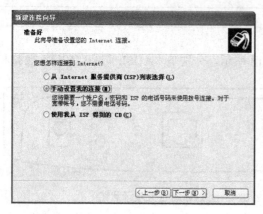

图 2-21 "准备好"对话框

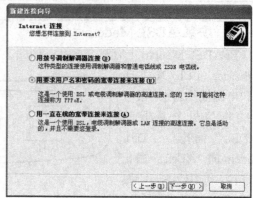

图 2-22 "Internet 连接"对话框

(5)单击"下一步"按钮,打开"连接名"对话框,在"ISP 名称"文本框中输入连接的名称,如"中国电信",如图 2-23 所示。

(6)单击"下一步"按钮,打开"Internet 账户信息"对话框,在"用户名"文本框中输入电信部门提供的用户名,在"密码"和"确认密码"文本框中分别输入电信提供的密码,其他选项可以使用默认值,如图 2-24 所示。

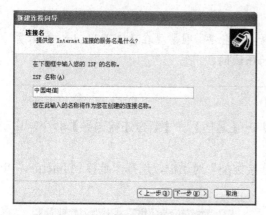

图 2-23 "连接名"对话框

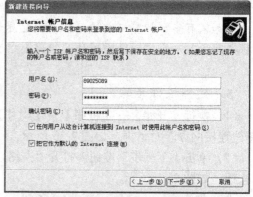

图 2-24 "Internet 账户信息"对话框

(7)单击"下一步"按钮,进入向导的完成页面,如图 2-25 所示。选中"在我的桌面上添加一个到此连接的快捷方式"复选框,将会在桌面上创建一个当前所建连接的快捷方式。

(8)单击"完成"按钮,完成 ADSL 连接的创建。

(9)ADSL 的上网连接已经完成,如果需要访问 Internet,就回到桌面上双击刚才建立的连接图标,如"中国电信"图标,此时就会打开如图 2-26 所示的对话框,然后单击"连接"按钮,计算机就通过 ADSL Modem 连接到 Internet。此时可以打开浏览器进行 Internet

访问或其他形式的 Internet 工作了。

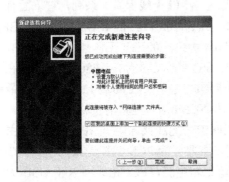

图 2-25 "正在完成新建连接向导"对话框　　图 2-26 "拨号连接"对话框

6. 归纳总结

本任务的主要目标是学会安装网卡、安装 ADSL Modem 信号分离器、安装 ADSL Modem 和进行软件的连接设置。特别要注意的是，在安装硬件设备过程中要注意每个插孔连接的设备及用途。

2.2.4 任务三 共享 ADSL 接入 Internet

1. 知识准备

原则上电信部门只为一台需要上网的计算机开通一条 ADSL 上网线路，但是许多工作人员为了节省成本，想用多台计算机共享 ADSL 接入 Internet。这种需求从技术上讲是可以满足的。如果多台计算机共享 ADSL 接入 Internet 就必须增加一个宽带路由器。当共享 ADSL 上网的计算机台数大于 4 台时，还需在宽带路由器下再级联一个多端口的交换机，因为常用的廉价宽带路由器只提供 4 个内部局域网接口。

由于移动办公工作需要，单位部分员工的笔记本电脑、PDA 手持设备、智能手机等需要通过共享 ADSL 接入 Internet，就必须备置无线宽带路由器。宽带路由器分为有线路由器（见图 2-27）、有线无线混合路由器（如图 2-28 所示）和有线转无线的 Mini 无线路由器（见图 2-29）。如果有有线和无线宽带上网需求时配置一个有线无线混合路由器（即市场上俗称的无线路由器）即可，线路连接拓扑结构如图 2-30 所示。

图 2-27 有线宽带路由器　　图 2-28 有线无线混合路由器　　图 2-29 无线 Mini 路由器

无线局域网又称为 WLAN（Wireless Local Area Network），是利用无线通信技术在一定的局部范围内建立的网络，是计算机网络与无线通信技术相结合的产物。它以无线多址信道作为传输媒介，提供传统有线局域网的功能，能够使用户真正实现随时、随地、随意地宽带网络接入。无线网络通常应用于移动办公、公共场所、难以布线的场所、频繁变化的环境等场合,作为有线网络的很好备用和补充。

常用的 WLAN 标准是 IEEE802.11(又称为 Wi-Fi 无线保真)系列,它下面有一系列子标准,常见的是 IEEE802.11a、IEEE802.11b、IEEE802.11g 和 IEEE802.11n。IEEE802.11a 工作频段为 5GHz,数据传输速率可达 54Mbps,IEEE802.11b 工作频段为 2.4GHz,数据传输速率为 11Mbps,而另一个传输速率和 IEEE802.11a 相同的 IEEE802.11g 工作在 2.4GHz,却具有较高的安全性。当前的大多数无线网卡同时支持 IEEE802.11a/b/g 标准。最新的商用产品是基于 IEEE802.11n 的,其传输速率可达 200Mbps,但目前价格较贵。

组建无线局域网的硬件设备主要有无线网卡、无线接入点(AP)、无线路由器和无线网桥。常见的无线网卡根据接口类型的不同,主要分为 PCMCIA 无线网卡、PCI 无线网卡和 USB 无线网卡。PCMCIA 无线网卡用于笔记本电脑,PCI 无线网卡和 USB 无线网卡用于台式计算机。

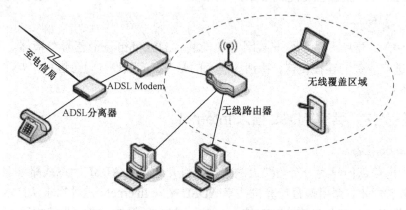

图 2-30 共享 ADSL 接入 Internet 拓扑结构

2. 操作步骤

(1)根据需要连网的计算机数量按本章任务一的步骤制作数根网线,并将各计算机与宽带路由器的局域网(LAN)口连接起来。

(2)用一根网线将 ADSL Modem 的 Ethernet(或 LAN)接口和宽带路由器的 WAN 端口连接好后,再用网线将路由器的 LAN 端口和任一计算机的网卡连接,最后打开路由器电源。

(3)将上述和宽带路由器相连接的计算机修改 IP 等网络参数地址。由于目前大多数路由器的管理 IP 地址出厂默认值为 192.168.1.1(通常在路由器的背面标签上有说明),子网掩码为 255.255.255.0,所以需要对宽带路由器进行配置时,要将一台计算机的 IP 地址设置为和路由器的 IP 地址为同一网段才可配置它。修改计算机 IP 地址方法为:电脑桌面上右击"网上邻居"图标,选择"属性",在弹出的窗口中双击"本地连接",在弹出的菜单中选择"属性",然后选择"Internet 协议(TCP/IP)",弹出"Internet 协议(TCP/IP)属性"对话框;在这个对话框中选择"使用下面的 IP 地址",然后在对应的位置填入 IP 地址:192.168.1.X(X 取值范围 2~254),子网掩码:255.255.255.0,默认网关:192.168.1.1,如图 2-31 所示,填完以后单击【确定】按钮,按钮名格式前后不一致,应保持一致即可。

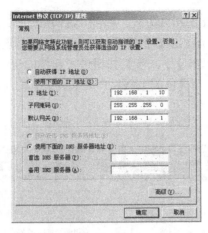

图 2-31　设置计算机 IP 地址

（4）检查本地计算机能否与路由器进行通信。回到桌面，选择【开始】→【运行】命令，然后在"运行"对话框中输入"ping 192.168.1.1"后单击【确定】按钮，观察运行结果。如果出现如图 2-32 所示的窗口即正确。

（5）开始设置路由器。打开浏览器如 Internet Explorer，在地址栏中输入"http://192.168.1.1"后回车，连接到宽带路由器。如果通信正常则会出现如图 2-33 所示对话框。本文以 TP-LINK 的"TL-WR941N"SOHO 宽带路由器产品为例。

图 2-32　检查计算机与路由器的通信情况

图 2-33　登录宽带路由器

（6）输入宽带路由器的登录用户名和密码，用户名和密码的默认值在产品说明书中告知。大多数设备的用户名和密码默认为"admin"。输入正确的用户名和密码单击【确定】按钮后，会出现如图 2-34 所示的界面，然后根据提示单击【下一步】按钮。

图 2-34　宽带路由器设置向导

（7）接下来选择 Internet 的接入方式，如图 2-35 所示窗口。如果线路是直接接入到运营商处，通常选择 PPPoE（ADSL 虚拟拨号）方式，如果是连接到内部局域网则选择动态 IP 或静态 IP 方式。然后再单击【下一步】按钮进入连接的认证环节，在提示栏中输入 ISP（电信服务提供商）即电信部门提供的上网用户名和密码。输入完成后单击【下一步】按钮，进行无线网络的设置。

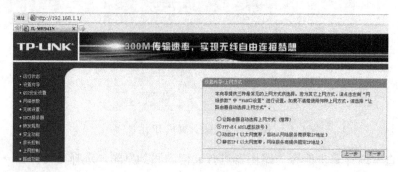

图 2-35　选择 Internet 的接入方式

（8）设置无线网络。由于无线网络接入具有移动性和快捷性，当办公区域笔记本电脑、智能手机、平板电脑等设备具有网络需求时，可以开启路由器的无线功能。如图 2-36 所示窗口，在无线状态处选择"开启"，在 SSID 处输入新建的这个无线热点的名称，名称不需要太复杂，如部门名称或门牌号。其他选项如信道、模式、频段带宽、最大发射速率等项目都选择默认值即可。按下来是无线安全选项，为了防止办公信息的泄露和别人的蹭网行为，建议设置一个无线接入密码。无线安全选项建议选择"WPA—PSK/WPA2—PSK"，然后输入后面笔记本电脑、智能终端接入此路由器所需的 PSK 密码，密码要求在 8 位以上。密码设定后单击下面的"保存"按钮，根据提示路由器会进行自动重新启动。

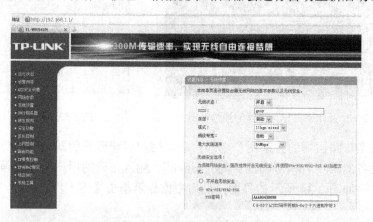

图 2-36　设置路由器的无线功能

（9）设置接入计算机网络参数。接下来根据上述步骤（3）分别修改其他连接在路由器的计算机 IP 地址，地址取值范围为 192.168.1.2～192.168.1.254，但每个计算机的 IP 地址不能相同。子网掩码设置为"255.255.255.0"，网关设置为宽带路由器 LAN 端口的 IP "192.168.1.1"，DNS 服务器 IP 由 ISP 提供，如重庆市为"61.128.128.68"。

（10）如果连网计算机数量较多，可以不用分别为每台计算机设置 IP 地址，由路由器来自动分配。设置方法是在路由器的管理网页中选择"DHCP 服务器"下的"DHCP 服务"，打开如图 2-37 所示的界面。在"DHCP 服务器"处选择"启用"，"地址池开始地址"和"地址池结束地址"栏中输入要分配给各计算机的 IP 地址范围，如 192.168.1.100-192.168.1.199，"地址租期"值可随意，网关地址为路由器 LAN 端口的 IP"192.168.1.1"，主、备 DNS 服务器值由 ISP 提供。最后单击【保存】按钮，路由器便可为各计算机提供 IP 地址了。后面进入需要通过此路由器接入 Internet 的计算机，在 IP 地址设置对话框中选择"自动获得 IP 地址"后单击两次【确定】按钮，回到桌面。此时需要共享 ADSL 上网的各计算机就可以访问 Internet 了。

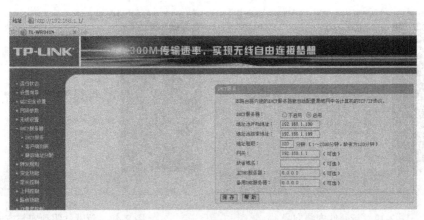

图 2-37　宽带路由器 DHCP 设置

（11）技巧提示：由于收费原因，目前有的 ISP 不同意用户通过共享 ADSL 方式连接 Internet，他们会将用户注册的 MAC 地址和 ADSL 登录电话号码捆绑起来，其后果是只能有一台计算机能正常访问 Internet。解决方法是在路由器的管理网页中选择"网络参数"下的"MAC 地址克隆"，在 MAC 地址栏中填入用户注册的 MAC 地址，最后单击【保存】按钮，退出设置，如图 2-38 所示。

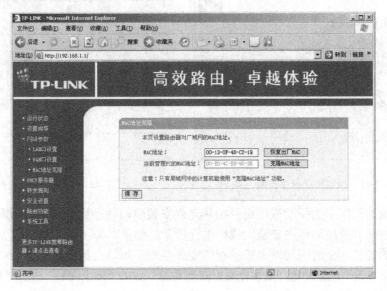

图 2-38　宽带路由器 MAC 克隆设置

3. 无线网卡配置

（1）安装无线网卡。通常笔记本电脑都内置有无线网卡，直接在机身上找到网卡的开关调置"ON"状态即可。如果是台式计算机就只好使用无线网卡了，本任务以锐捷网络公司的 RG—54G 无线 USB 网卡为例，将 USB 无线网卡直接插入计算机的 USB 接口即可。

（2）当把无线网卡安装于计算机后启动计算机（USB 网卡可以先启动系统再插入 USB 接口），系统会找到新硬件，并自动启动出现如图 2-39 所示的新硬件安装向导。

（3）单击【下一步】按钮出现如图 2-40 所示对话框，选择"从列表或指定位置安装（高级）"，并单击【下一步】按钮。

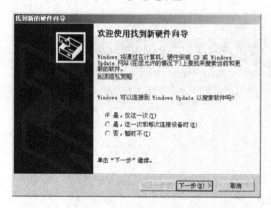 

图 2-39　新硬件安装向导　　　　　　　图 2-40　新硬件驱动安装方式

（4）将无线网卡的驱动光盘装入计算机光驱，如图 2-41 所示，选择从光盘搜索驱动程序，并单击【下一步】按钮。

（5）操作系统此时搜索驱动光盘，最后找到与此无线网卡相对应的程序，如图 2-42 所示。再单击【仍然继续】按钮。

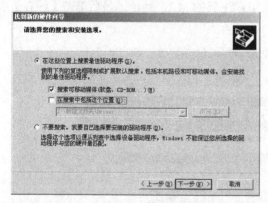 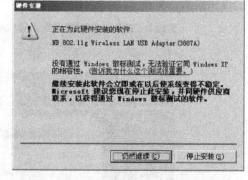

图 2-41　指定驱动程序安装方式　　　　　图 2-42　系统找到驱动程序

（6）系统找到网卡的驱动程序后开始从光盘安装驱动程序到计算机，如图 2-43 所示。

（7）无线网卡的驱动程序安装完成后进行提示，如图 2-44 所示，单击【完成】按钮退出驱动程序的安装。此时无线网卡驱动程序安装完毕，可以启用硬件了。

（8）当无线网卡的驱动程序安装完成后回到桌面，右击"网上邻居"选择"属性"命令，可以打开"网络连接"窗口，会发现该窗口中多了一个"无线网络连接"图标，如图 2-45 所示。

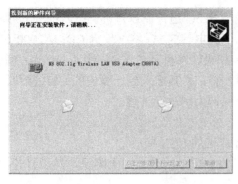
图 2-43 系统安装驱动程序

图 2-44 驱动程序安装完成

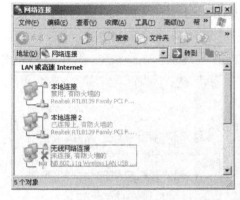
图 2-45 "网络连接"窗口

图 2-46 "无线网络连接"对话框

(9)右击"无线网络连接",在弹出的右键菜单中选择"查找新的无线网络",经过短暂的搜索后出现如图 2-46 所示的对话框,提示搜索到了一个无线网络节点"Office1"。

(10)在"无线网络连接"对话框中单击【连接】按钮,系统会出现一个提示可能存在安全性问题对话框。单击【仍然连接】按钮后会出现如图 2-47 所示的连接对话框,网卡开始连接到无线路由器上去,当对话框消失后无线网卡和路由器通信已经开始。用户可以通过无线网络和其他计算机进行数据通信和资源共享了。

图 2-47 无线网卡登录路由器

(11)当需要断开无线连接时,回到桌面,右击右下角的"无线网络连接"图标,打开"无线网络连接"对话框,单击【断开】按钮即可。

2.2.5 任务四 移动通信 3G 接入 Internet

1. 知识准备

通常来讲,3G 的资费较家庭宽带稍贵一些,但如遇出差或户外有上网需求时,通过

3G 接入 Internet 是一种很好的选择。目前国内三家 3G 运营商运营不同技术的 3G 网络。中国移动的 3G 网络称为 TD，官方标识是 G3；中国电信的 3G 网络称为 CDMA2000 EVD，官方标识是天翼；中国联通的称为 WCDMA。如果计算机要通过 3G 接入 Internet，就需要准备 3G 上网卡一块，上网卡外观和普通 U 盘一样，将其插入到计算机的 USB 接口即可进行软件安装和设置。本任务以华为 EC1260 上网卡为例进行讲述。

2. 操作步骤

（1）将装有 SIM 卡的 3G 上网卡插入到计算机的 USB 接口。

（2）目前大多数上网卡都采用免驱设计，只要把上网卡插到电脑里，然后打开"我的电脑"，就会多出一个虚拟光驱，如图 2-48 所示。

（3）安装无线驱动程序及宽带客户端软件。双击新产生的盘符运行安装，会自动进入程序安装界面，当出现软件安装许可对话框时（见图 2-49），选择同意厂商的使用协议，并选择"进行快速安装"。单击"下一步"按钮。

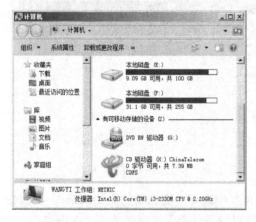
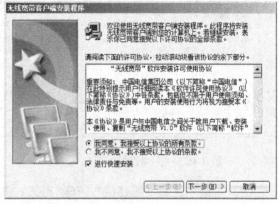

图 2-48　3G 上网卡产生的虚拟光驱　　　　图 2-49　无线宽带客户端安装程序

（4）选择安装类型。当出现"安装提示"对话框时，根据需要选择客户端程序的安装类型，通常选择"完全安装"，然后单击"下一步"按钮，如图 2-50 所示。

（5）上网卡驱动程序的安装。当客户端软件安装完毕后软件会进行相应的提示，如图 2-51 所示。此时还需要单击"下一步"按钮，进行驱动程序的安装。设备会根据主机操作系统的类型和版本进行自动匹配并安装，在安装的过程中桌面右下角任务栏会出现"发现新硬件"、"正在安装设备驱动程序软件"等提示信息。当软件出现如图 2-52 所示的界面时，表示驱动程序和客户端软件安装完毕。

（6）连接到 Internet。重新启动计算机操作系统后，单击开始菜单中的【无线宽带】→【无线宽带】程序，会打开 3G 客户端软件，界面如图 2-53 所示。用户可以通过无线局域网（WLAN）、3G 或 1X 方式接入到 Internet，其中 1X 针对的是 CDMA 1X 网络，网速低于 3G。可以从接入方式的右边看到各种类型的信号强度，通常选择信号较强的接入类型。如果要通过 3G 接入到 Internet，直接单击"无线宽带（3G）"左边的【连接】按钮，客户端软件会自动和 3G 基站进行连接，连接过程如图 2-54 所示。当客户端软件变成如图 2-55 所示界面时，表示通过 3G 连接 Internet 成功，此时用户可以进行网页浏览等网络操作。

网络连接 第2章

图 2-50 选择安装类型

图 2-51 无线宽带客户端软件安装完毕提示

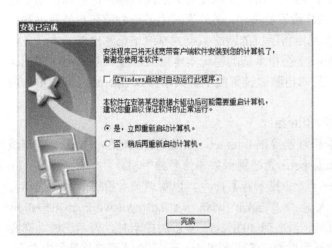

图 2-52 3G 网卡驱动程序安装完毕提示框

图 2-53 3G 客户端软件界面

图 2-54 3G 网络连接过程

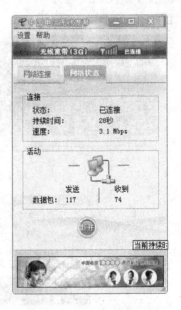

图 2-55 3G 网络通信状态

2.2.6 任务五　计算机和移动智能终端共享接入 Internet

1. 知识准备

移动智能终端（Mobile Intelligent Terminal）是指安装有开放式操作系统，可装载相应程序来实现相应功能的设备。常见的移动智能终端以智能手机、平板电脑和电子阅读器等为代表。它的特点是具有开放性的操作系统平台，具有掌上电脑功能，无线接入互联网、强扩展性等特点。移动智能终端其实就是一台微缩的计算机，同样具有 CPU、存储器和操作系统，常见的操作系统有 Google Android、Apple iOS、Microsoft Windows Phone 和 Symbian OS。目前 Android 操作系统的智能终端占据市场绝对地位，而 iOS 占据着高端市场。

现在笔记本电脑的应用已经普及，当我们所在区域没有无线路由器时，可以借助笔记本电脑的无线网卡，将 Internet 数据共享给智能终端。另外有时出差在外或在户外有上网办公需求时，也可以借助手机的 Wi-Fi 功能将手机的网络数据共享给笔记本电脑。本任务将详细讲述让智能手机通过装有 Windows 7 操作系统的笔记本电脑共享接入 Internet（即把计算机的网络信号共享给手机）和让笔记本电脑通过智能手机共享接入 Internet（即手机的网络信号共享给计算机）的方法。

2. 手机通过计算机共享接入 Internet

（1）让笔记本电脑通过有线网卡正常连接到 Internet，如果是台式电脑，则需要有有线网卡和无线网卡，有线网卡连接到 Internet，无线网卡共享信号给手机。

（2）选择【开始】→【附件】→【命令提示符】命令，以管理员身份进入命令提示符窗口。在命令提示符窗口中输入命令"netsh wlan set hostednetwork mode=allow ssid=Pc2Phone key=12345678"后回车。当出现如图 2-56 所示的提示时，表示已成功建立了一张虚拟的无线网卡，可以在【控制面板】→【网络和 Internet】→【网络连接】中看到。开启成功后，网络连接中会多出一个网卡为"Microsoft Virtual WiFi Miniport Adapter"的"无线网络连接2"，如图 2-57 所示。

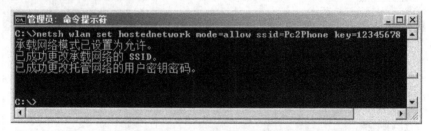

图 2-56　启用虚拟 WiFi 网卡

图 2-57　产生新的虚拟无线网卡

说明：netsh 是 Windows 系统本身提供的功能强大的网络配置命令行工具，它允许从本地或远程显示或修改当前正在运行的计算机的网络配置。在使用此命令时如果需要寻求帮助信息，则在命令及参数后加上"/?"回车即可显示其帮助信息，如"netsh /?"、"netsh wlan set /?"。

上述命令中涉及三个参数，其中 mode 表示是否启用虚拟 Wi-Fi 网卡，allow 表示允许，disallow 则为禁用。ssid 为无线热点名称，可自定义，最好用英文（如 Pc2Phone）。Key 表示登录的无线网密码，当其他无线设备连接上来时需要输入的密码，要求至少 8 位字符。这三个参数可以单独使用，例如，只使用 mode=disallow 可以直接禁用虚拟 Wi-Fi 网卡。

（3）设置 Internet 连接共享。在"网络连接"窗口中，右击已连接到 Internet 的"本地连接"，选择"属性"→"共享"，选中"允许其他……连接（N）"复选框并选择刚才新建的虚拟无线网卡"无线网络连接 2"，如图 2-58 所示。确定之后，提供共享的网卡图标旁会出现"共享的"字样，表示"本地连接"已共享至"无线网络连接 2"。

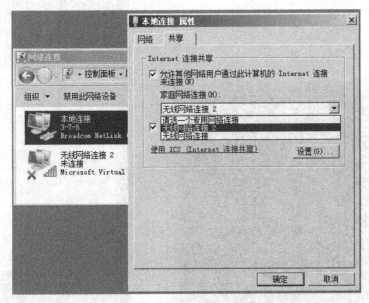

图 2-58　设置 Internet 连接共享

（4）开启无线共享网络。在命令提示符窗口中运行命令"netsh wlan start hostednetwork"，将会得到"已启动承载网络"的反馈信息，如图 2-59 所示，此时虚拟网卡的红叉消失，Wi-Fi 热点组建完成，计算机设置完毕后。当其他无线终端需要共享此处的无线信号时，搜索无线热点"Pc2Phone"，输入前面设置的密码"12345678"，就能共享上网了。

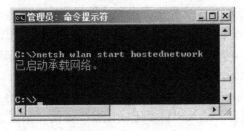

图 2-59　开启无线共享网络

> **提 示**
>
> 使用完毕需要关闭该虚拟网卡的服务功能时,在命令提示符窗口中运行命令"netsh wlan stop hostednetwork"即可。

（5）查看无线共享状态。当需要查看共享网络的属性及其状态时,在命令提示符窗口中运行命令"netsh wlan show hostednetwork"。此时从图 2-60 中可以看到已有一个无线终端连接上来了。

进入无线智能终端如智能手机,在手机的【系统设置】→【WLAN】中选择"Pc2Phone",从它的属性中可以看到如图 2-61 所示信息,此时表示本终端和计算机之间的无线连接情况。

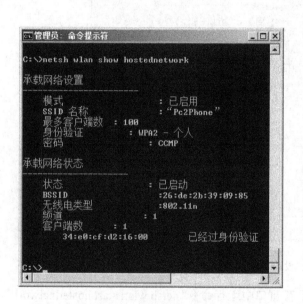

图 2-60　无线共享状态　　　　　　图 2-61　无线智能终端的连接属性

3. 计算机通过智能手机共享接入 Internet

当计算机需要通过手机接入 Internet 时,手机要开通数据流量业务如 3G 通信业务。接入方式有两种:一种是通过 USB 线缆将手机和计算机连接起来,在手机上开启"USB 共享网络"功能;另一种是把手机作为无线热点(即 Hotspot,是指在公共场所提供无线局域网接入 Internet 服务的地点),然后让计算机无线网卡通过 Wi-Fi 方式接入 Internet。本任务以无线热点为例共享接入 Internet,手机操作系统采用 Android 4.0。

（1）在手机桌面上单击"设置"图标,进入如图 2-62 所示的"全部设置"页面。然后单击"更多无线设置"项目,进入"更多无线设置"页面,如图 2-63 所示。

图 2-62 "全部设置"页面　　　　　图 2-63 "更多无线设置"页面

（2）当进入"更多无线设置"页面后，单击"网络共享与便携式热点"项目，进入"网络共享与便携式热点"页面，如图 2-64 所示，再单击"配置 WLAN 热点"项目，出现如图 2-65 所示界面。网络 SSID 处修改为手机将服务的热点名称，如本机手机号码。安全性方面建议使用默认值，采用安全性更好的"WPA2 PSK"加密方式。密码输入栏内输入将来连接该手机热点所需的密码，至少 8 位字符。最后单击【保存】按钮返回"网络共享与便携式热点"页面。

图 2-64 "网络共享与便捷式热点"页面　　　图 2-65 "配置 WLAN 热点"页面

（3）在"网络共享与便携式热点"页面中选中"便携式 WLAN 热点"复选框，此时手机作为无线热点开始提供服务。接下来到带有无线网卡的计算机中进行无线热点的搜索，当连接到此热点后，输入刚才设置的密码。手机通过接入验证后便可以共享该手机流量让计算机连接到 Internet 了。

2.2.7 任务六 常用网络管理工具及故障排除方法

1. ipconfig

ipconfig 是调试计算机网络的常用命令，通常用来显示计算机中网卡的 IP 地址、子网掩码及默认网关等信息。使用方法：在 Windows 操作系统中选择【开始】→【运行】菜单，在输入框中输入"cmd"回车即进入命令提示符窗口，或选择【开始】→【程序】→【附件】→【命令提示符】菜单进入。在打开的命令提示符窗口中输入本节的相关命令即可。

（1）ipconfig：为每个已经配置了的网卡显示 IP 地址、子网掩码和默认网关值，如图 2-66 所示。

图 2-66 ipconfig 运行结果

（2）ipconfig/all：详细显示本机的网络参数，如计算机名、各个网卡品牌型号、IP 地址、子网掩码、网关、网卡物理地址、DHCP 服务器地址、DNS 服务器地址等信息，如图 2-67 所示。

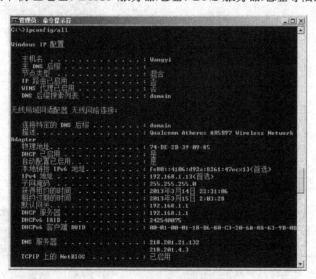

图 2-67 ipconfig/all 运行结果

2. ping

ping 是调试计算机网络的常用命令，通常用来检测本机和被测试计算机之间的通信是否正常。其命令格式：ping 被测试的地址[参数]，如 ping 192.168.1.1-t。测试的结果可能有两种，一种反馈类似为"来自 192.168.1.1 的回复：字节=32 时间<1ms TTL=64"，说明本机和被测试设备之间的通信是正常的；另一种反馈结果类似为"来自 192.168.1.16 的回复：无法访问目标主机。"或反馈信息中包含"Request timed out"表示本机不能和对方进行正常通信。

（1）ping 目标地址：测试本机到目标地址之间的通信是否顺畅。默认情况下本机会向被测试设备发出 4 个 32 字节大小的数据包，当对方收到每个数据包后会进行相应的应答，根据收到应答的比例可以判断通信的效果，如图 2-68 所示。

（2）ping 目标地址-t：一直进行通信测试，直到用户终止为止，当需要终止测试时按键盘上的【Ctrl+C】组合键进行中断。

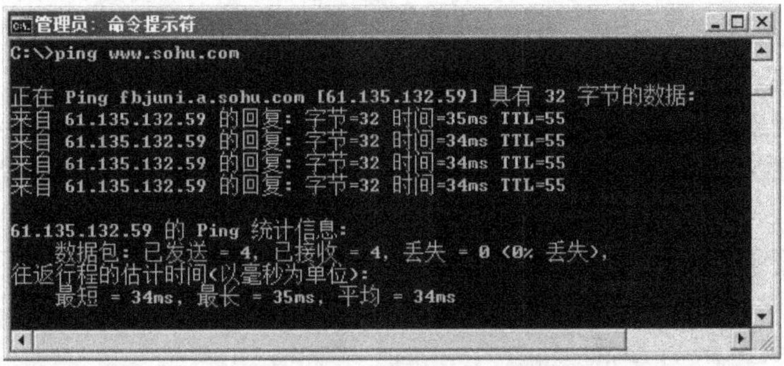

图 2-68 ping 运行结果

3. tracert

tracert 命令是用来检验数据包到达目的地址时所经过的路径。它一般用来检测故障的位置，它不能确定故障原因，但能告诉问题所在的地方。

命令格式：tracert IP 地址。如"tracert www.sina.com.cn"是用于跟踪本机到新浪网中间经过的数据中转过程。从图 2-69 中可以看出本机到目标服务器共经过了 11 次中转，平均延迟在 50ms 以内，说明到目的服务器的通信速度比较理想。

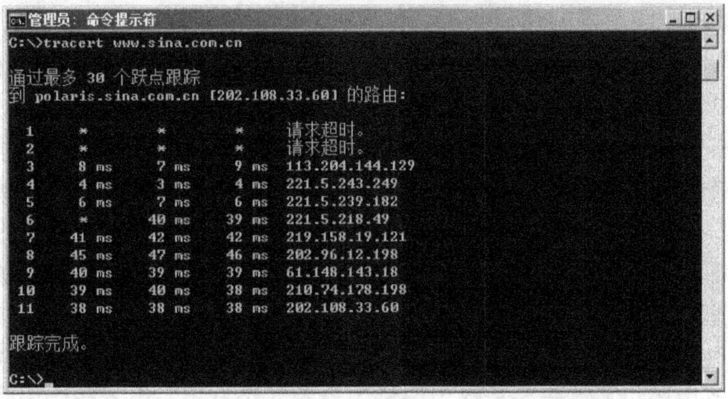

图 2-69 tracert 运行结果

> **注 意**
>
> 当网络状态正常时最好运行一次 tracert 命令，测试本机到 Internet 上某主流网站的通信路径，然后保存下来。某时计算机不能上网时可以逐级 ping 所经路由 IP，便可查出故障点。

4. 简单网络故障排除方法

（1）故障现象：本地连接图标红色交叉。若本地连接图标显示红色交叉，则说明网络线路不通，需要检查网卡是否损坏、网卡与网线、网线与通信设备端口的连接是否正常，通常故障是由于网卡和网线没有插好导致的。

（2）故障现象：本地连接图标感叹号。若本地连接图标上有一感叹号，表示网络线路接通，但无法获取到正确的 IP 地址或 IP 地址不正确。故障原因是本地网卡的通信参数不正确或没有从 DHCP 服务器获取正确的 IP 地址，通常第二种情况更多。解决办法是检查计算机网卡的速率、双工模式等，确认本内网是否具有进行 IP 地址分配的 DHCP 服务器，如果没有 DHCP 服务器，则需要将网卡的 IP 地址设置为静态 IP。

（3）故障现象：本地连接图标问号。若本地连接图标上有一问号，表示本机操作系统本地连接属性的验证选项卡里启用了系统自带的 IEEE802.1X 验证，解决办法就是关闭该选项。

（4）故障现象：本地连接无异常提示，能登录 QQ 软件，但不能打开网页。其原因是本机的 DNS 服务器地址不正确，解决办法是修改成正确的 DNS 服务器 IP。

5. 网络故障解决办法

网络故障的解决依赖于故障定位，如果能成功定位到故障点则距离问题的解决就更近了。当出现网络故障不能连接 Internet 时，采用逐级排查方式查找故障点。

（1）检查本机的网线连接是否正常，方法如前第 4 部分所述。

（2）用 ipconfig 命令检查本机 IP 地址是否正确。如果是动态获取 IP，检查是否获取到正确的 IP 地址。当获取的 IP 是以 169.254 开头时，表示本机并未获取真正可以通信的连网 IP，可能是 DHCP 服务器或通信线路出现了故障。如果获取 IP 地址不是应属 DHCP 服务器分配的 IP 范围，可能在局域网内接入了其他 DHCP 服务器（如带有 DHCP 服务器功能的带宽路由器），从而受到了干扰，解决办法是关闭干扰源。

（3）测试本机到路由器的通信状态。当本机不能正确获取到 IP 地址时，先检查网络线路连接是否正常。然后为本机设置一个静态地址，地址和路由器的 IP 属同一网段，再用 ping 命令测试到路由器的通信是否正常。如不能 ping 通则说明故障点在路由器上。

（4）登录路由器检查外网连接状态。路由器和运营商网络之间的通信状态可以从路由器的工作状态页面清楚地看到，页面可以显示一些如密码不正确或因租用到期而被拒绝登录的简单信息。在外网登录账号密码无误仍不能连接或连接后收发数据量为零时，可能是路由器到运营商之间的线路出现故障，应及时联系运营商报修。如果外网的连接正常而内网不能上网说明故障点仍在路由器上。

（5）检查路由器连线和配置。如果能正确从 DHCP 服务器获取 IP 地址仍不能正常上网或不能 ping 通路由器，则需要登录路由器排查设置是否有误。当不能确定路由器的配置是否有误时可以通过路由器的复位键，恢复到出厂设置再修改配置。

2.3 阅读材料

2.3.1 常见的 Internet 接入方式

在 Internet 接入方式中，目前可供选择的接入方式主要有 PSTN、DDN、LAN、ADSL、Cable-Modem 和移动无线 5 种，它们各有各的优缺点。

1. PSTN 拨号上网

PSTN（Published Switched Telephone Network，公用电话交换网）技术是利用 PSTN 通过调制解调器拨号实现用户接入的方式。这种接入方式在 2000 年左右非常流行，现在已经被淘汰，只是作为家庭上网的一种补充。它的最高的速率为 56Kbps，属于窄带网络接入范畴。只要有 Modem，就可把电话线接入 Modem 然后连接计算机的串行口就可以直接上网。用户在使用时不需申请就使用，上网费直接在电话费中扣除，通常的拨号电话为 16300。

2. DDN 专线

DDN（Digital Data Network，数字数据网）是针对企业上网的一种 Internet 接入方式。它是随着数据通信业务发展而迅速发展起来的一种专用数字网络。DDN 的主干网传输媒介有光纤、数字微波、卫星信道等，用户端多使用普通电缆和双绞线。DDN 将数字通信技术、计算机技术、光纤通信技术及数字交叉连接技术有机地结合在一起，提供了高速度、高质量、性能稳定的通信环境，可以向用户提供点对点、点对多点透明传输的数据专线出租线路，为用户传输数据、图像、声音等信息。DDN 的通信速率可根据用户需要在 N×64Kbps（N=1～32）之间进行选择，速度越快租用费用就越高。DDN 的收费较贵，通常 128Kbps 带宽线路的月租费用在 1000 元以上，不适合家庭用户使用。

3. ADSL

（略）

4. Cable-Modem

它是针对有线电视网络的一种 Internet 接入方式。Cable-Modem（线缆调制解调器）利用现成的有线电视（CATV）网进行数据传输，能提供下载速率为 2～40Mbps，上传速率在 500Kbps～10Mbps 之间的带宽。但是由于目前我国的有线电视网多为单向传输方式，如果要提供 Internet 的接入服务需要对整个网络的传输线缆和传输设备进行双向化改造，因而目前商业应用较少。

5. 局域网接入 Internet

局域网方式接入是利用以太网技术，采用"光缆+双绞线"的方式对社区进行综合布线。具体实施方案是从社区机房敷设光缆至住户单元楼，楼内布线采用 5 类双绞线敷设至用户家庭，双绞线总长度一般不超过 100m，用户家里的计算机通过超 5 类双绞线接入墙上的五类模块就可以实现上网。社区机房的出口通过光缆或其他介质接入城域网。

采用 LAN 方式接入可以充分利用小区局域网的资源优势，为居民提供 10M 以上的共享带宽，并可根据用户的需求升级到 100M 以上。目前基于局域网的接入方式适用于大中型企业或住宅小区，包月费用较高。

6. 移动 2G 接入 Internet

无线移动上网主要用于笔记本电脑或移动智能终端的窄带移动上网。用户需要使用基于手机卡的无线 Modem，通过移动通信网络上网，目前开通无线移动接入 Internet 的有中国移动的 GPRS 服务，中国联通的 CDMA 服务方式。在该接入方式中，一个基站可以覆盖直径数千米的区域，它采用共享带宽方式为客户端分配带宽，只要手机有信号的地方都可以上网，但是速度较慢，其最高速率只能达到 153Kbps。

7. 无线 3G 接入 Internet

（见任务四）

8. 移动 4G 接入 Internet

4G 是指第四代移动通信及其技术的简称。它的最大特点是能够以 100Mbps 的速度下载，上传的速度也能达到 50Mbps，是 3G 移动通信速率的 50 倍。4G 手机可以提供高性能的汇流媒体内容，并通过 ID 应用程序成为个人身份鉴定设备。它也可以接收高分辨率的电影和电视节目，从而成为合并广播和通信的新基础设施中的一个纽带，并能够满足几乎所有用户对于无线服务的要求。

4G 通信技术并没有脱离以前的通信技术，而是以传统通信技术为基础，并利用了一些新的通信技术，来不断提高无线通信的网络效率和功能的。目前国际上商用的 4G 标准有 TDD-LTE 和 FDD-LTE，中移动采用的是 TDD-LTE，即 TD-LTE，国际上大多数国家采用 FDD-LTE 制式。

2.3.2 常见的网络接入介质

网络传输介质是连接网络上各个节点的物理通道，是不可缺少的物质基础。传输介质的性能对网络的通信、速度、价格，以及网络中的节点数和可靠性都有很大的影响。常用的网络传输介质有很多种，可分为两大类：一类是有线传输介质，如双绞线、同轴电缆、光纤等；另一类是无线传输介质，如微波和卫星通信等。

1. 双绞线

双绞线是最常用的一种传输介质，它由两条具有绝缘保护层的铜导线相互绞合而成。把两条铜导线按一定的密度绞合在一起，可增强双绞线的抗电磁干扰能力。一对双绞线形成一条通信链路。在双绞线中可传输模拟信号和数字信号。双绞线通常有非屏蔽式和屏蔽式两种。网络中常用的非屏蔽双绞线（UTP）是把 4 对双绞线组合在一起，并用塑料套装，组成双绞线电缆。它具有成本低、重量轻、尺寸小、易弯曲、易安装、阻燃性好、适用于结构化综合布线等优点，所以在局域网建设中被普遍采用。而屏蔽双绞线（STP）则是在非屏蔽双绞线的中间加了一层金属屏蔽网，用于隔离外界的电磁干扰。其性能和非屏蔽双绞线相当，只是成本更高。

2. 同轴电缆

同轴电缆是由圆柱形金属网导体及其所包围的单根金属芯线组成，外导体与内导体之间有绝缘材料隔开，外导体外部也是一层绝缘保护套。同轴电缆有粗缆和细缆之分，目前在计算机网络领域使用较少，在广播电视及监控领域使用广泛。

3. 光纤

光纤是目前发展最为迅速、应用广泛的传输介质。它是一种能够传输光束的、细而柔软的通信媒体。光纤通常由石英玻璃拉成细丝，由纤芯和包层构成的双层通信圆柱体。光纤有很多优点：频带宽、传输速率高、传输距离远、抗冲击和电磁干扰性能好，数据保密性好，损耗和误码率低、体积小、重量轻等。但它也存在如连接和分支困难、工艺和技术要求高、要配置光/电转换设备、单向传输等缺点。在实际通信线路中，一般都是把多根光纤组合在一起形成不同结构形式的光缆。

4．微波

计算机网络中的无线通信主要是指微波通信。微波通信是一种频率很高的电磁波，其频率范围为300MHz～300GHz，主要使用的是2～40GHz的频率范围。微波一般沿直线传输，由于地球表面为曲面，所以微波在地面的传输距离有限，一般在40～60千米。它具有频带宽、信道容量大、初建费用低、建设速度快、应用范围广等优点，其缺点是保密性能差、抗干扰性能差，要求通信双方之间不能有障碍物等。

5．卫星通信

卫星通信实际上是使用人造地球卫星作为中继器来转发信息，因此它可使信息的传输距离很远。卫星通信具有通信容量极大、传输距离远、可靠性高、一次性投资大、传输距离与成本无关等特点。

2.4 小结

本章主要介绍了家用或小型办公企业计算机接入Internet的连接和设置方法。其具体内容有常用双绞线制作、ADSL的设备安装和连接、通过ADSL Modem接入Internet、共享ADSL Modem有线接入Internet和共享ADSL Modem无线接入Internet等。由于不同设备在具体配置时可能存在差异，用户可以参考本章内容，根据系统提示操作即可。

2.5 能力鉴定

本章主要为操作技能训练，能力鉴定以实作为主，对少数概念可以教师问学生答的方式检查掌握情况，并将鉴定结果填入表2-5。

表2.5 能力鉴定记录表

序 号	项 目	鉴 定 内 容	能	不能	教师签名	备 注
1	项目一 Internet接入	网线制作——直连双绞线制作				
2		ADSL接入Internet				
3		共享ADSL接入Internet				
4		移动通信3G接入Internet				
5		电脑和移动智能终端共享接入Internet				
6		常用网络管理工具及故障排除方法				

2.6 习题

一．选择题

1. 目前我国电信部门开设的 Internet 接入方法中没有（　　）。
   A．3G 上网　　　　　　　　B．ADSL 接入
   C．电力线上网　　　　　　　D．局域网接入方式
2. 目前大多数家庭和小型企业采用的 Internet 接入为 ADSL，它的下载速率通常为（　　）。
   A．2~8Mbps　　　　　　　　B．1000Mbps
   C．56Kbps　　　　　　　　　D．100Mbps
3. 小型企业通过 ADSL 共享方式接入 Internet 时，下面材料中（　　）不是必需的。
   A．ADSL Modem　　　　　　B．以太网网卡
   C．宽带路由器　　　　　　　D．3G 上网卡
4. 现在市场上的宽带无线路由器的初始管理 IP 地址通常是（　　）。
   A．动态获得　　　　　　　　B．192.168.1.1
   C．由用户指定　　　　　　　D．172.16.01
5. 中国目前开放的 3G 制式中不包含（　　）。
   A．TD-CDMA　　　　　　　　B．WCDMA
   C．Wi-MAX　　　　　　　　　D．CDMA2000
6. 以下网络管理命令中，测试网络通断的常用命令是（　　）。
   A．ping　　　　　　　　　　B．ipconfig
   C．tracert　　　　　　　　　D．netstat

二．思考题

1. 请简述直连双绞线的制作步骤。
2. ADSL Modem 的接口有哪些？分别连接什么设备？
3. 常用 ADSL 宽带路由器的接口有哪些？分别连接什么设备？
4. 请简述网络故障排除的一般步骤。

第 3 章

信 息 收 集

3.1 项目描述

3.1.1 能力目标

随着网络技术的发展,Internet 已经成为人们生活中不可或缺的一部分,它给我们的生活带来很多便利。通过本章的学习与训练,学生能够轻松地进行上网浏览,通过使用浏览器,可以很轻松地寻找并保存各种各样的资源,使学生能够通过浏览器窗口看世界,学会浏览器设置、信息搜索、使用收藏夹、保存网页,学会使用 Thunder(迅雷)下载资源,学会看天下网络资讯浏览器的下载与安装、看天下网络资讯浏览器的使用、系统配置管理、看天下使用高级技巧,了解 Maxthon 浏览器、Firefox 浏览器。

3.1.2 教学建议

1. 教学计划(见表 3-1)

表 3-1 教学计划表

任 务		重点(难点)	实 作 要 求	建议学时
上网浏览与信息搜索	任务一 浏览器设置		会对 IE 进行常用设置	2
	任务二 信息搜索	重点	能使用搜索引擎熟练地进行网络信息搜索	
保存网络资源	任务一 使用收藏夹	重点	会使用收藏夹收藏自己喜欢的页面	4
	任务二 保存网页	重点	能保存自己需要的网页	
	任务三 FTP 的使用	重点	能自己下载 FTP 服务器上的内容	
	任务四 使用 Thunder(迅雷)下载资源	重点	会使用迅雷软件下载网络资源	
	任务五 压缩软件 WinRAR 的使用	重点	会使用 WinRAR 压缩和解压文件	
RSS 资讯订阅	任务一 看天下网络资讯浏览器的下载与安装		会下载和安装看天下资讯浏览器	4
	任务二 看天下网络资讯浏览器的使用		会使用看天下资讯浏览器	

续表

任　　务	重点（难点）	实作要求	建议学时	任　　务
	任务三　系统配置管理	难点	能进行系统配置管理	
	任务四　频道订阅与管理	难点	会频道订阅与管理	
	任务五　阅读与内容管理		会阅读与内容管理	
	任务六　看天下使用高级技巧	难点	能够掌握一些高级使用技巧	
				10

2．教学资源准备

（1）软件资源：IE 浏览器、看天下网络资讯浏览器、Thunder（迅雷）、软件 ACDSee 软件、Adobe Reader 软件；

（2）硬件资源：安装 Windows XP 操作系统的计算机；每台计算机配备一套带麦克风的耳机。

3.1.3　应用背景

小张是某公司的办公室秘书，经常要收集并保存整理各种资料信息，同时也要为公司领导解决很多日常琐事，网络就是她一个很好的助手，可以帮助她更好、更有效率地完成工作。她该如何更快、更熟练地掌握上网的技巧呢？

3.2　项目一　上网浏览与信息搜索

3.2.1　预备知识

Internet Explorer（简称 IE）是由微软公司基于 Mosaic 开发的网络浏览器。IE 是计算机网络使用时必备的重要工具软件之一，在互联网应用领域甚至是必不可少的。Internet Explorer 与 Netscape 类似，也内置了一些应用程序，具有浏览、发信、下载软件等多种网络功能，有了它，使用者基本就可以在网上任意驰骋了。

3.2.2　任务一　浏览器设置

1．默认主页设置

若用户对 IE 浏览器的默认设置不满意，可以更改其设置，使其更符合用户的个人使用习惯。

在启动 IE 浏览器的同时，IE 浏览器会自动打开其默认主页，通常为 Microsoft 公司的主页。其实我们也可以自己设定在启动 IE 浏览器时打开其他的 Web 网页，具体设置可参考以下步骤：

（1）启动 IE 浏览器。

（2）打开要设置为默认主页的 Web 网页。

（3）选择【工具】→【Internet 选项】命令，打开"Internet 选项"对话框，选择"常规"选项卡，如图 3-1 所示。

图 3-1 "Internet 选项"对话框"常规"选项卡

（4）在"主页"选项组中单击"使用当前页"按钮，可将启动 IE 浏览器时打开的默认主页设置为当前打开的 Web 网页；若单击"使用默认页"按钮，可在启动 IE 浏览器时打开的默认主页；若单击"使用空白页"按钮，可在启动 IE 浏览器时不打开任何网页。

注 意

用户也可以在"地址"文本框中直接输入某 Web 网站的地址，将其设置为默认的主页。

2．加快网页浏览速度设置

实际我们在网络上查找的信息往往以文字形式存在，因此，相对来说其他的图片信息显得不是十分重要，而上面所说的声音、图片及视频信息是使网页下载显得"慢"的关键。我们可以将这些内容屏蔽掉，而在需要的时候显示它，这样就可以大大加快网页的浏览速度。

如何屏蔽声音、图片和视频呢？下面我们就来看一看具体的操作方法：

（1）选择【工具】→【Internet 选项】→【高级】选项卡；

（2）在"设置"列表框下面找到多媒体，将其下面的播放动画、播放声音、播放视频、显示图片前面的复选框取消，此后，我们浏览网页的时候，就不会再传输这些文件了，如图 3-2 所示。

如果我们还需要个别地查看某些图片，可以在未显示图片的区域单击右键，选择"显示图片"命令，网络便开始传输图片信息，这样我们就可以看到图片了，如图 3-3 所示。

图 3-2 "Internet 选项"对话框"高级"选项卡　　　　图 3-3　显示图片

3. 设置历史记录的保存时间

在 IE 浏览器中，用户只要单击工具栏上的【历史】按钮就可查看所有浏览过的网站记录，长期下来历史记录会越来越多。这时用户可以在"Internet 选项"对话框中设定历史记录的保存时间，经过这样一段时间后，系统会自动清除这一段时间的历史记录。

设置历史记录的保存时间，可执行下列步骤：

（1）启动 IE 浏览器。

（2）执行【工具】→【Internet 选项】命令，打开"Internet 选项"对话框。

（3）选择"常规"选项卡。

（4）在"历史记录"选项组的"网页保存在历史记录中的天数"文本框中输入历史记录的保存天数即可。

（5）单击【清除历史记录】按钮，可清除已有的历史记录。

（6）设置完毕后，单击【应用】和【确定】按钮即可。

4. 进行 Internet 安全设置

Internet 的安全问题对很多人来说并不陌生，但是真正了解它并引起足够重视的人却不多。其实在 IE 浏览器中就提供了对 Internet 进行安全设置的功能，用户使用它就可以对 Internet 进行一些基础的安全设置，具体操作如下：

（1）启动 IE 浏览器。

（2）执行【工具】→【Internet 选项】命令，打开"Internet 选项"对话框。

（3）选择"安全"选项卡，如图 3-4 所示。

（4）在该选项卡中用户可为 Internet 区域、本地 Intranet（企业内部互联网）、受信任的站点及受限制的站点设定安全级别。

图 3-4　"Internet 选项"对话框 "安全"选项卡

（5）若我们要对 Internet 区域及本地 Intranet（企业内部互联网）设置安全级别，可选中"请为不同区域的 Web 内容指定安全级别"列表框中相应的图标。

（6）在"该区域的安全级别"选项组中单击【默认级别】按钮，拖动滑块既可调整默认的安全级别。

> **注意**
>
> 若用户调整的安全级别小于其默认级别，则弹出"错误"对话框，如图 3-5 所示。

在该对话框中，若用户确实要降低安全级别，可单击【确定】按钮。

（7）若我们要自定义安全级别，可在"该区域的安全级别"选项组中单击【自定义级别】按钮，将弹出"安全设置"对话框，如图 3-6 所示。

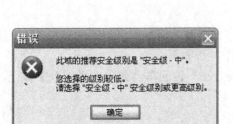

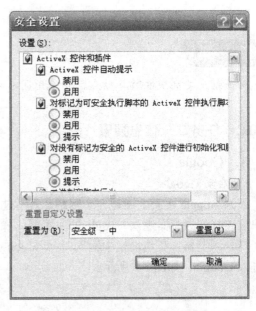

图 3-5　"错误"对话框　　　　　　图 3-6　"安全设置"对话框

（8）在该对话框中的"设置"列表框中用户可对各选项进行设置。在"重置自定义设置"选项组中的"设置为"下拉列表中选择安全级别，单击【重置】按钮，即可更改为重新设置的安全级别。这时将弹出"警告"对话框，如图 3-7 所示。

（9）若用户确定要更改该区域的安全设置，单击【是】按钮即可。

（10）若用户要设置受信任的站点和受限制的站点的安全级别，可选择"请为不同区域的 Web 内容指定安全级别"，单击"受信任的站点"图标。单击"站点"按钮，将弹出"可信站点"对话框，如图 3-8 所示。

（11）在该对话框中，用户可在"将该网站站点添加到区域中"文本框中输入可信站点的网址，单击【添加】按钮，即可将其添加到"网站站点"列表框中。选中某 Web 站点的网址，单击【删除】按钮，可将其删除。

（12）设置完毕后，单击【确定】按钮即可。

（13）参考（6）～（9）步，对受限站点设置安全级别即可。

图 3-7 "警告"对话框　　　　图 3-8 "可信站点"对话框

注意

同一站点类别中的所有站点，均使用同一安全级别。

3.2.3 任务二　信息搜索

1. Google

1）启动 Google

因为 Google 实质上还是一个网站，只不过它的主要功能是提供网络的资源搜索，所以用户应该打开浏览器进入 Google 的主页面。操作方法如下：

打开浏览器，在地址栏中输入"www.google.com"按回车键或单击【转到】按钮，即可进入 Google，如图 3-9 所示。

图 3-9　Google

在默认情况下，Google 是对网页类进行搜索。

2）Google 的初级搜索

（1）使用 Google 搜索网页

① 常用方式搜索。使用 Google 进行网页搜索很简单，只需要在窗口的文本框中输入需要内容的关键字，例如，用户需要搜索"中国 2013"的相关信息，只需要进行以下操作：

a. 在 Google 的主窗口页面中输入"中国 2013"，再单击【Google 搜索】按钮即可，如图 3-10 所示。"中国 2013"显示为红色，作为关键字显示各头条。

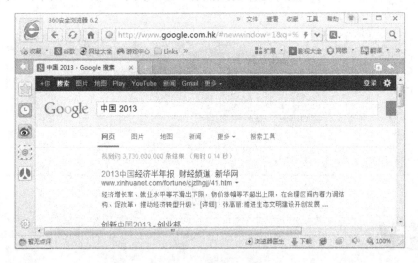

图 3-10　Google 搜索 1

b. 在各条目的上方将显示搜索到的结果的数量用户可以单击适合的条目，展开该条目的详细内容。

c. 在网页的页末，用户可以通过单击【Gooooooooogle】单词中的每一个【o】来进行翻页，或者在【结果页码】栏单击数字页码，如图 3-11 所示。

图 3-11　Google 搜索 2

提　示

需要打开下一页，单击"下一页"超级链接即可。

② 相似关键字搜索。

用户对关键字进行搜索后，Google 将给出相似关键字，或许这些相似关键字中对需要搜索的信息描述更加准确。单击这些关键字，即可以将其作为关键字进行搜索。

a. 在搜索结果页面中 Google 提供相似关键字供用户参考，单击关键字可进行该关键字的相似搜索，如图 3-12 所示。

图 3-12　Google 搜索 3

提　示

单击相应词组，将直接对该词组进行搜索。

b. 如果用户不能描述需要资料的准确关键字，可以先输入相关信息，再通过相关搜索提供的信息进行修正。

③ 相似网页搜索。

用户单击每个条目后的"类似网页"超级链接，Google 可以自动查找相似的网页，该搜索的内容比较宽泛，可能包含国外的网站，需要有一定的英文基础。

④ 翻译网页搜索。

在使用 Google 进行网页搜索时，对于一些英文的网页，用户也不必太担心语言不通的问题，因为 Google 除了搜索网页，还可以翻译网页。

a. 在相关搜索的网页中，单击英文条目后的"翻译此页"超级链接，就可以对该网页进行翻译，如图 3-13 所示。

b. 切换至新页面，系统会在网页中提示正在翻译中，如图 3-14 所示。用户只需要稍等片刻，网页就被翻译为中文。

提　示

由于在英文中相同的单词用法不同，意思也不同，所以翻译后的网页不能达到绝对的准确。如果用户需要切换至英文进行网页的查询，单击网页中的【查看原始网页】链接即可查看原版的网页。如果需要返回搜索结果网页，单击【返回查询结果】链接即可。

图 3-13　Google 搜索 4

图 3-14　网页翻译

（2）使用 Google 搜索图片。

用户在搜索资料时，可能需要查阅相关图片信息。例如，用户需要查看"china2013"的相关图片，可以通过以下步骤进行查找：

① 进入 Google 主页面，单击"图片"链接，如图 3-15 所示。在文本框中输入"china2013"按【Enter】键，或单击【图片】按钮。

图 3-15　Google 图片搜索

② 搜索结果页面显示搜索到的缩略图。如图 3-16 所示，用户单击"搜索工具"按钮，然后在"大小"下拉菜单中选择需要的图片大小。例如，用户如果需要大图，则选择"大尺寸"。

图 3-16 Google 图片搜索 1

③ 展开图片所属的网页后，用户单击"查看图片"链接，就能按原始尺寸浏览图片，如图 3-17 所示。

图 3-17 Google 图片搜索 2

（3）使用 Google 搜索资讯。

在 Internet 上用户能够搜索到的各个方面的相关资讯很多，但不易合理归类，而 Google 正好解决了这个麻烦，用户查看娱乐、科技、体育等资讯，都可以通过 Google 来查询并归类，极大地方便了用户的使用。

① 在 Google 的主界面中单击"更多"链接就能进入 Google 的新闻搜索版块，如图 3-18 所示。

第 3 章　信息收集

图 3-18　Google 资讯

② 切换至新闻搜索页面，在文本框中输入要搜索的关键字，按【Enter】键即可。其实，Google 提供了各类资讯的分类，如果用户没有特定关键字的要求，可以单击其中的分类列表超级链接，浏览相关资讯，如图 3-19 所示。

图 3-19　搜索资讯

③ 用户可以在搜索结果页面中粗略浏览相关信息，如果要展开详细内容，单击选择的条目即可展开。

（4）使用 Google 搜索地图。

如果用户需要查找地图，可以使用 Google 的地图搜索功能。

① 进入 Google 主页面，单击"地图"链接。如图 3-20 所示，在文本框中输入"重庆"按【Enter】键，或单击【搜索地图】按钮。

② 单击"搜索周边"链接，可以搜索周边地方，如图 3-21 所示。

③ 单击"查询路线"链接，可以搜索相应的行车路线图，例如，输入"北京"至"重庆"，如图 3-22 所示。

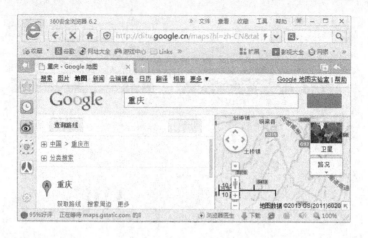

图 3-20　Google 地图 1

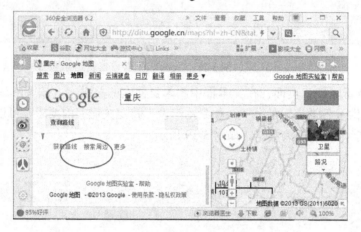

图 3-21　Google 地图 2

图 3-22　Google 地图 3

3）Google 的高级搜索技巧

　　上面介绍了 Google 最基本的搜索功能，即查询包含单个关键字的信息。但用户可以发现，输入单个关键字进行搜索，得到的搜索结果浩如烟海，而且绝大部分并不符合用户的需求。如何提高搜索效率呢?这就需要进一步缩小搜索范围和结果,必须使用一些搜索上的技巧。

(1)搜索结果要求包含两个及两个以上关键字。

一般搜索引擎需要在多个关键字之间加上"&"符号来连接多个关键字进行同时搜索,而 Google 无需用标准的"&"符号来表示逻辑"与"操作,只要空格就可以了。

打开 Google 的主界面,在文本框中输入"微软多媒体播放软件"("微软"和"多媒体播放软件"之间用空格隔开),按【Ctrl】键或单击【Google 搜索】按钮,如图 3-23 所示,就能看到"微软"和"多媒体播放软件"同时作为关键字进行的搜索结果。

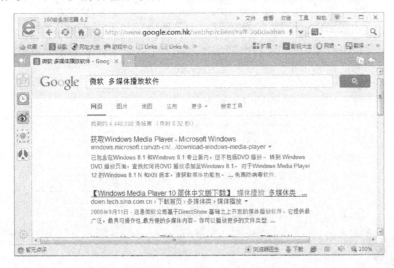

图 3-23　Google 搜索 1

(2)搜索结果要求不包含某些特定信息。

Google 用减号"-"表示逻辑"非"操作。"A-B"表示搜索包含 A 但没有 B 的网页,通过使用"-"排除不需要的信息,同样能达到提高搜索效率、准确找到需要的网页的目的。例如,搜索对象需要包含"搜索引擎"和"历史",但不含"文化"、"中国历史"和"世界历史"的中文网页,如图 3-24 所示。

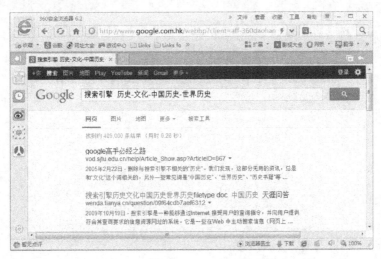

图 3-24　Google 搜索 2

(3)搜索结果至少包含多个关键字中的任意一个。

Google 用大写的"OR"表示逻辑"或"操作。用 A OR B 表示搜索的网页要么有 A，要么有 B，要么同时有 A 和 B。例如，用户希望搜索结果中最好含有"移动通信"、"无线通信"，但不包含"手机"作为关键字。这时同样可以很大程度地提高搜索效率，准确定位到相关网页，如图 3-25 所示。

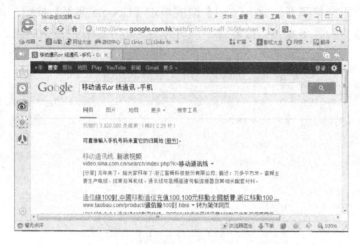

图 3-25　Google 搜索 3

提　示

Google 中表示逻辑"或"为大写的 OR，而不是小写的 or。

(4)使用通配符。

很多搜索引擎支持通配符，如"*"代表一连串字符，"?"代表单个字符等。Google 对通配符支持有限，它目前只可以用"*"来替代单个字符。例如，"以*治国"表示搜索第一个字为"以"，末两个为"治国"的四字短语，中间的"*"可以为任何字符，如图 3-26 所示。

图 3-26　Google 搜索 4

(5) 关键字的字母大小写。

Google 对英文字母大小写不敏感，good 和 GOOD 搜索的结果是一样的。

2) Baidu

1) 使用百度搜索引擎

百度凭借简单、可依赖的搜索体验使百度迅速成为国内搜索的代名词。

(1) 进入百度搜索引擎。

进入百度搜索引擎的方法和进入 Google 相似。只需要打开浏览器，在地址栏中输入"www.baidu.com"后按【Enter】键即可，如图 3-27 所示。

图 3-27　百度

(2) 使用百度进行网页搜索。

因为百度主要是以搜索中文网站为主，所以搜索中文网页的效率和准确性都不错。例如，在百度的主页面中输入"重庆"，单击"百度一下"或按【Enter】键，如图 3-28 所示，不难发现，使用百度对国内网站进行搜索是非常高效的。

图 3-28　百度搜索

(3) 使用百度的高级搜索。

在百度的高级搜索中，搜索的范围精确到国内的每个省，因此查询区域新闻更加方便。

① 在百度的主页面中单击"高级"链接，如图 3-29 所示，在"包含以下全部的关键词"文本框中输入"重庆市人大会议"。在"文档格式"中用户可以选择搜索网页，或者是

指定格式的文档，选定后按【Enter】键。

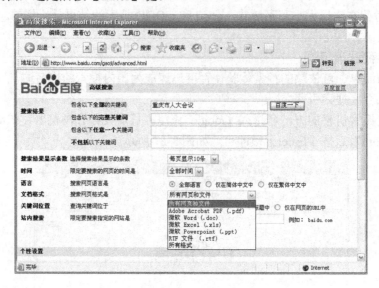

图 3-29　百度高级搜索

② 列出搜索条目后，单击主题合适的条目，即可浏览相关新闻。

（4）百度的个性设置。

① 在百度主页面中单击"高级"链接，在"高级搜索"页面下方有"个性设置"选项，如图 3-30 所示。

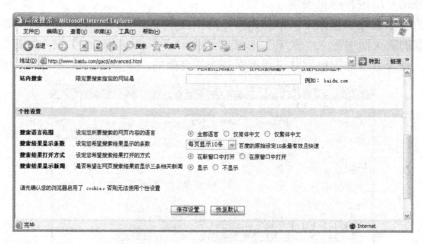

图 3-30　百度高级搜索"个性设置"选项

② 在"个性设置"选项中，用户可以对一些默认值进行修改，例如，用户只需要对简体中文进行搜索，选中"仅简体中文"单选按钮即可，设置完毕后，单击【保存设置】按钮即可。

2）百度特色功能

（1）百度"贴吧"

百度"贴吧"自从诞生以来逐渐成为世界上最大的中文交流平台，这里提供一个表达和交流思想的自由网络空间。在这里每天都有无数新的思想和新的话题产生,"贴吧"就是一个交流思想的最好选择。

① 进入百度主页面,单击"贴吧"链接,切换至"百度贴吧"的页面,例如,在文本框中输入"电脑死机原因",单击【百度一下】按钮或按【Enter】键,搜索结果如图 3-31 所示。

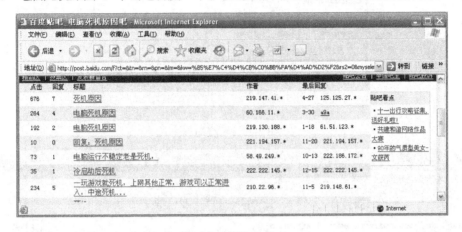

图 3-31　百度贴吧 1

② 在搜索结果的条目中单击符合主题意思的条目即可。

用户浏览至页末有一个回复区,可以在这个区域中回复主题,如图 3-32 所示。输入内容后,单击【发表帖子】按钮。

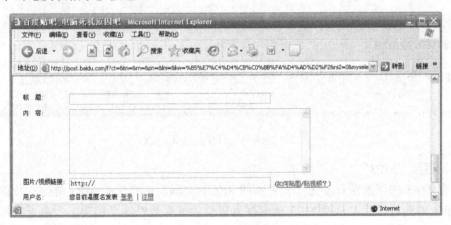

图 3-32　百度贴吧

(2) 百度"知道"。

用户在生活中遇到的疑问,都可以通过"百度"的"知道"搜索功能寻找答案,它就像是一本电子版的百科全书。例如,现在想知道"世界杯是纯金的吗?"这个问题,可以进行如下操作找到答案:

① 进入百度主页面,单击"知道"链接,切换至"百度知道"的页面,在文本框中输入"世界杯是纯金的吗",单击【搜索答案】按钮或按【Enter】键,如图 3-33 所示。

② 从网民的谈论中就能找到合适的答案,当然各种答案可能不同,但评论会给出一个最佳答案,如图 3-34 所示。

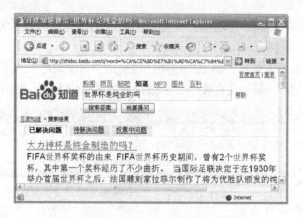

图 3-33 百度知道

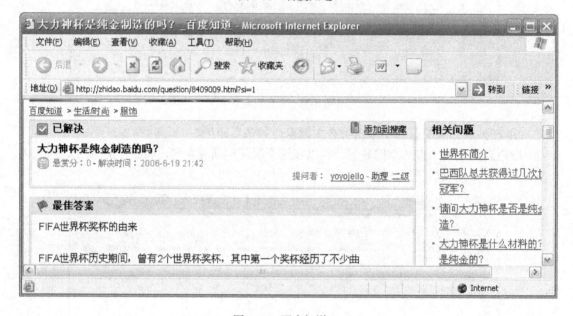

图 3-34 百度知道 2

(3) 百度 "MP3"。

百度 MP3 的搜索是百度在每天更新的 8 亿中文网页中提供的 MP3 链接,从而建立的庞大 MP3 歌曲链接库。百度 MP3 搜索拥有自动验证有效性的卓越功能,总是把最优的链接排在前列,最大化保证用户的搜索体验。同时,用户还可以进行百度歌词搜索,通过歌曲名或是歌词片段,都可以搜索到需要的歌词。

① 进入百度主页面后单击 "MP3" 链接,切换至 MP3 搜索页面,在文本框中输入需要的歌曲名或歌手名,如图 3-35 所示,用户可以选择搜索的格式,默认选择是 "全部音乐",如果只需要搜索 MP3 格式,可以选中 "MP3" 单选按钮,然后按【Enter】键或单击【百度一下】按钮即可。

② 切换至搜索结果页面,如图 3-36 所示,如果试听该音乐,单击 "试听" 链接,连接到该音乐文件所属的服务器,在线进行播放。

③ 如果用户需要查看该歌曲的歌词文件,单击 "歌词" 链接,系统自动对该歌曲进行歌词搜索,搜索结果如图 3-37 所示。

图 3-35　百度 MP3

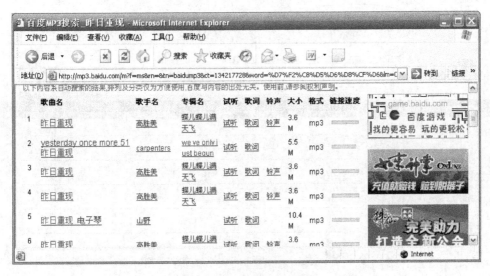

图 3-36　百度 MP3 搜索

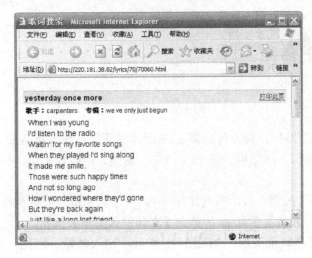

图 3-37　百度歌词搜索

3）百度文库

百度文库是百度为网友提供的信息存储空间，是供网友在线分享文档的开放平台。在这里，用户可以在线阅读和利用分享文档获取的积分下载资料（包括课件、习题、论文报告、专业资料、各类公文模板，以及法律法规、政策文件等多个领域的资料）。百度文库平台上所累积的文档，均来自热心用户的积极上传，百度自身不编辑或修改用户上传的文档内容。当然，百度文库的用户应自觉遵守百度文库协议。

当前平台支持主流的 doc（docx）、ppt（pptx）、xls（xlsx）、pot、pps、vsd、rtf、wps、et、dps、pdf、txt 文件格式。

① 进入百度文库的方法非常简单，只需要打开浏览器，在地址栏中输入 "http://wenku.baidu.com" 按【Enter】键即可。如果你已经有账号，在下方方框中直接输入账号、密码登录即可，如果没有，单击右上角 "注册" 链接，先注册一个账号，如图 3-38 所示。

图 3-38　百度文库

② 单击 "注册" 链接，会出现如图 3-39 所示对话框，输入常用邮箱，设置密码即可，然后单击【注册】按钮。邮箱可以是 126、163、新浪、搜狐等邮箱，如果没有邮箱，先要申请邮箱。

③ 单击 "注册" 按钮之后，出现如图 3-40 所示对话框，要登录注册使用的邮箱，进行激活方可使用账号。如图 3-40 所示单击【立即进入邮箱】按钮。

④ 进入搜狐邮箱登录页面，如图 3-41 所示，输入邮箱、密码，单击【登录】按钮即可。

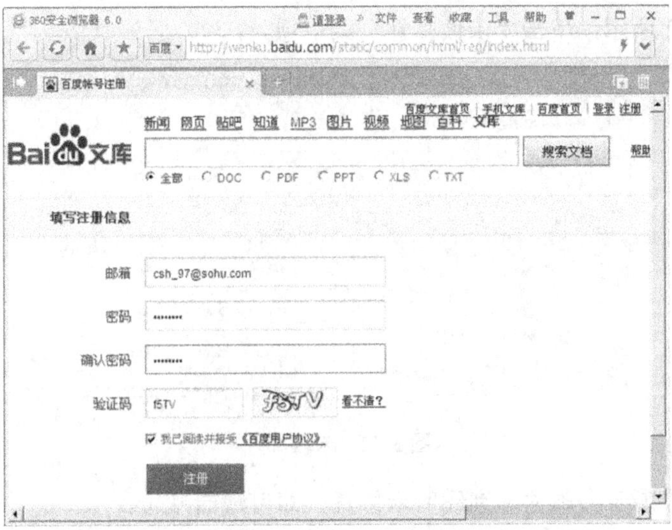

图 3-39 百度文库注册

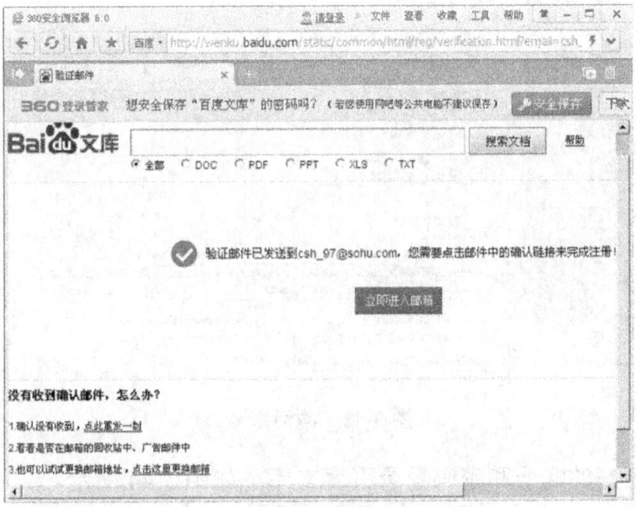

图 3-40 验证邮件

图 3-41 登录搜狐邮箱

⑤ 如图 3-42 所示，单击"未读邮件"菜单项。

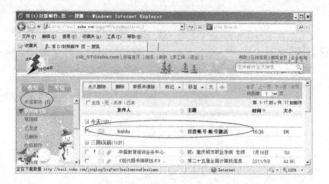

图 3-42　未读邮件

⑥ 如图 3-43 所示，单击下划线所示位置，即可激活账号。

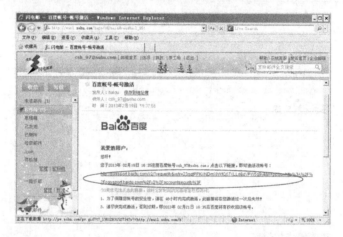

图 3-43　激活账号

⑦ 用刚刚注册好的账号和密码登录百度文库，如图 3-44 所示。

图 3-44　登录百度文库

⑧ 如图 3-45 所示，进入百度文库页面。在这里可以上传所要提交的文档，也可以下载别人的文档，但此时需要先设置一个用户名，单击"个人中心"链接，在"设置用户名"界面输入用户名，如图 3-46 所示。此时，如果想上传文档，只需要单击"上传我的文档"按钮即可。

图 3-45　百度文库登录后的界面

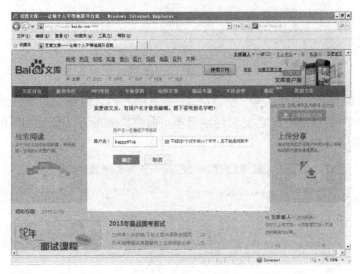

图 3-46　个人中心设置

4）百度百科

百度百科是一部内容开放、自由的网络百科全书，旨在创造一个涵盖所有领域知识、服务所有互联网用户的中文知识性百科全书。百度百科强调用户的参与和奉献精神，充分调动互联网用户的力量，汇聚上亿用户的头脑智慧，积极进行交流和分享。同时，百度百科实现与百度搜索、百度知道的结合，从不同的层次上满足用户对信息的需求。

① 打开浏览器，在地址栏中输入"http://baike.baidu.com"按【Enter】键即可进入百度百科。单击右上角的"登录"链接，用百度文库注册的用户名和密码登录即可，如图 3-47 所示。

图 3-47　百度百科

② 例如,在搜索框中输入"张三四",单击【进入词条】按钮,不要单击"搜索词条"。单击"进入词条"按钮后,如果该人物百科没有创建,则单击【我来创建】按钮,如图 3-48 所示。

如图 3-48　进入词条

③ 如图 3-49 所示,写入内容,整理格式,插入图片内容或在记事本或 Word 中整理好,目录也整理好,然后直接把内容复制到编辑器下面空白的地方,最后利用编辑器进行目录的设定、图片和图册的上传。

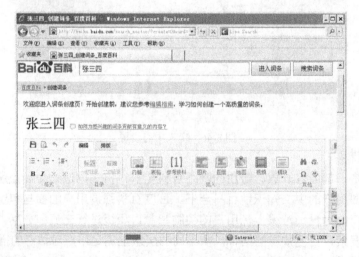

如图 3-49　编辑词条 1

④ 编辑词条下方有参考资料、开放分类和扩展阅读等，如图 3-50 所示。

参考资料、扩展阅读为内容添加详细的参考资料，现在百科对参考资料审核非常严格，没有参考资料几乎不能审核通过。在扩展阅读中可以添加一些相关的链接。

开放分类为词条内容添加合适的开放分类，切记关键词之间用英文状态下半角逗号。

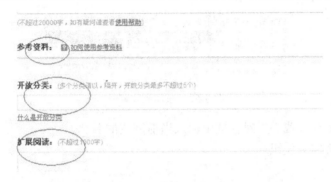

如图 3-50　参考资料、开放分类和扩展阅读

⑤ 如果在第①步中输入的人物百科已经创建，即该词条已经存在，则单击"进入词条"按钮后，会直接进入该词条的内容展示。单击"编辑词条"按钮，如图 3-51 所示，然后写入内容，整理格式，插入图片等即可。

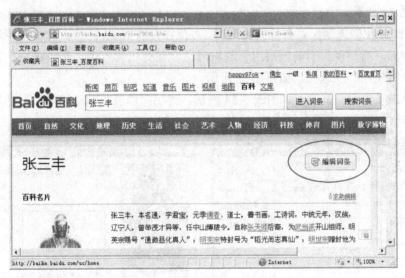

图 3-51　编辑词条 2

3.3　项目二　保存网络资源

3.3.1　任务一　使用收藏夹

使用浏览器中的收藏夹，可以将常用的网址收藏起来，这样，就可以在浏览该网站时直接从收藏夹中查找网址。

1. 将网址添加到收藏夹

1）启动 IE 浏览器

（1）单击菜单栏中的"收藏"菜单，打开下拉菜单。

（2）选择"添加到收藏夹"命令，如图 3-52 所示。

图 3-52　添加到收藏夹

（3）在"添加到收藏夹"对话框中输入当前网页的名称。

（4）单击【确定】按钮。

> **提　示**
>
> 快速收藏网址：如果用户要将一个网站地址添加到收藏夹，也可以用拖曳的方法。就是把 IE 窗口地址栏前面的"e"字图标直接拖曳到常用工具栏的【收藏夹】按钮上（此时鼠标下方有一小箭头），松开鼠标，这样用户要的网址就添加成功了。

2. 脱机收藏

（1）有时候我们需要保存有价值的网页，以便在没有 Internet 接入的情况下浏览已保存的网页，例如，需要保存当前网页用于脱机浏览。在弹出的"添加到收藏夹"窗口中，选中"允许脱机使用"复选框，如图 3-53 所示。

（2）单击【自定义】按钮，如图 3-54 所示，弹出"脱机收藏夹向导"对话框，若选中"以后不再显示该简介屏幕"复选框，则以后不会弹出该向导简介。

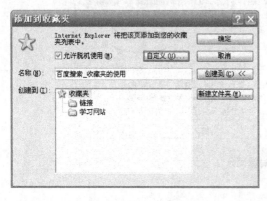

图 3-53　添加到收藏夹

图 3-54　脱机收藏夹向导 1

（3）单击【下一步】按钮，如图 3-55 所示，选择是否保存该页面所包含的其他超链接页面，如果单击【是】按钮，则需设置下载与该网页链接的网页层数。

（4）单击【下一步】按钮，弹出如图 3-56 所示的"如何同步该页"，选中"仅在执行'工具'菜单的'同步'命令时同步"单选按钮。

图 3-55　脱机收藏夹向导 2

图 3-56　脱机收藏夹向导 3

（5）单击【下一步】按钮，弹出"该站点是否需要密码？"对话框，根据个人需要可设置密码，也可不设置密码。

（6）单击【完成】按钮。

以后，IE 浏览器会自动将 Web 站点的内容下载到硬盘上，在脱机情况下，我们就可以慢慢地浏览该站点的全部页面。

> **提示**
>
> 以后上网浏览该站点时，要选择"工具"→"同步"命令，这样才能使 Web 站点的内容和硬盘的内容保持一致。

3. 收藏夹的使用

（1）单击菜单栏中的"收藏"菜单，打开下拉菜单。

（2）单击下拉菜单中要浏览的网站名称，浏览器即可找到该网站对应的网址，并自动打开网页。

4. 删除收藏夹地址

对于不需要的网址，可以将该网址从收藏夹中删除。

（1）单击菜单栏中的"收藏"菜单，打开下拉菜单。

（2）将鼠标光标指向要删除的网址选项。

（3）单击鼠标右键，打开快捷菜单。

（4）选择快捷菜单中的"删除"命令。

（5）在对话框中单击【是】按钮，即可将选定的网址删除。

5. 分类整理收藏夹

当收藏夹中的网址过多时，需要将同一类的网址进行整理，便于浏览时的查找。

（1）单击菜单栏中的"收藏"菜单，打开下拉菜单。

（2）选择下拉菜单中的"整理收藏夹"命令，打开如图 3-57 所示的对话框。

（3）在对话框中单击【创建文件夹】按钮，创建一个新的文件夹，如图 3-58 所示。

（4）将新的文件夹命名为"学习网站"。

（5）选择对话框中的有关学习网站的网址。

（6）单击对话框中的【移至文件夹】按钮。
（7）选择对话框中的"学习网站"文件夹。
（8）单击【确定】按钮，即可将选中的网址整理到"学习网站"文件夹中。

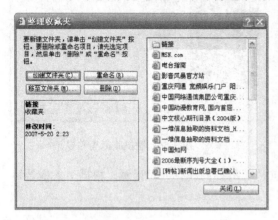
图 3-57　整理收藏夹 1

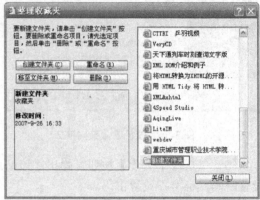
图 3-58　整理收藏夹 2

3.3.2　任务二　保存网页

当前的网页内容对我们有价值时，可以保存下来。IE 可以保存当前网页的全部内容，包括图像、框架和样式等。

1．完整保存当前网页的全部内容

（1）进入待保存的网页，单击"文件（File）"菜单，选择"另存为...（Save as）"命令，进入到"保存网页"对话框。

（2）指定文件保存位置、文件名称和文件类型。文件类型是指保存文件为网页（*.html,*.htm）、Web 电子邮件档案（*.mht）、文本（*.txt）等。这里我们通常选择网页全部。

（3）文件编码一般选择"简体中文（GB2312）"即可。

（4）如图 3-59 所示，单击【保存】按钮，这样一个完整的页面就保存到自己的硬盘上了。

图 3-59　保存网页

2. 保存网页图片

选择要保存的图片，单击鼠标右键，如图 3-60 所示，在弹出的菜单中选择"图片另存为"，然后选择好用户要保存的路径和文件名就可以了。

3. 利用将网页上的图片拖到硬盘上的方法保存网页图片

在桌面上单击鼠标右键，在弹出菜单中选择"新建"→"文件"命令，自己定义名字即可，这个文件夹就是用来保存图片的文件夹。当用户在网页上看到喜欢的图片时，按住鼠标左键拖动图片到文件夹中就可以了。

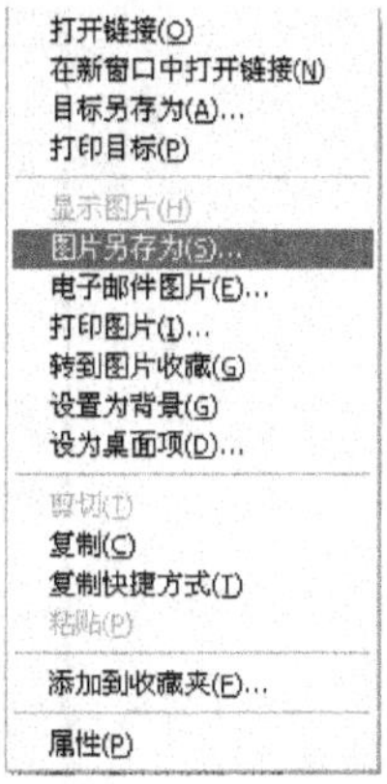

3.3.3 任务三 FTP 的使用方法

图 3-60 图片另存为

下载网络资源，还可以从 FTP 服务器上下载。FTP（File Transfer Protocol 文件传输协议）是 Internet 上用来传送文件的协议。它是为了用户能够在 Internet 上互相传送文件而制定的文件传送标准，规定了 Internet 上文件如何传送。也就是说，通过 FTP 协议，用户就可以跟 Internet 上的 FTP 服务器进行文件的上传（Upload）或下载（Download）等动作。下载文件就是从远程主机复制文件至自己的计算机上；上载传文件就是将文件从自己的计算机中拷贝至远程主机上。用 Internet 语言来说，用户可通过客户机程序向（从）远程主机上传（下载）文件。

在 FTP 的使用过程中，必须首先登录，在远程主机上获得相应的权限以后，方可上传或下载文件。也就是说，要想同哪一台计算机传送文件，就必须具有哪一台计算机的适当授权。换言之，除非有用户 ID 和口令，否则便无法传送文件。

（1）打开"我的电脑"窗口，在地址输入 FTP 地址，按【Enter】键确认，然后在空白处单击鼠标右键，选择"登录"命令，如图 3-61 所示，输入用户名和密码，如图 3-62 所示。

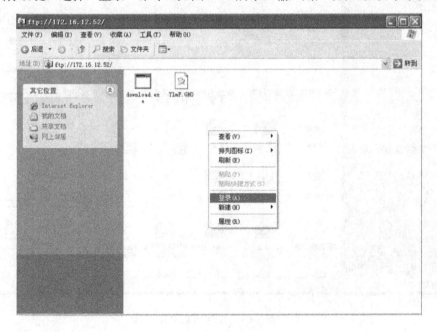

图 3-61 FTP 登录

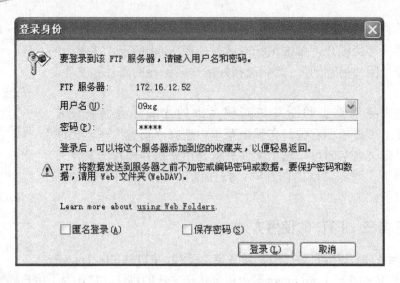

图 3-62 "登录身份"对话框

（2）如果需要下载资源，则选择要下载的文件或文件夹，如图 3-63 所示，在选择的目标资源上单击鼠标右键，选择"复制到文件夹"命令，然后选择自己想要下载到的目的地址即可，如图 3-64 所示。

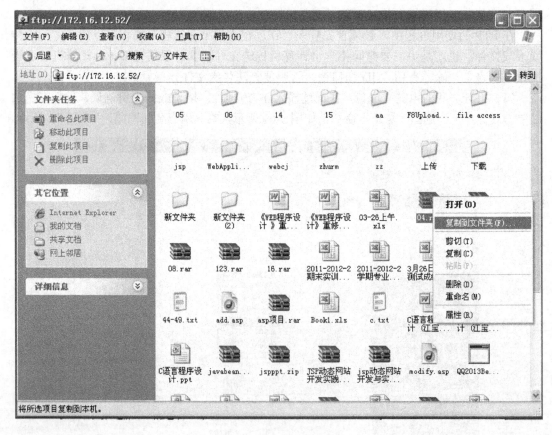

图 3-63 复制到文件夹

图 3-64　浏览文件夹

（3）如果需要上传资源，则把上传的文件或文件夹复制粘贴到图 3-63 所示的位置即可。

（4）Internet 的原则之一是具有开放性，Internet 上的 FTP 主机何止千万，不可能要求每个用户在每一台主机上都拥有账号，因而就衍生出了匿名 FTP。也就是说，可以匿名登录 FTP，不需要用户 ID 和口令也可以下载资源。如图 3-65 所示，直接在地址栏中输入 FTP 地址，不用输入用户 ID 和口令即可访问 FTP 服务器资源。

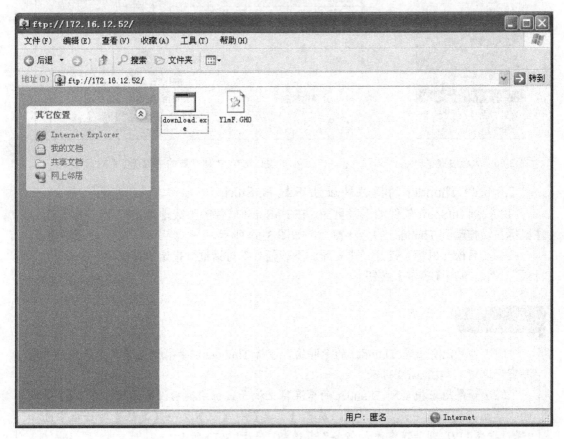

图 3-65　匿名登录 FTP

3.3.4 任务四 使用 Thunder（迅雷）下载资源

1. 使用 Thunder 进行右键菜单方式下载 CuteFTP 软件

（1）找到 CuteFTP 软件的下载页面，在 CuteFTP 软件的下载地址上单击鼠标右键，弹出的快捷菜单如图 3-66 所示，选择"使用迅雷下载"命令。

（2）打开"建立新的下载任务"对话框，如图 3-67 所示，指定"存储目录"，然后单击【确定】按钮。

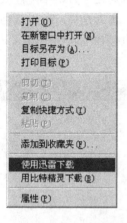

图 3-66 鼠标右键菜单　　　　　　图 3-67 "建立新的下载任务"对话框

2. 使用 Thunder 的拖放地址法下载 BitSpirit

（1）找到 BitSpirit 软件的下载页面，在 BitSpirit 软件的下载地址上按住鼠标左键拖动到 Thunder 的悬浮窗上，如图 3-68 所示。

（2）然后松开鼠标，打开"建立新的下载任务"对话框，指定"存储目录"，然后单击【确定】按钮。

图 3-68 悬浮窗

> **注　意**
>
> （1）如果没有出现 Thunder 的悬浮窗，请将 Thunder 主界面"查看"菜单中的"悬浮窗"选中，如图 3-69 所示。
>
> （2）如果地址拖动到 Thunder 的悬浮窗上松开鼠标左键后没有出现如图 3-67 所示的"建立新的下载任务"对话框，请在【工具】→【配置】→【高级】对话框中选择"通过拖曳 URL 到悬浮窗添加任务"复选框，如图 3-70 所示。

图 3-69 "查看"菜单

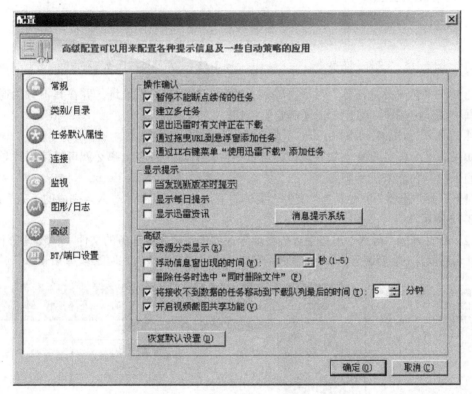

图 3-70 "配置"对话框

3. 使用 Thunder 建立批量任务

有时下载是有规律的批量下载，而且地址的变化规律可以通过数字或字母形式的通配符表达，这时就可以使用 Thunder 建立批量任务的方法进行下载了。

（1）获得批量资料下载的地址及其规律。

（2）打开 Thunder 主界面，在"文件"菜单中选择"新建批量任务"命令，如图 3-71 所示，打开"新建批量任务"对话框，如图 3-72 所示。

 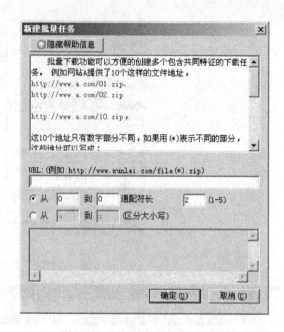

图 3-71　"文件"菜单　　　　　　图 3-72　"新建批量任务"对话框

（3）在"新建批量任务"对话框输入含通配符的批量下载地址，并在其下方的通配符描述框中描述出规律，然后单击【确定】按钮。

4. 导入未完成的 Thunder 下载

如果有某个任务没有下载完成，而迅雷中并没有这个任务，那么就可以使用"导入未完成的下载"功能来满足需要。

（1）打开"迅雷"软件，在"文件"菜单的下拉菜单中选择"导入未完成的下载"命令，如图 3-73 所示。

（2）在打开的"导入"窗口中查找将要导入的未下载完成任务的文件（一般情况下是下载文件名后面加.cfg 后缀名的）。选中它，然后单击"打开"按钮，如图 3-74 所示。

 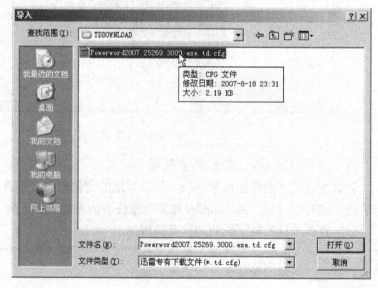

图 3-73　"文件"下拉菜单　　　　　　图 3-74　导入窗口

（3）弹出"导入未完成任务"对话框，单击【确定】按钮。

（4）弹出"重复任务提示"对话框，单击【确定】按钮。导入未完成的任务会立即开始下载。

3.3.5 任务五　压缩软件 WinRAR 的使用

从互联网上下载的许多程序和文件，可能占用空间比较大或者很多是压缩文件，那么如何有效使用这些下载的资源？这就需要用到压缩文件管理工具，它能解压从 Internet 上下载的压缩文件，并能创建压缩文件。

1. WinRAR 的下载和安装

（1）从许多网站都可以下载这个软件。

（2）WinRAR 的安装十分简单，只要双击下载后的压缩包，就会出现如图 3-75 所示的安装界面。单击【浏览】按钮选择好安装路径后单击【安装】按钮就可以开始安装了，然后会出现如图 3-76 所示的"WinRAR 简体中文版安装"对话框。

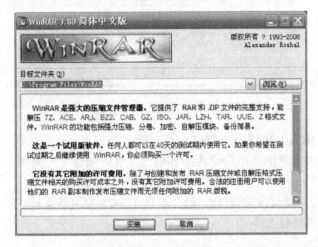

图 3-75　设定目标文件夹

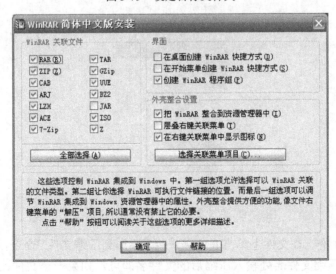

图 3-76　"WinRAR 简体中文版安装"对话框

(3) 图 3-76 中分三个部分，左边的 "WinRAR 关联文件" 是将下面格式的文件创建联系，如果经常使用 WinRAR，可以与所有格式的文件创建联系。如果偶尔使用 WinRAR，可以酌情选择。右边的 "界面" 是选择 WinRAR 在 Windows 中的位置。"外壳整合设置" 是在右键菜单等处创建快捷方式。都做好选择后，单击【确定】按钮就会出现如图 3-77 所示的页面，单击【完成】按钮完成安装。

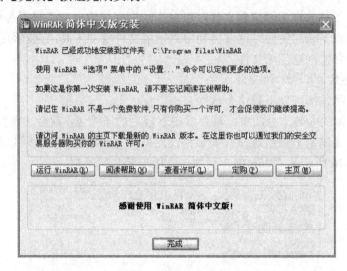

图 3-77　感谢和许可页面

2. 使用 WinRAR 快速压缩和解压文件

WinRAR 支持在右键菜单中快速压缩和解压文件，操作十分简单。

1）快速压缩

当在文件上单击鼠标右键的时候，就会看见图 3-78 中用圆圈标注的部分就是 WinRAR 在右键菜单中创建的快捷命令。

图 3-78　右键菜单中的 WinRAR 快捷命令

压缩文件的时候，在文件上单击右键并选择 "添加到压缩文件" 命令，就会出现图 3-79 所示对话框。在压缩文件名处输入压缩后的文件名即可。如果一个文件比较大，想把它分成几个小文件进行压缩，可以使用分卷压缩，如图 3-79 中用圆圈标注的部分。这样就可以得到以定义好的文件名为前缀，part001.rar、part002.rar……之类为后缀名的文件。至于合并这些文件也非常简单，只要将所有的分卷压缩文件复制到一个文件夹中，然后右击*.rar 的文件，并选择"解压缩文件"命令即可。

图 3-79 压缩向导　　　　　　　　　　　　图 3-80 解压文件

2）快速解压

当在压缩文件上单击鼠标右键后，会有图 3-80 中画圈的选项出现，选择"解压文件"出现图 3-81 所示对话框，在"目标路径"处选择解压后的文件将被保存至的路径和名称。单击【确定】按钮就可以解压了。

图 3-81 "解压路径和选项"对话框

3）WinRAR 的主界面

其实对文件进行压缩和解压的操作时，在右键菜单中的功能就足以胜任了，一般不用在 WinRAR 的主界面中进行操作，但是在主界面中还有一些额外的功能。所以我们有必要对它进行了解，下面将对主界面中的每个按钮进行说明。

单击 WinRAR 的图标后出现的主界面如图 3-82 所示。"添加"按钮就是压缩按钮。

图 3-82　压缩包

当在窗口中选择一个具体的文件后，单击"查看"按钮就会显示文件中的内容等。

"删除"按钮的功能十分简单，就是删除选定的文件。

"修复"是允许修复文件的一个功能。修复后的文件 WinRAR 会自动为它起名为"_reconst.rar"，所以只要在"被修复的压缩文件保存的文件夹"处为修复后的文件找好路径就可以了，当然也可以自己为它起名。

"解压到"是将文件解压。

"测试"是允许对选定的文件进行测试，它会告知是否有错误等测试结果。

当在 WinRAR 的主界面中打开一个压缩包的时候，又会出现几个新的按钮，如图 3-83 所示。

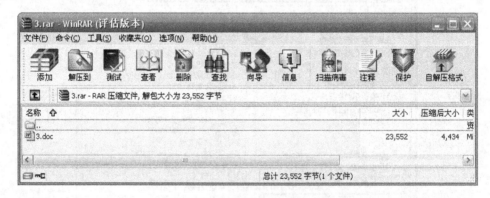

图 3-83　文件浏览

其中"自解压格式"是将压缩文件转化为自解压可执行文件；"保护"是防止压缩包受到另外的损害；"注释"是对压缩文件做一定的说明；"信息"是显示压缩文件的一些信息。

3.4 项目三 RSS 资讯订阅

3.4.1 预备知识

使用 RSS（简易信息聚会）阅读器可以有针对性地订阅自己感兴趣的多个网站信息，通过定时或不定时的方式获取更新信息，并在同一界面下阅读信息，而无需使用浏览器频繁地访问多个网站。RSS 是一种全新的网络信息获取方式，更代表着一场网络阅读的新革命，它带来了 Web 浏览的新方式。有专家预言，RSS 将会引发互联网自 WWW 之后最大的一次革新。

3.4.2 任务一 看天下网络资讯浏览器的下载与安装

登录看天下 PC 版阅读器下载页面（http://www.kantianxia.com），在了解了看天下软件的主要功能之后，单击"下载"图标，进入看天下下载软件页面。根据提示，单击相应的下载地址，如图 3-84 所示。

图 3-84 看天下软件下载

文件下载完成之后，双击安装文件，将会打开如图 3-85 所示的安装"看天下"对话框。

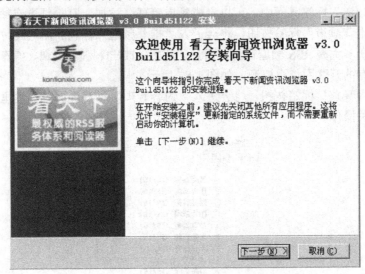

图 3-85 安装"看天下"

单击【下一步】按钮,打开"许可证协议"对话框。选中"我同意许可证协议"复选框,单击【下一步】按钮;以后的安装过程可以根据提示信息完成即可。

3.4.3 任务二 看天下网络资讯浏览器的使用

在"安装完成"对话框中,选中"运行看天下"复选框,单击【完成】按钮,将会打开看天下网络资讯浏览器主窗口,如图3-86所示。

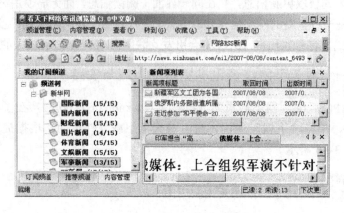

图3-86 "看天下"主窗口

在看天下软件主窗口中,除了一般Windows应用软件都有的菜单、工具栏之外,还提供了一个简单的浏览器,可以完成一般的网络浏览操作。不过,主窗口中最重要的是与RSS应用有关的三个界面。

1. 频道/内容管理界面

频道/内容管理界面位于"看天下"软件主窗口左侧,由"订阅频道"、"推荐频道"和"内容管理"三个标签界面构成,单击标签按钮即可进入相应的标签界面。软件启动时处于"订阅频道"标签界面。

在"订阅频道"标签界面中,可以完成频道管理(添加、删除频道或频道组)的相关操作。单击"推荐频道"标签按钮,将会进入"推荐频道"标签界面。此时可以看到"看天下"内嵌的众多优秀RSS频道资源,涵盖了新闻、IT与科技、商情、汽车、财经和房产家居等几乎所有的互联网信息资源,如图3-87所示。

单击"内容管理"标签按钮,将会进入"内容管理"标签界面,在这里可以完成本地文章管理的相关操作。

图3-87 "订阅频道"标签界面

2. 新闻项列表界面

"新闻项列表"界面用于显示选中频道的新闻项列表,内容包括新闻标题、取回时间和出版时间等,如图 3-88 所示。

3. 内容阅读界面

在"新闻项列表"界面中,任意单击一则新闻的标题,下方的"内容阅读"界面将会显示出该新闻的摘要信息,如图 3-89 所示。

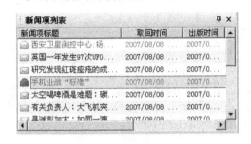

图 3-88 新闻项列表界面

图 3-89 内容阅读界面

单击"我要立即阅读详细内容…"链接,看天下将会自动从相应网站取回该新闻的网页,并显示在内容阅读界面中,供用户阅读。

3.4.4 任务三 系统配置管理

强大的系统配置管理功能,方便了用户个性化和智能化地使用"看天下"。单击主菜单"工具"下的"系统设置"子菜单,将会打开如图 3-90 所示的"系统设置"对话框,其中包括了基本设置、参数预设和网络通信三大设置项。

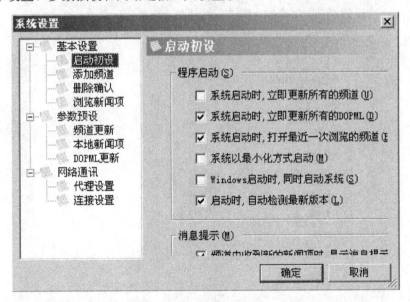

图 3-90 系统配置管理

(1) 基本设置。

基本设置项主要用于设置看天下软件的基本运行参数,它又分为"启动初设"、"添加频道"、"删除确认"和"浏览新闻项"这 4 个设置选项。

（2）参数预设。

参数预设项主要用于设置新添加的频道或 DOPML（动态 OPML）的相关参数，它又分为频道更新、本地新闻项和 DOPML 更新这三个设置选项。

（3）网络通信。

网络通信项主要用于设置程序网络连接和通信的相关参数，它又分为代理设置和连接设置两个选项。

以上的参数设置，一般用户选择默认配置即可。

3.4.5 任务四　频道订阅与管理

使用"看天下"强大的频道订阅与管理功能，可以进行有效的频道订阅、频道组管理及 OPML 导出等操作。

1. 频道订阅

"看天下"提供了以下两种基本的频道订阅方式：

（1）订阅推荐频道。

在"看天下"的频道/内容管理界面，单击"推荐频道"标签按钮进入"推荐频道"界面。任意选择一个频道，如"财经类/中金在线/财经频道"，单击鼠标右键，在弹出的菜单中选择"订阅频道"命令，将会打开如图 3-91 所示的"订阅频道"对话框。在右侧的"频道树"界面中选中"我的 RSS 频道"，然后单击下方的【添加】按钮，在"频道树/我的 RSS 频道"下将会出现财经频道，即说明该推荐频道订阅成功。

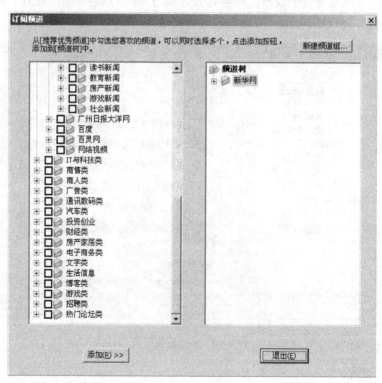

图 3-91　订阅推荐频道

（2）通过 RSS Feed 订阅频道。

在已知 RSS Feed 网址的情况下，可以采用这种方式来订阅频道。

首先要获取 RSS Feed 网址。可以到相关网站上查找 RSS Feed 网址，如大洋网（http://rss.dayoo.com/），如图 3-92 所示。

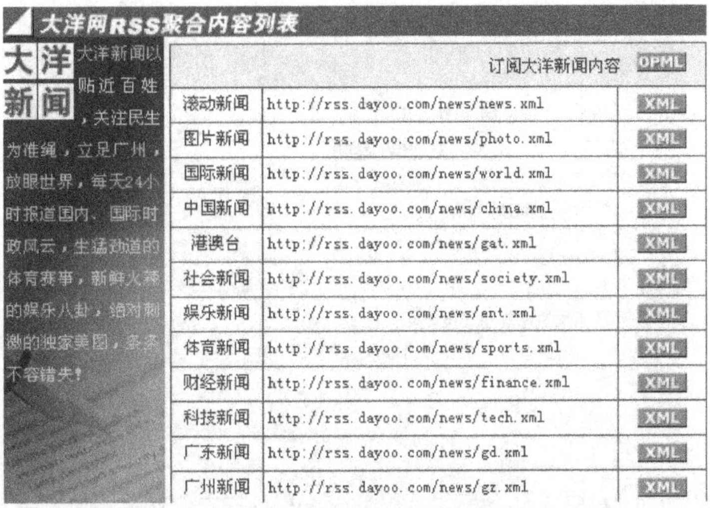

图 3-92　"RSS Feed" 订阅频道

复制一个自己感兴趣的条目，如科技新闻（http://rss.dayoo.com/news/tech.xml）。

然后单击"订阅频道"标签进入"订阅频道"界面。选中我的 RSS 频道，单击鼠标右键，在弹出的菜单中选择"添加频道"命令，将会打开如图 3-93 所示的"添加频道向导-频道源模式"对话框。

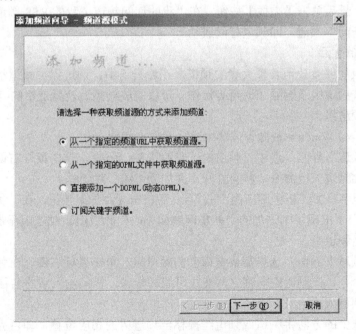

图 3-93　"添加频道向导-频道源模式"对话框

选中"从一个指定的频道 URL 中获取频道源",然后单击【下一步】按钮,将会打开如图 3-94 所示的"添加频道向导-输入频道源"URL 对话框。

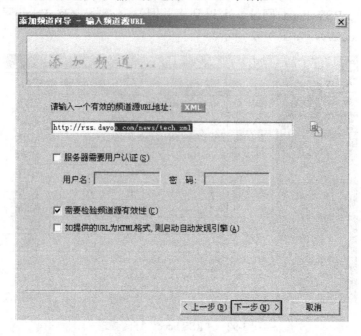

图 3-94　"添加频道向导-输入频道源 URL"对话框

在编辑框中输入刚才获得的"科技新闻"频道的 RSS Feed 网址,然后单击【下一步】按钮,在系统对该频道的有效性进行验证之后,将会打开"添加频道向导配置频道"对话框。

可以为该频道选择一个更直观的中文名称,如"科技新闻",然后将该频道添加到频道树的特定位置,最后单击【完成】按钮。在"我的订阅频道／我的 RSS 频道"下出现了刚添加的"科技新闻"频道,即频道订阅成功。

2. 频道组管理

使用频道组能够有效地管理大量的频道。在看天下中,通过添加频道组、重命名频道组、搬移频道或频道组及删除频道组等操作,可以完成对频道及频道组的有效管理。

(1)添加频道组。

添加频道组与 Window 资源管理器中添加文件夹相似。

在"订阅频道"界面,选中"频道树／我的 RSS 频道",单击鼠标右键,在弹出的菜单中选择"添加频道"组命令,将会打开"添加频道组"对话框。

输入频道组名,如"新华网新闻中心",然后单击【添加】按钮,在"我的订阅频道／我的 RSS 频道"下出现了刚添加的"新华网新闻中心"频道组,频道组添加成功。

(2)重命名频道组。

在"订阅频道"界面,选择需要重命名的频道组,单击鼠标右键,在弹出的菜单中选择"重命名"命令,该频道组名称立刻变成可编辑状态,直接输入新的名称即可。

(3)搬移频道或频道组。

使用鼠标拖曳的方法将频道或频道组搬移至频道树的相应位置,即可完成频道或频道组的搬移操作。将新华网新闻中心的众多频道搬移至"新华网新闻中心"频道组中,频道树的结构更加清晰。

（4）删除频道组。

在订阅频道界面，选择需要删除的频道组，单击鼠标右键，在弹出的下拉菜单中选择"删除频道组"命令，将会打开系统提示对话框。单击对话框中的【是】按钮，即可删除该频道组。

3．OPML 导出

通过将本地的频道信息导出到 OPML 文件中，可以实现 RSS 频道资源的备份与共享。OPML 导出的具体操作是，选择【频道管理】→【导出频道→到 OPML 文件…】菜单命令，将会打开如图 3-95 所示的"导出频道到文件…"对话框。

图 3-95　导出 OPML 文件

设置导出文件存放的位置与文件名，在筛选频道中选择要导出的频道组，然后单击【确定】按钮，相关的频道或频道组信息就导出到指定位置上的 OPML 文件中了。

重新安装系统，或者使用另外一台计算机时，就可以通过这个导出的 OPML 文件订阅频道了，具体操作不再赘述。

3.4.6　任务五　阅读与内容管理

系统配置管理和频道订阅与管理的最终目的，都是为了更好地阅读和管理所订阅网站的更新信息。"看天下"提供了强大的阅读与内容管理功能，用户使用它可以方便地进行文章阅读、搜索、过滤和本地管理等相关操作。

1．文章阅读

在"订阅频道"界面，任意选中某个频道，如"我的 RSS 频道"，单击鼠标右键，在弹出的菜单中选择"刷新"命令，系统将会自动获取该频道的最新更新信息。在每个频道右侧出现了以"X / Y"方式排列的两个数字,前一个数字表示未读文章的条数,后一个数字表示更新文章的总条数。

同时在右侧的"新闻项列表"界面中加载了获取文章的相关信息。单击感兴趣的文章标题,在下方的"内容阅读"界面中将会出现该文章的摘要信息。

单击"我要立即阅读详细内容"链接,系统将会自动从相应网站下载网页,并显示在"内容阅读"界面中,供用户阅读。

2. 文章搜索

可以使用"看天下"提供的文章搜索功能,快速而直接地找到自己感兴趣的文章。

文章搜索的具体操作是,选择【工具】→【搜索新闻项】菜单命令,将会打开如图 3-96 所示的"搜索新闻项"对话框。

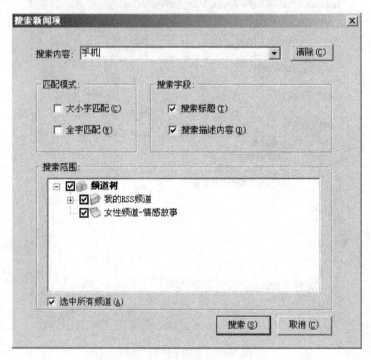

图 3-96 "搜索新闻项"对话框

在"搜索内容"编辑框中输入搜索关键词(如"手机"),然后完成匹配模式(建议采用默认设置)、搜索字段(如同时选中"搜索标题"和"搜索描述内容")和搜索范围(如"选中所有频道")的设置之后,最后单击【搜索】按钮,在"新闻项列表"界面中将会返回搜索到的关于"手机"的文章。

单击任一文章标题,即可在下方的"内容阅读"界面中浏览到该文章的摘要信息。

3. 文章过滤

在海量网络信息面前,进行适当的信息过滤十分重要。"看天下"提供的文章过滤功能,可以帮助用户过滤无用或无价值的文章。

在打开特定"新闻项列表"界面情况下,选择【工具】→【过滤新闻项】菜单命令,然后在打开的下拉菜单中选择特定命令,即可完成文章过滤的操作。如选择"今天取回的新闻项"命令,在"新闻项列表"界面中将会显示今天(2007 / 0 8 / 09)获得的所有文章信息。

4. 本地文章管理

"看天下"提供了强大的本地文章管理功能，可以完成标记文章状态、收藏与管理文章的相关操作。

（1）标记文章状态。

在"新闻项列表"界面中，任意选中某个文章的标题，单击鼠标右键，在弹出的下拉菜单中选择"标记新闻项"命令，在后续的菜单中选择相应命令即可完成对该文章状态的标记操作。

对于重要的文章，可以选择"标记重要新闻项"命令，将该文章状态标记为"重要新闻项"，此时在"新闻项列表"界面中用红色显示了该文章。

（2）收藏与管理文章。

在"新闻项列表"界面中，选中重要或有价值的文章，单击鼠标右键，在弹出的下拉菜单中选择"给新闻项贴上内容标签"命令，将会打开"选择内容标签"对话框。选择好文章收藏的位置（如"我的网络文章收藏"），然后单击【贴标签】按钮，即可将该文章收藏到指定位置。此时，进入"内容管理"界面，单击"我的网络文章收藏"链接，如图3-97所示，在右侧的"内容文章列表"界面中，将会显示出刚收藏的文章。

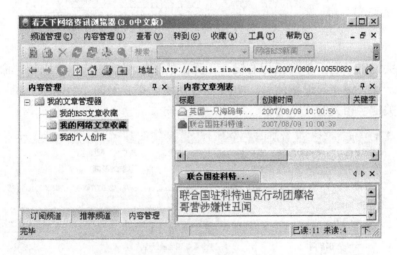

图3-97 我的网络文章收藏

3.4.7 任务六 看天下使用高级技巧

1. 关键字订阅

关键字订阅是看天下提供的一项智能化频道订阅功能，使用这种频道订阅方法，可以利用百度、Feedss等搜索引擎将互联网上关于该关键字的所有最新信息聚合到"看天下"中，省去了搜索网络的麻烦。

关键字订阅的具体操作是，在"订阅频道"界面，选中【频道树】→【我的RSS频道】，单击鼠标右键，在弹出的下拉菜单中选择"添加频道"命令，将会打开"添加频道向导-频道源模式"对话框。

选中"订阅关键字频道"，然后单击【下一步】按钮，将会打开"添加频道向导-订阅关键字"对话框。

输入订阅关键字(如"姚明"),选择采用的搜索引擎(如"百度"),然后单击【完成】按钮,如图 3-98 所示,在"订阅频道"界面下的"我的百度关键字"下将会出现刚添加的关于"姚明"的关键字频道。

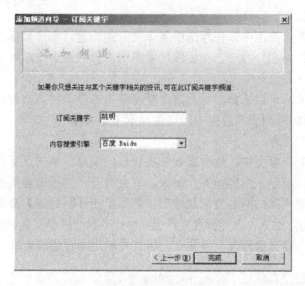

图 3-98 关键字订阅

选中该关键字频道,单击鼠标右键,在弹出的下拉菜单中选择"刷新"命令,系统将自动获取关于该关键字的最新信息。如图 3-99 所示,在右侧的"新闻项列表"界面中将会显示出与该关键字相关的文章信息。

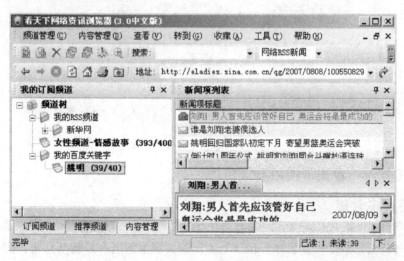

图 3-99 关键字订阅

2. 动态 OPML 管理

动态 OPML 指的是 OPML 文件中所包含的频道资源不是固定不变的,可能会随 RSS 提供商的需要不断变化更新。"看天下"能够自动管理动态 OPML 文件,实时添加或删除发生变化的频道。通过动态 OPML 文件订阅频道的具体操作,可以参考上文"通过 OPML 文件订阅频道"的相关介绍,此处不再赘述。

3.5 知识拓展

3.5.1 其他常用的浏览器

1. 360 安全浏览器

360 安全浏览器（360se）是互联网上好用、安全的新一代浏览器，和 360 安全卫士、360 杀毒软件等产品一同成为 360 安全中心的系列产品。木马已经取代病毒成为当前互联网上最大的威胁，90%的木马用挂马网站通过普通浏览器入侵，每天有 200 万用户访问挂马网站中毒。360 安全浏览器拥有全国最大的恶意网址库，采用恶意网址拦截技术，可自动拦截挂马、欺诈、网银仿冒等恶意网址。独创沙箱技术，在隔离模式即使访问木马也不会感染。除了在安全方面的特性，360 安全浏览器在速度、资源占用、防假死不崩溃等基础特性上表现同样优异，在功能方面拥有翻译、截图、鼠标手势、广告过滤等几十种实用功能，在外观上设计典雅精致，是外观设计最好的浏览器，已成为广大网民使用浏览器的必要选择。

2. 搜狗浏览器

搜狗浏览器已更名为"搜狗高速浏览器"，搜狗浏览器是目前互联网上最快速最流畅的新型浏览器，拥有国内首款"真双核"引擎，采用多级加速机制，能大幅提高上网速度。

3. 腾讯 TT 浏览器

腾讯 TT 浏览器是一款集多线程、黑白名单、智能屏蔽、鼠标手势等功能于一体的多页面浏览器，具有快速、稳定、安全的特点，其功能如下：

（1）网络视频可在独立窗口中观看，浏览网页看视频两不误。
（2）崭新的文字快速浏览模式，上网浏览更快速、更安全。
（3）强大的自定义背景功能，让您的 TT 浏览器个性自由。
（4）独立的 QQ 账号登录功能，快捷访问空间、邮箱、网络收藏等。

4. 世界之窗（TheWorld）浏览器

世界之窗浏览器是一款多窗口浏览器，它采用 IE 内核，具有如下特点：

（1）极小的资源占用，同时访问多个页面消耗系统内存极小。
（2）增强的稳定性，这对于多窗口浏览器来说显得尤其重要。
（3）优化的内核，打开网页的速度更快。
（4）安静的浏览特性，有效的智能拦截各种广告、控件，避免干扰并保证浏览安全。

TheWorld 还具备如下功能：全面拦截浮动和弹出广告；快速清除浏览历史；更快的网页下载速度；浏览时避免骚扰；保护上网安全；不同网络环境预制不同的代理方案；加速操作的鼠标手势；网页无级缩放。

3.5.2 其他知名的搜索引擎

在国内知名的搜索引擎有很多，除了 Google、百度外，还有搜搜、搜狗、雅虎全能搜等。

1. SoSo 搜搜

SoSo 搜搜是综合全球各大搜索引擎及专业网站的搜索。提供网页搜索、图片搜索、音乐搜索、商品搜索。搜索结果由各网站搜索引擎提供。

2. Sogou 搜狗

互动式搜索引擎，包括新闻，购物，图片搜索等。

3. 360 度雅虎全能搜

搜索框的下拉菜单，辅助输入的同时让你看到更多热点！搜索一个查询词将得到包括图片、音乐、资讯、博客在内的超级全面的信息。

4. 有道 youdao

网易有道搜索引擎包括了网页搜索、博客搜索和海量词典。另外，网易有道的博客搜索也相当有特色，会对搜索出的博客进行分析进而得出一份统计报告，和其他的博客搜索相比，网易有道的博客搜索功能较为全面、更新较为及时，不过准确度上还可以有上升空间。

5. 必应 bing

Bing（必应）是微软公司于 2009 年 5 月 28 日推出的全新搜索品牌，集成了搜索首页图片设计，崭新的搜索结果导航模式，创新的分类搜索和相关搜索用户体验模式，视频搜索结果无需单击直接预览播放，图片搜索结果无需翻页等功能。

必应还推出了专门针对中国用户需求而设计的必应地图搜索和公交换乘查询功能。同时，搜索中还融入了微软亚洲研究院的创新技术，增强了专门针对中国用户的搜索服务和快乐搜索体验。

3.5.3 其他下载工具

1. 利用专门的下载软件保存网页

如果网页中的图片比较大，利用专门的下载软件可以加快下载的速度。方法是先在电脑中安装下载软件如网络蚂蚁 NetAnts 或网际快车 FlashGet 等软件，然后右键单击网页中要下载的图片，在弹出菜单中选择 "Download by NetAnts" 或 "使用网际快车下载" 命令，最后选择好用户要保存的路径即可。

2. 保存网页中的加密图片

网页中有些图片是经过加密处理过的，不能直接通过鼠标右键来下载，也不能把网页保存到硬盘中，有的甚至连工具栏都没有。这样的加密图片该怎么保存呢？很简单！只要先后打开两个 IE 窗口，其中一个用来显示用户要下载图片的网页，另一个用来保存图片。用鼠标左键按住想要保存的图片不放，往另外一个 IE 窗口中拖动，图片就会到那个 IE 窗口中了，然后就可以使用鼠标右键的 "图片另存为" 命令，这样就得到加密图片了。

3. 利用工具软件网文快捕 WebCatcher 保存网页

网文快捕 WebCatcher 是款不错的工具软件，主要用来保存网页文件，并且可以给网页增加附件、密码、注释。另外，WebCatcher 还可以帮用户把网上那些好看的 Flash 动画保存下来。注意，由于有些网页中的图片是加密处理过的，无法直接下载，而有些时候我们要保存的是 CHM 或 EXE 格式的电子书中的图片，由于作者加了限制也无法直接保存图片，此时就可以利用网文快捕 WebCatcher 来一展身手了。

在安装 WebCatcher 之后，关闭所有的浏览器，然后重新运行，打开需要保存图片的网页,单击鼠标右键,在 IE 的弹出菜单中会增加两项:"使用网文快捕保存当前网页"和"使用网文快捕保存",选择"使用网文快捕保存"命令,则可以对网页中的元素进行有选择的保存,例如,当前网页的所有内容、所有图片或者是所有文字、链接、Flash 动画等,而我们的目标是图片,所以选择"图片"选项就可以了。

单击【确定】按钮之后,进入网文快捕程序的主窗口中,在窗口的左边就会看到用户选定的网页或电子书中该页面的题目,在右边窗口中就是图片,现在就可以随意复制或保存了!

4. 使用 TeleportPro 等离线浏览工具保存网页

通过 TeleportPro 等离线浏览工具可将整个网站全部下载下来,然后在硬盘中慢慢查看网页图片。

5. 利用 BT 下载资源

BitTorrent(BT,俗称 BT 下载、变态下载)是一个多点下载的源码公开的 P2P 软件,使用非常方便,就像一个浏览器插件,很适合新发布的热门下载。其特点简单来说就是,下载的人越多,速度越快。

BT 下载工具软件可以说是一个最新概念的 P2P 下载工具、它采用了多点对多点的原理。该软件相当的特殊,一般用户下载档案或软件,大都由 HTTP 站点或 FTP 站台下载,若同时间下载人数多时,基于该服务器频宽的因素,速度会减慢许多,而该软件却不同,恰巧相反,同时间下载的人数越多你下载的速度便越快,因为它采用了多点对多点的传输原理。

6. 利用电驴下载资源

电驴是被称为"点对点"(P2P)的客户端软件,一个用来在互联网上交换数据的工具。一个用户可以从其他用户那里得到文件,也可以把文件散发给其他的用户。当国内各大 BT 资源网站相继被关闭后,电驴(电骡)成为广大网民搜索下载最新资源的宝贵方式,国内最大的电驴(电骡)资源网站 VeryCD 出品的下载工具 easyMule 成为了受人追捧的下载利器。

3.5.4 RSS 拓展工具

1. RSS 第一印象

打开人民网(http://www.people.com.cn)和计算机世界网(http://www.ccw.com.cn),在首页的分类栏目区中,可以发现它们有一个共同的栏目链接——RSS,说明它们都支持 RSS 服务。

其实,除了人民网和计算机世界网之外,新浪、搜狐、网易、新华网、百度等众多国内门户网站也都开始支持 RSS 服务。门户网站的大量使用,使 RSS 和 Blog 一道,成为 Web 2.0 时代互联网上最热门的两个应用。

实际应用 RSS,离不开 RSS Feed 文件与 RSS 阅读器。RSS Feed 文件反映网站最新的更新信息,RSS 阅读器则用于订阅、读取和分析 RSS Feed 文件,进而获取及时的网站更新信息。

1) RSS Feed 文件

提供 RSS 服务的网站,通常采用以下两种方式向用户提供 RSS Feed 文件的相关信息。

(1)单独放置方式。在网站(栏目、频道或板块)首页的显要位置标注其 RSS Feed 文件的网络链接,一般采用有 XML 或 RSS 字样的橙色小图标进行标记。不过,随着 RSS 的逐步普及，这种 RSS Feed 的单独放置方式越来越少。

（2）集中放置方式。这是目前支持 RSS 的网站普遍采用的一种 RSS Feed 提供方式，即将网站所有的 RSS Feed 链接图标按照类别集中放置在同一个页面，统一向用户提供。

> **提示**
>
> 绝大多数的 RSS 阅读器内嵌了大量的 RSS Feed 资源，另外，通过 RSS 搜索工具也可以获得更多的 RSS Feed 资源。

每个使用 RSS Feed 文件来描述其内容更新情况的栏目（或板块）称为频道，同一个网站中多个栏目（或板块）组合在一起，就构成了频道组。例如，国内新闻是一个频道，而新闻中心则是包括了多个频道的频道组。多个主题相近的频道组又可以构成更高一级的频道组。

另外，网站所有的 RSS Feed 文件可以统一保存为扩展名是 OPML（Outline Processor Markup Language，大纲处理标记语言）的列表文件。这样，既方便了用户对 RSS Feed 资源的备份，也实现了用户之间 RSS Feed 资源的有效共享。

2）RSS 阅读器

RSS 阅读器是读取 RSS Feed 和 RSS OPML 文件的工具。根据功能特点的不同，RSS 阅读器可以分为专用 RSS 阅读器、附带 RSS 阅读功能的浏览器和 RSS 在线阅读器三类。如表 3-2 所示，列举了 RSS 阅读器的主要优点。

表 3-2　RSS 阅读器的主要优点

直接获取有用信息	使用 RSS 阅读器可以直接获取有用的网络信息，不会受到广告等无用信息的干扰
及时获取更新信息	RSS 阅读器可以订阅和自动获得网站的更新信息，内容及时性和实时性得到了保证
同时订阅不同信息	使用 RSS 阅读器，可以订阅多个网站的 RSS Feed 文件，并聚在一个界面下阅读
方便管理信息	RSS 阅读器提供了信息的管理功能，能够方便地管理下载的所有信息资源

2. 精彩 RSS 工具一览

RSS 工具主要包括 RSS 阅读器和 RSS 搜索工具。前者用于订阅、读取和分析 RSS Feed 文件，后者则提供了对 RSS Feed 文件资源的搜索服务。

1）RSS 阅读器

如表 3-3 所示，列出了目前比较流行的中文 RSS 阅读器。

表 3-3　中文 RSS 阅读器举例

阅读器简称	分　类	提　供　商	网址或下载地址
看天下	专用 RSS 阅读器	玉珀电子科技	http://rss.com.tv/pcreader-download.htm
周博通	专用 RSS 阅读器	POTU	http://www.potu.com/index/potu_down.php
新浪点点通	专用 RSS 阅读器	新浪网	http://rss.sina.com.cn/
Maxthon	带 RSS 功能的浏览器	Mysoft	http://www.maxthon.cn/
Firefox	带 RSS 功能的浏览器	Mozilla	http://www.mozilla.net.cn/
和讯博览 RSS	RSS 在线阅读器	和讯网	http://rss.hexun.com/

2）RSS 搜索工具

目前，流行的中文 RSS 搜索工具包括 Feedss（http://www.feedss.com）、看天下 RSS 搜索引擎（http://www.kantianxia.com/search）和 SORSS（http://www.sorss.com/rss.htm）等。

3.6 小结

本章主要描述了 Internet Explorer、看天下网络资讯浏览器、图像浏览器 ACDSee、Adobe Reader 软件、WinRAR 压缩软件、Thunder（迅雷）下载软件的使用，学习者应该掌握浏览器的常用设置，以及如何保存和搜索网上资料等能力。

3.7 能力鉴定

本章主要为操作技能训练，能力鉴定以实作为主，对少数概念可以教师问学生答的方式检查掌握情况，并将鉴定结果填入表 3-4。

表 3-4 能力鉴定记录表

序号	项目	鉴定内容	能	不能	教师签名	备注
1	项目一 上网浏览与信息搜索	对 IE 进行默认主页设置				
2		加快网页浏览速度				
3		设置 IE 安全级别				
4		会使用百度搜索信息				
5		会使用 Google 搜索信息				
6	项目二 保存网络资源	会使用收藏夹收藏自己喜欢的页面				
7		能保存自己需要的网页				
8		能使用 FTP 进行下载和上传作业				
9		会使用工具软件下载网络资源				
10						
11		能熟练使用 WinRAR 压缩和解压文件				
12	项目三 RSS 资讯订阅	会看天下网络资讯浏览器的下载与安装				
13		能熟练使用看天下网络资讯浏览器				
14		能进行系统配置管理				
15		学会频道订阅与管理				
16		学会阅读与内容管理				
17		学会看天下使用的高级技巧				

3.8 习题

一、选择题

1. 一般的浏览器用（　　）来区别访问过和未访问过的链接。
   A．不同的字体　　　　　　　　B．不同的颜色
   C．不同的光标形状　　　　　　D．没有区别
2. 信息产业部要建立 WWW 网站，其域名的后缀应该是____。
   A．com.cn　　　　　　　　　　B．edu.cn
   C．gov.cn　　　　　　　　　　D．ac
3. 在浏览 Web 的时候常常系统会询问是否接收一种称为"cookie"的东西，cookie 是（　　）。
   A．在线订购馅饼
   B．馅饼广告
   C．一种小文本文件，用以记录浏览过程中的信息
   D．一种病毒
4. 用户在网上最常用的一类信息查询工具称为（　　）。
   A．ISP　　　　　　　　　　　B．搜索引擎
   C．网络加速器　　　　　　　　D．离线浏览器
5. Web 检索工具是人们获取网络信息资源的主要检索工具和手段。以下（　　）不属于 Web 检索工具的基本类型。
   A．目录型检索工具　　　　　　B．搜索引擎
   C．多元搜索引擎　　　　　　　D．语言应答系统
6. IE 的收藏夹中存放的是（　　）。
   A．最近浏览过的一些 WWW 地址
   B．用户增加的 E-mail 地址
   C．最近下载的 WWW 地址
   D．用户增加的 WWW 地址
7. 目前最大的中文搜索引擎是（　　）。
   A．新浪　　　B．雅虎　　　C．百度　　　D．搜狐

二、思考题

1. 搜索引擎通常应该具备哪些基本的检索功能？
2. 比较几种搜索引擎的优缺点？
3. 什么是 RSS？
4. RSS 与传统 Web 浏览有哪些不同。
5. RSS Feed 文件是什么？

第 4 章

网 上 交 流

4.1 项目描述

4.1.1 能力目标

通过本章的学习与训练,学生能形成通过网络与他人快速交流的能力。
1. 掌握申请邮箱、收发邮件、管理邮箱的技能。
2. 掌握网络即时通信 QQ 的使用方法。
3. 了解网络即时通信 Windows Live Messenger 的使用方法。
4. 掌握网络电话 Skype 的使用方法。
5. 了解网络电话 UUCall 的使用方法。
6. 了解社交网站的主要功能。
7. 会使用社交网站与好友沟通。

4.1.2 教学建议

1. 教学计划表(见表 4-1)

表 4-1 教学计划表

任 务		重点 (难点)	实 作 要 求	建议学时
收发电子邮件	任务一 申请网易 163 邮箱	重点	能成功申请 163 邮箱	2
	任务二 登录网易 163 邮箱收发邮件	难点	会撰写信件,能收发邮件	
网络即时通信	任务一 安装 QQ 客户端程序	重点	会下载 QQ 客户端程序	2
			能安装并设置 QQ 客户端程序	
	任务二 申请 QQ 号码	重点	能成功申请 QQ 号码	
	任务三 QQ 客户端基本设置		根据学生自己的喜好设计基本设置方案	
			学生在自己 QQ 程序中按设计方案配置	
	任务四 使用 QQ 与好友通信	重点	会发送、接收信息;会传送文件;会远程协助	

续表

任　　务		重点 （难点）	实 作 要 求	建议学时
网络电话	任务一　Skype	重点	会下载安装 Skype 客户端软件，能用 Skype 拨打电话	1
	任务二　UUCall		会下载安装 UUCall 客户端软件，能用 UUCall 拨打电话	
社交网站	任务　QQ 空间		会使用社交网站与好友沟通	1
合计学时				6

2．教学资源准备

（1）软件资源：QQ 客户端程序、Skype 和 UUCall 客户端程序；设计 QQ 基本设置方案和 UUCall 系统设置方案。

（2）硬件资源：安装 Windows XP 操作系统的计算机；每台计算机配备一套带麦克风的耳机。

4.1.3　应用背景

小刘是某学院系部的教学秘书，经常要收集教学信息、学生的反馈信息和教师的教学文件，发布教学通知，组织教学上的学术讨论等，他应该怎样利用网络来快速实现交流呢？他可以利用电子邮箱（E-mail）、网络即时通信工具和网络电话来实现。

4.2　项目一　收发电子邮件

4.2.1　预备知识

1．什么是电子邮件

电子邮件（Electronic Mail，简称 E-mail，标志：@，又被大家昵称为"伊妹儿"）又称电子信箱、电子邮政，它是一种用电子手段提供信息交换的通信方式。电子邮件是 Internet 应用最广的服务：通过网络的电子邮件系统，用户可以用非常低廉的价格（不管发送到哪里，都只需负担电话费和网费即可），以非常快速的方式（几秒钟之内可以发送到世界上任何你指定的目的地），与世界上任何一个角落的网络用户联系，这些电子邮件可以是文字、图像、声音等各种方式。同时，用户可以得到大量免费的新闻、专题邮件，并实现轻松的信息搜索。这是任何传统方式都无法相比的。正是由于电子邮件的使用简易、投递迅速、收费低廉、易于保存、全球畅通无阻，使得电子邮件被广泛地应用，它使人们的交流方式得到了极大的改变。另外，电子邮件还可以进行一对多的邮件传递，同一邮件可以一次发送给许多人。最重要的是，电子邮件是整个网间网以至所有其他网络系统中直接面向人与人之间信息交流的系统，它的数据发送方和接收方都是人，所以极大地满足了大量存在的人与人通信的需求。

电子邮件综合了电话通信和邮政信件的特点，它传送信息的速度和电话一样快，又能像信件一样使收信者在接收端收到文字记录。电子邮件系统又称基于计算机的邮件报文系统。它承担从邮件进入系统到邮件到达目的地为止的全部处理过程。电子邮件不仅可以利用电话网络,而且可以利用任何通信网传送。在利用电话网络时,还可利用其非高峰期间传送信息,这对于商业邮件具有特殊价值。

2. 怎样选择电子邮箱

选择电子邮件服务商之前我们要明白使用电子邮件的目的是什么,根据自己不同的目的有针对性的去选择。

如果是经常和国外的客户联系,建议使用国外的电子邮箱,如 Gmail、Hotmail、MSN mail、Yahoo mail 等。

如果是想当做网络硬盘使用,经常存放一些图片资料等,那么就应该选择存储量大的邮箱,如 Gmail、Yahoo mail、网易 163mail、126mail、yeah mail、TOM mail、21CN mail 等都是不错的选择。

如果自己有计算机,那么最好选择支持 POP/SMTP 协议的邮箱,可以通过 Outlook、Foxmail 等邮件客户端软件将邮件下载到自己的硬盘上,这样就不用担心邮箱的大小不够用,同时还能避免别人窃取密码以后偷看你的信件。当然前提是不在服务器上保留副本。这么做主要是从安全角度考虑。

如果经常需要收发一些大的附件,Gmail、Yahoo mail、Hotmail、MSN mail、网易 163 mail、126 mail、Yeah mail 等都能很好地满足要求。

若是想在第一时间知道自己的新邮件,那么推荐使用中国移动通信的移动梦网随心邮,当有邮件到达的时候会有手机短信通知。中国联通用户可以选择如意邮箱。

如果只是在国内使用,那么 QQ 邮箱也是很好的选择,拥有"QQ 号码@qq.com"的邮箱地址能让你的朋友通过 QQ 和你发送即时消息。当然你也可以使用别名邮箱。另外随着腾讯收购 Foxmail,使得腾讯在电子邮件领域的技术得到很大的加强。所以使用 QQ 邮箱应该是很放心的。

使用收费邮箱的朋友要注意邮箱的性价比是否值得花钱购买,也要看看自己能否长期支付其费用,目前网易 VIP 邮箱、188 财富邮都很不错,尤其是能提供多种名片设计方案,非常人性化。

关于支持发送/接收的附件的大小其实很多人都有一个误解,很多人认为一定要大。其实一般来说发送一些资料附件都不超过 3MB,大附件可以通过 WinZip、WinRAR 等软件压缩以后再发送。现在的邮箱基本上都支持 4MB 以上的附件,知名的邮箱都已提供超过 10MB 的附件;收发空间。还有一个不容忽视的问题是你的邮箱支持大的附件你的朋友的邮箱是否也支持大的附件呢?如果你能发送大的附件而你朋友的邮箱不支持接受大的附件,那么你的邮箱能支持再大的附件也毫无意义,所以这个问题并不重要。

4.2.2 任务一　申请网易 163 邮箱

(1) 登录网页 http://mail.163.com 进入"网易 163 免费邮"主页,如图 4-1 所示。

(2) 如果你还没有 163 邮箱,就需要注册一个新的邮箱,单击【注册】按钮。

图 4-1　登录、注册界面

（3）根据通行证输入框右面的提示，输入自己的用户名（最好是好记的字母和数字组成），如果你输入的用户名已经被其他人先使用了，就会弹出提示信息，要求重新输入或使用系统推荐给你的用户名。如果你的用户名还没有被其他人先使用，就可以填写邮箱的安全设置信息了。

（4）在安全设置页面中，详细填写相关信息。如图 4-2 所示，前面有"*"符号的项目必须填写；如果填写的信息不符合系统安全要求，系统会在下方进行提示；其中"保密邮箱"是其他已使用的认为比较安全的邮箱，"校验码"输入右边的提示字符即可；最后还有一个服务条款，建议阅读一下。输入完成后一定要记住自己所填写的信息，特别是用户名和登录密码，以便以后登录使用。最后单击【注册账号】按钮。

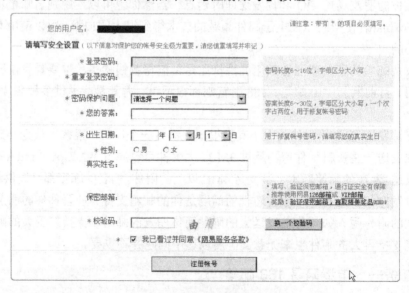

图 4-2　安全设置选项界面

（5）一切正常的话，邮箱就申请成功了，弹出页面如图 4-3 所示，单击【进入 3G 免费邮箱】按钮就可以使用邮箱了。

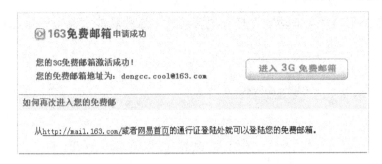

图 4-3　申请成功界面

（6）在上图中，提示了用户申请到的邮箱名，一定要记住，朋友之间发邮件前告诉对方这个邮箱地址，这里申请到的是"dengcc.cool*@163.com"，另外还有一个"如何再次进入您的免费邮"提示说明，给出了以后登录 163 免费邮箱的地址 http://mail.163.com，请记住这个地址，以便以后登录。

4.2.3　任务二　登录网易 163 邮箱收发邮件

1. 登录网易 163 邮箱

（1）在 Internet Explorer 的地址栏中输入邮件服务器地址"http://mail.163.com"，打开网易 163 登录邮箱页面，如图 4-4 所示。

（2）在用户名和密码输入框中输入自己邮箱的用户名和密码。

> **注　意**
>
> 邮箱的用户名就是邮箱地址的前半部分。

（3）单击【登录】按钮就登录打开了自己邮箱的主页。要退出，只需要单击页面顶部【退出，个人账户】就可以了，如图 4-5 所示。

图 4-4　登录邮箱　　　　　　图 4-5　登录成功后的邮箱主页界面

2. 收发邮件

（1）发送邮件。单击左边主菜单上方的"写信"按钮，打开写信窗口，如图 4-6 所示。

① 在"收件人"栏填写对方的邮箱地址，在"主题"栏输入邮件内容的标题。在正文窗口书写邮件正文，不但可以编写纯文本邮件，还可以利用编写窗口上面的一些功能使邮件更绚烂，如进行格式设定、插入超级链接、图片、表情符、签名等，甚至可以

单击编辑框右上角的"全部功能"打开更多功能,这些功能大家可以自己试着使用,如图 4-7 所示。

图 4-6　写信窗口

图 4-7　信件格式设置界面

② 很多时候,我们还需要在发送文字邮件的同时发送其他附带的资料。单击【添加附件】按钮,打开"选择文件"窗口,选择要附带的文件,单击【确定】按钮完成添加附件,附件可以反复添加多个,如果添加了错误的附件,可以单击附件后面的【×】按钮删除该附件,如图 4-8 所示。

③ 信件撰写好后,可以单击【发送】按钮发送邮件,也可单击【存草稿】按钮保存信件,在以后恰当时候发送邮件,如图 4-9 所示。

图 4-8　附件操作界面　　　　　　　图 4-9　信件操作界面

(2) 收取邮件。

每次登录邮箱时,邮件系统会自动收取邮件。收到的邮件都存放在"收件箱"中,如果有未读的新邮件,在页面的主要位置就会有"未读邮件:收件箱 x 封"的提示,如图 4-10 所示。

图 4-10　收件箱界面

在邮件列表中单击你想查看的信件，即可阅读信件。

3. 管理邮箱

邮件服务器提供用户的管理功能很多，而且不同的服务器有所区别。这里我们罗列一些主要的操作：

1）删除邮件

选中要删除的邮件（在邮件前面打勾），单击页面上方或下方的【删除】按钮，即可将邮件移动到"已删除"文件夹，此时邮件还保存在"已删除"文件夹中，并没有彻底删除邮件，如果要彻底删除邮件，可进入"已删除"文件夹，选中要彻底删除的邮件，单击【删除】按钮即可彻底删除邮件。也可单击【清空】按钮将"已删除"文件夹中的全部邮件彻底删除，如图4-11所示。

2）移动邮件

选中要移动的邮件，单击页面上方【移动】按钮，从弹出的菜单中选择要移动到哪个文件夹、即可将邮件移动到目标文件夹中，如图4-12所示。

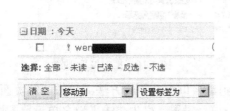

图4-11 已删除清空文件夹   图4-12 移动邮件

3）设置邮件标记

通过设置邮件标记，可以将邮件进行简单的分类，可以设置的标记一般有三种：阅读状态，优先级和标签，具体操作如下：

打开要设置标记的文件夹，选中要设置标记的邮件，选择【设置】→【标记状态】→【已读】（或【未读】）菜单，将选中邮件设置为已读状态（或未读状态），如图4-13所示。

还可设置邮件的优先级和标签，操作方法与设置阅读状态类似。

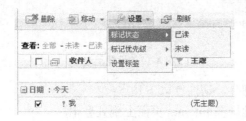

图4-13 设置邮件标记

4）邮件排序

当您查看某个文件夹的邮件时,文件夹内的邮件会自动地按照发送的日期排序。"日期"链接的右侧有一个向下的箭头标记。

若要按发件人对文件夹内的邮件排序，请单击"发件人"的列标题。同样，还可以在任何文件夹内，按照主题或大小对邮件进行排序。若要对邮件进行反向排序，请再次单击标题，箭头就会更改方向，如图4-14所示。

图 4-14　邮件排序

5）搜索邮件

在邮箱页面右上方的"搜索邮件"处，输入要搜索的字或词条，单击"搜索邮件"按钮，就可以轻松找到您要搜索的邮件了，如图 4-15 所示。

6）拒收垃圾邮件

单击疑似垃圾邮件，进入阅读界面，单击【拒收】按钮，邮件系统会将该邮件的发送人地址加入到黑名单中，系统会自动拒收此垃圾邮件发送人的再次来信，如图 4-16 所示。

图 4-15　搜索邮件　　　　　　　　　图 4-16　拒收垃圾邮件

也可直接设置黑名单，将发送人直接加入到黑名单中，具体方法：单击邮箱页面右上方的【设置】按钮，在"邮箱设置"页面的"反垃圾设置"栏中单击【黑名单设置】按钮。在"黑名单设置"页面的编辑框中输入要加入黑名单的邮箱地址，单击"添加到黑名单"按钮，该用户就会在列表中显示，黑名单设置就成功了，如图 4-17 所示。

图 4-17　设置黑名单

为了防止收到垃圾邮件，请注意以下几点：

（1）请不要将邮件地址在 Internet 页面上到处登记。

（2）不要把邮件地址告诉不太信任的人。

（3）不要订阅一些非正式的不健康的电子杂志，以防止被垃圾邮件收集者收集。

（4）不要在某些收集垃圾邮件的网页上登记邮件地址。

（5）发现收集或出售电子邮件地址的网站或消息，请告诉相应的主页提供商或主页管理员，将自己的邮件地址删除，以避免邮件地址被他们利用，卖给许多商业及非法反动用户。

（6）建议您用专门的邮箱进行私人通信，而用其他邮箱订阅电子杂志。

（7）在读信页面中单击"垃圾投诉"，网易方面查实后，将其过滤。

4.2.4 任务三 离线邮件管理 Foxmail

Foxmail 是由华中科技大学（原华中理工大学）张小龙开发的一款优秀的国产电子邮件客户端软件，2005 年 3 月 16 日被腾讯收购。新的 Foxmail 具备强大的反垃圾邮件功能。它使用多种技术对邮件进行判别，能够准确识别垃圾邮件与非垃圾邮件。垃圾邮件会被自动分捡到垃圾邮件箱中，有效地降低垃圾邮件对用户干扰，最大限度地减少用户因为处理垃圾邮件而浪费的时间。具有数字签名和加密功能，可以确保电子邮件的真实性和保密性。通过安全套接层（SSL）协议收发邮件使得在邮件接收和发送过程中，传输的数据都经过严格的加密，有效防止黑客窃听，保证数据安全。其他改进包括：阅读和发送国际邮件（支持 Unicode）、地址簿同步、通过安全套接层（SSL）协议收发邮件、收取 yahoo 邮箱邮件、提高收发 Hotmail、MSN 电子邮件速度、支持名片（vCard）、以嵌入方式显示附件图片、增强本地邮箱邮件搜索功能等。

1. 安装 Foxmail

（1）登录网页 http://pc.qq.com/ 下载适合自己计算机操作系统的 Foxmail 安装程序，如图 4-18 所示。

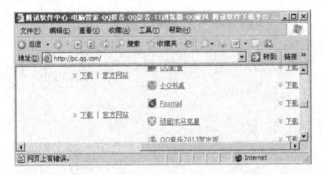

图 4-18 Foxmail 下载

（2）双击下载的 Foxmail 安装程序，进行必要的设置并安装 Foxmail 程序。

2. Foxmail 启动与设置

（1）添加新账号。

安装完 Foxmail 程序后，第一次启动 Foxmail 会启动新建账号向导，在"E-mail 地址"文本框中录入自己的邮箱地址，如图 4-19 所示。

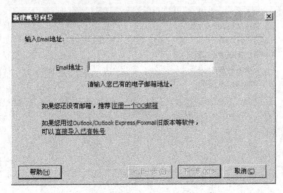

图 4-19 新建账号

单击【下一步】按钮后，Foxmail 会自动识别邮箱类型，用户只需录入自己邮箱的登录密码，如图 4-20 所示。

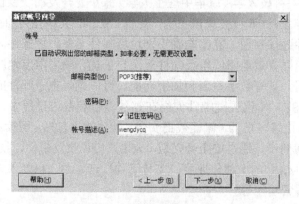

图 4-20　设置密码等参数

单击【下一步】按钮后，用户单击"测试"按钮可进行收发邮件测试，如图 4-21 和图 4-22 所示。

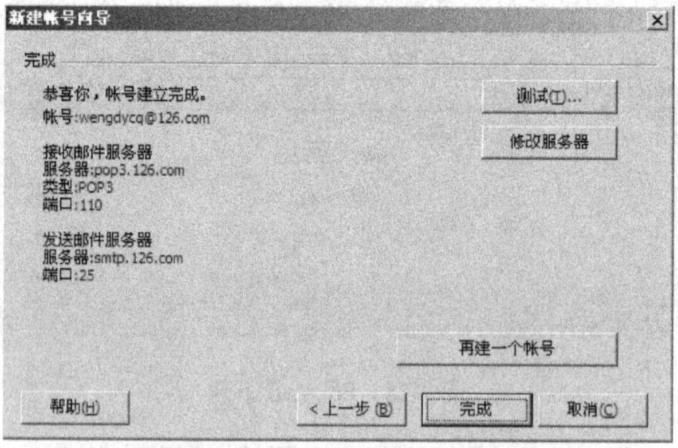

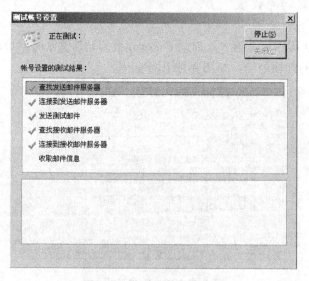

图 4-21　收发邮件测试

图 4-22　收发邮件测试结果

(2) Foxmail 设置。

Foxmail 可轻松地管理多个邮箱，将多个不同邮箱汇聚在 Foxmail 中，无需登录各个邮箱的网页就能同时管理 163 邮箱、126 邮箱、QQ 邮箱、雅虎邮箱等多个邮箱账号。

选择【工具】→【账号管理】菜单，打开"账号管理"对话框，可对用户账号进行新建、删除、排序等操作。

单击左侧窗口下方的"新建"按钮，可打开新建账号向导，按上面的方法，可新建账号，新建账号成功后，会出现在按钮上方的窗口中。

选中某一账号后，可在账号的"常规"、"字体"、"信纸"、"服务器"、"保留备份"、"高级"、"其他 POP3"、"同步"等方面进行账号配置，使该账号更符合自己的使用习惯。

> **注意**
>
> ① "常规"中账号名称是 Foxmail 程序中的标识符，应命名为唯一。
> ② "服务器"中的接收邮件服务器和发送邮件服务一般不要修改，除非该邮箱提供商有特别说明。
> ③ "保留备份"中可设置 Foxmail 收取邮件后，是否删除邮件服务器上的邮件，有三个选项：保留全部备份、收取邮件 180 天后删除、不保留备份，用户要注意选择。

(3) Foxmail 收取信件。

选中某一账号，右键单击"收取邮件"，Foxmail 会自动连接邮件服务器，收取本账号的信件，并放入"收件箱"文件夹中，同时会聚在 Foxmail 的"常用文件夹"中，方便用户阅读，如图 4-23 所示。

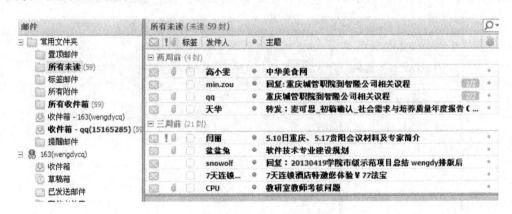

图 4-23　Foxmail 收取信件

(4) Foxmail 写邮件。

选中某一账号，单击工具栏中的"写邮件"，打开"写邮件"窗口，如图 4-24 所示。发件人已经自动填写，可单击本窗口的工具栏的"切换账号"按钮改变发件人；用户需要填写收件人、抄送、主题和信件内容，单击工具栏的"附件"按钮，可添加邮件附件，可单击"收件人"、"抄送"按钮，打开地址簿，选择联系人。新邮件撰写完成后，单击工具栏的"发送"按钮，可立即发送邮件，也可单击工具栏的"保存草稿"按钮，保存邮件，待以后编辑、发送。

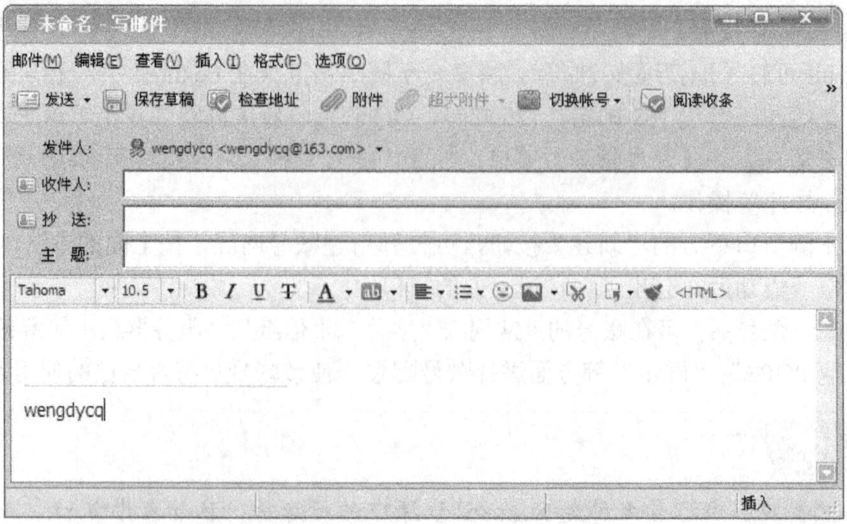

图 4-24　Foxmail 写邮件

（5）Foxmail 地址簿管理。

选择 Foxmail 菜单栏的【工具】→【地址簿】命令，打开地址簿窗口，可完成联系人管理，如图 4-25 所示。Foxmail 地址簿管理按文件夹的方式进行联系人管理。用户可根据自己情况，建立文件夹，如行政部、外贸部等，在文件夹内可新建联系人信息。Foxmail 还可按组来管理联系人，可在文件夹内建立组，可将不同文件夹的联系人加入同一组。更新某文件夹内的联系人信息，将自动更新该联系人在其他文件夹（组）的信息，删除联系人信息时，有两个选项：从当前文件夹中删除、从所有文件夹中删除，用户删除时注意选择。

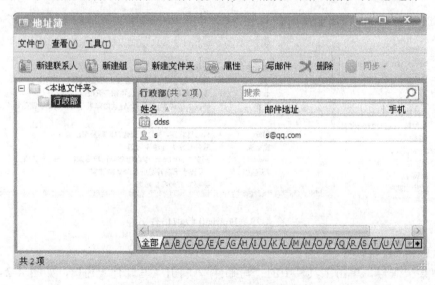

图 4-25　Foxmail 地址簿管理

① 文件夹管理。打开地址簿窗口后在左侧窗口中单击右键，选择"新建文件夹"菜单，录入文件夹名，单击【确定】按钮即可完成新建文件夹。选中某文件夹，单击右键，选择【删除】菜单，单击【确定】按钮即可删除文件夹。注意：删除文件夹时，将同时删除该文

件夹内的所有联系人信息。

② 组管理。打开地址簿窗口后，选择要建组的文件夹，通过右键快捷菜单，即可完成组的新建、删除、重命名等操作。

③ 联系人管理。打开地址簿窗口后，选择要建联系人信息的文件夹（文件夹在右侧窗口中选择，组在左侧窗口中选择），通过右键快捷菜单，即可完成联系人的新建、删除、编辑信息等操作，联系人信息编辑可通过双击、右键快捷菜单选择"属性"菜单，打开联系人属性窗口完成操作，联系人信息包括"常规"、"个人"、"家庭"、"办公"、"其他"等分类选项，如图 4-26 所示。

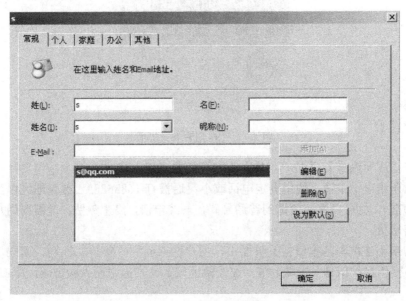

图 4-26　联系人管理

4.3　项目二　网络即时通信

4.3.1　预备知识

什么是 QQ？QQ 有什么主要功能？

1999 年 2 月，腾讯推出基于互联网的即时通信工具——腾讯 QQ，支持在线消息收发、即时传送语音、视频和文件，并且整合移动通信手段，可通过客户端发送信息给手机用户。目前，QQ 已开发出穿越防火墙、动态表情、给好友分享视音频资料、捕捉屏幕、共享文件夹、提供聊天场景、聊天时可显示图片等强大的功能，并且是为用户提供互联网业务、无线和固网业务的最基本平台。

4.3.2　任务一　安装 QQ 客户端程序

（1）登录网页 http://pc.qq.com/ 下载适合自己计算机操作系统的 QQ 客户端安装程序。

（2）双击下载的 QQ 客户端安装程序，进行必要的设置并安装 QQ 客户端程序。

4.3.3 任务二 申请 QQ 号码

用户使用腾讯 QQ，首先应该安装腾讯 QQ 程序，再申请 QQ 号码，QQ 号码一般是免费的，不过腾讯公司同时提供了有特色的 QQ 号码，需要付费使用，申请一个免费 QQ 号码，可以进行如下操作：

（1）在开始菜单上选择【开始】→【所有程序】→【腾讯软件】→【腾讯 QQ】菜单。
（2）进入腾讯 QQ 登录界面，单击【注册账号】按钮，如图 4-27 所示。

图 4-27 QQ 用户登录界面

（3）在【注册账号】页面中，单击【网页免费申请】按钮。

也可以声讯电话申请：使用固定电话或小灵通拨打 16885883（部分地区以当地的腾讯特服号码为准），就可以直接申请到普通号码，一经申请，终生免费，但需要用户支付第一次的电话信息费。

（4）切换至【填写基本资料】页面中，用户输入昵称、年龄、性别、密码、设置机密问题、更多密码保护信息（选填）等，在【验证码】文本框中输入验证码，单击【下一步】按钮。

> **注 意**
> 你要牢记机密问题和密码保护信息，它们是你的 QQ 号被盗后申诉取回的必要信息。

（5）切换至"验证密码保护信息"页面中，用户可以在此回答刚刚设置的机密问题，正确回答后，单击【下一步】按钮，如图 4-28 所示。

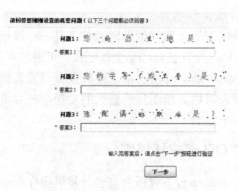

图 4-28 验证密码保护信息

（6）系统提示申请成功。用户需要牢记申请的 QQ 号码和对应的密码。为了用户使用 QQ 号码的安全性，建议申请密码保护，单击【我要永久保护】按钮即可，如图 4-29 所示。

图 4-29　申请保护

（7）切换至【我的账号】页面中，在此页面中可以对"机密问题、"安全电子邮箱"、"安全手机"、"个人身份信息"进行修改、验证，如图 4-30 所示。

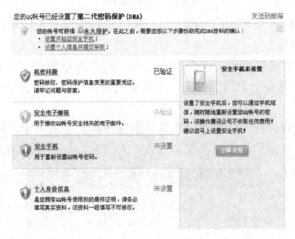

图 4-30　保护信息设置

（8）单击【安全电子邮箱】链接，在打开的"安全电子邮箱未验证"窗口中单击【立即验证】按钮，系统会发送一封标题为确认安全邮箱的邮件已经发送到你设定的邮箱中，请根据邮件中的提示完成剩余操作，如果没有收到邮件可以重新设置邮箱地址，如图 4-31 所示。

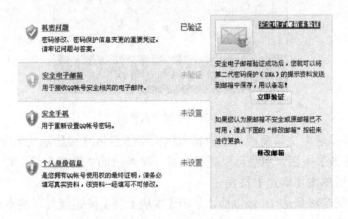

图 4-31　保护信息设置

用相同的方法可以设置安全手机和个人身份信息。

当 QQ 号被别人盗取或者是忘了密码，用户可以取回密码，在取回密码的过程中，首先向腾讯公司提供需要取回的 QQ 答案，确认正确后，系统会将 QQ 的密码发送到密码保护指定的邮箱中，用户通过登录邮箱查收 QQ 密码，所以用户必须牢记提示问题和邮箱。

4.3.4 任务三　QQ 客户端基本设置

1. 登录 QQ

用户申请 QQ 号码后，就可以使用该号码登录 QQ，进行畅快的沟通，具体的登录方法如下：

（1）重新运行 QQ，在"QQ 号码"文本框中输入 QQ 号码，在"QQ 密码"文本框中输入对应密码，再单击【登录】按钮。

（2）弹出 QQ 登录程序，并提示 QQ 正在登录中。

（3）如果确定 QQ 号码和对应密码无误，稍等片刻便可登录成功。

2. 修改个人资料

登录 QQ 后，用户可以修改 QQ 的个人信息，在众多 Q 友中，大多数人都是通过查看用户的 QQ 资料对用户有个大致了解的，个人资料类似于网络身份证的功能。修改个人资料的操作如下：

（1）进入个人设置。在 QQ 主界面中单击头像图标，可进入个人设置。

（2）修改个人资料。用户可以在这里修改个人信息，如图 4-32 所示。

图 4-32　修改个人资料

① 在"个性签名"文本框中，用户输入的文字信息将直接显示在头像右侧。

② 单击【更改】按钮，用户可以更换头像，在弹出的"选择头像"对话框中，单击头像即可选中，最后单击【确定】按钮。

用户在线时间等级到达 16 级以后，单击【本地上传】按钮就可以将本地图片上传到服务器作为用户头像。

3. 其他设定

QQ 所附带的功能很多，用户可以利用更改设置中的其他选项设置相关参数。

(1) 系统设置。

用户单击【系统设置】按钮即可展开详细功能模块，例如，如果用户需要设置提取消息的热键，只需单击【设置热键】按钮，选中"使用热键"单选按钮，再由用户自定义热键，如图 4-33 所示。

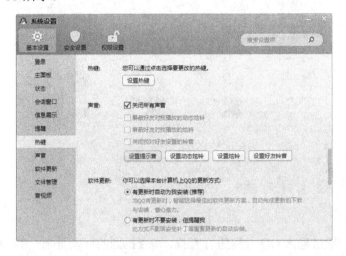

图 4-33　热键设置

(2) 安全设置。

如果用户需要修改个人密码，单击【安全设置】按钮展开详细功能模块，再选择"密码"选项，单击【修改密码】按钮，在打开的页面中进行密码修改，如图 4-34 所示。

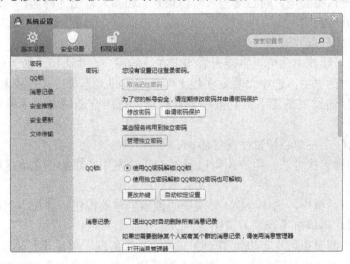

图 4-34　安全设置

4.3.5　任务四　使用 QQ 与好友通信

1. 查找和添加好友

用户登录 QQ 后，新申请的 QQ 号码中没有好友，可以通过以下方法来添加好友。

(1) 精确查找好友并添加。

用户如果知道好友准确的 QQ 号码，可以通过准确查找 QQ 号码，将其添加为好友，方法如下：
　　① 在 QQ 的主界面中单击【查找】按钮。
　　② 在【关键词】文本框中输入对方的 QQ 号码，单击【查找】按钮，如图 4-35 所示。

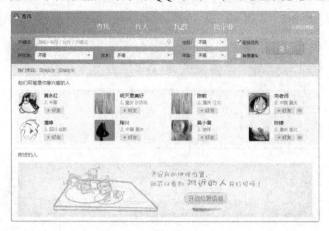

图 4-35　查找并添加好友

　　③ 如果用户通过输入 QQ 号码进行查找，则查找到的好友是唯一的，单击【加为好友】按钮。
　　如果用户当前不在线，则头像显示为灰色，如果在线则头像显示为彩色。
　　用户还可以通过单击【查看资料】或者双击该好友的头像，查看该好友的详细资料。
　　④ 在"选择分组"下拉列表中选择分组，单击【确定】按钮。
　　⑤ 如果对方需要验证，则必须输入验证信息。如输入自己的姓名，一般认识的朋友就会通过验证加为好友。
　　（2）查找在线好友并添加。
　　用户在查找对话框中还可以直接查看当前在线的用户，并选择添加为好友，方法如下：
　　① 在查找对话框中，选中"看谁在线上"单选按钮，再单击【查找】按钮进行搜索。
　　② 用户可以通过单击【下页】按钮进行翻页，选中合适的好友，单击【加为好友】按钮。
　　（3）通过 QQ 交友中心搜索好友并添加。
　　除了以上两种查找方法，用户还可以通过 QQ 交友中心添加指定地区的好友，操作方法如下：
　　① 在查找对话框中，选中"QQ 交友中心搜索"单选按钮，并在"精确条件"选项区中选择搜索范围，再单击【查找】按钮。
　　② 在弹出的网页中用户可以浏览 QQ 交友中心的朋友，单击【开始聊天】按钮。
　　③ 输入用户的 QQ 号码和密码，并输入验证码，单击【登录】按钮即可。
　　通过 OQ 交友中心添加好友是收费服务，用户可以选择使用。
　　（4）接受加为好友的申请。
　　在 QQ 中，用户除了加别人为好友外，也有被别人加为好友的时候，这时候用户可以进行如下操作：
　　① 当他人申请加用户为好友时，在 QQ 的主界面中会有个"小喇叭"在闪动。
　　② 单击"小喇叭"即可弹出对话框查看信息，用户可以选择"接受请求"或者"拒绝"，

选中相应的单选按钮即可,最后单击【确定】按钮。

2. 好友分组

用户在添加好友后可以将好友进行分类,QQ 的默认分类包括我的好友、陌生人和黑名单,用户还可以添加自定义的组,如家人、朋友、同学等,这样在以后的使用中,可以很方便地进行管理,操作方法如下:

(1) 新建组。

① 将鼠标移至"我的好友"上,右键击鼠标,弹出快捷菜单,选择"添加组"命令。

② 在 QQ 好友栏中的下部文本框中输入新建组的名称,如"我的朋友",再按回车键。

(2) 将好友进行归组。

方法 1:选中需要归类的好友头像,按住鼠标左键不放,拖动至需要的组内。

方法 2:在好友的头像上单击鼠标右键,在弹出的快捷菜单中选择【把好友移动到】→【我的朋友】菜单即可。

3. 使用 QQ 收发即时消息

在 QQ 联系人中添加好友后,用户即可使用 QQ 的即时消息收发功能与好友聊天或交流信息等。其中包含很多 QQ 的特色功能,通过本节的学习,用户将学会如何有技巧地使用 QQ 的收发功能,让发送的消息与众不同,更显个人的色彩。

(1) 发送消息。

在需要发送消息的好友头像上双击,一般在使用过程中大多数用户采用这种快捷的方法。

(2) 消息窗口。

① 在文本框中输入需要发送的消息,单击【发送】按钮发送。

② 当好友回复消息后,其动态,也将同时显示在窗口中,如图 4-36 所示。

图 4-36 消息窗口

以上就是基本的收发消息的方法,当然用户还可以发送特别的消息。

(3) 改变消息中的字体。

① 改变字体。单击窗口中的【A】按钮,弹出"字体"工具栏,用户可以在此选择字

体格式、字体大小等。

② 改变字体颜色。单击"字体"工具栏中的"字体颜色"按钮,弹出"可选颜色"对话框。用户单击颜色,即可更改发送消息字体的颜色。

(4) 在消息中添加表情。

单击窗口中的 按钮,弹出"可选表情"列表,单击选择的表情,即可添加到发送消息文本框中,如图 4-37 所示。

图 4-37 添加表情

表情符号为动态显示,在"可选表情"列表的左上角。用户可以预览到该表情的动态显示画面。

(5) 发送 QQ 魔法表情。

① 单击窗口中的 按钮,弹出"可选的魔法"表情列表,单击即可使用。

② 发送后,魔法表情会在对方屏幕上直接显示。

(6) 发送图片文件。

① 单击窗口中的 按钮。

② 选择图片的路径,单击【打开】按钮,系统自动将该图片添加到文本框中,单击【发送】按钮即可将该图片发送给对方。

(7) 捕捉屏幕发送。

① 单击窗口中的 截图 按钮。

② 鼠标指针会自动变为彩色,单击需要截图的起始点,拖动至终结点。

提 示

系统还会弹出"图片编辑"按钮,可以完成简单的图片编辑,如添加矩形框、椭圆框、文字、箭头等图形元素,最后还可以另存为图像文件,也可以直接发送给好友。

③ 在已选中的区域中双击。

④ 被选中的区域自动添加到文本框中,单击【发送】按钮,即可将截下的图片发送给好友。

(8) 聊天场景。

① 单击窗口中的 按钮,选择【场景推荐】→【树林春天】命令,如图 4-38 所示。

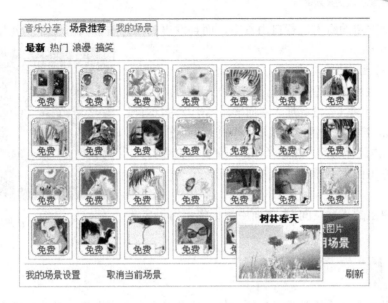

图 4-38　聊天场景

② 随后窗口变换成选中的场景。

4. 使用 QQ 进行语音聊天

如果用户需要和对方进行语音对话，可以使用 QQ 提供的语音聊天功能，进行即时的语音通话，不过此功能既然属于即时通话，也就不能像 QQ 对讲机一样进行语音回放，这对于不愿意打字的用户非常方便。同样，使用该功能需要将麦克风与计算机连接，操作方法如下：

（1）双击需要进行语音聊天的好友，弹出"发送消息"窗口。单击窗口中的 按钮旁边的小黑三角符号，弹出下拉菜单，选择"超级语音"菜单。

（2）系统向对方发送语音聊天的请求，等待对方应答。

（3）如果对方通过以后，窗口提示已经连接，这时用户就可以通过麦克风和音响与对方语音聊天了。

语音聊天需要麦克风的支持，在对话窗口中单击【挂断】按钮即可结束语音聊天。

5. 使用 QQ 进行视频聊天

如果用户还想和好友面对面地进行聊天，可以使用 QQ 的视频聊天功能，但首先需要用户将摄像头正确连接并安装驱动程序，操作方法如下：

（1）视频调节。

① 单击用户头像右下角的摄像头图标，弹出快捷菜单，选择"设置"菜单。

② 在弹出的对话框中用户可能进行画质调节，图像预览和其他功能设置，一般保持默认即可。

③ 如果用户想更改图像效果，如曝光、灰度等参数，单击【画质调节】按钮。

2）与好友视频聊天。

① 单击摄像头图标，弹出快捷菜单，选择"超级视频"菜单。

② 发送申请，建立连接后效果（这里没安装视频设备，若正确安装，就可以看见对方了）如图 4-39 所示，单击【结束】按钮即可关闭视频聊天。

6. QQ 群的使用

"群"是腾讯 QQ 的特点之一，在群里的用户可以一起聊天，群的使用就像一个聊天室，一群人在一个固定的组内进行自由发言，而且发出的信息对群内每位好友公开，建立和加入群的操作如下：

1）群的建立

（1）单击"QQ 群类别"按钮，在群的页面中单击【单击这里开始群操作】（若没有加入任何群，第一次进行群操作时才会出现，若已经创建或加入了一个群，可以在群界面中的空白处单击鼠标右键，选择"创建一个群"命令）。

（2）在弹出的对话框中，选中"创建一个群"单选按钮。

（3）在弹出的"群空间"页面中根据提示可以完成群的创建。

图 4-39 与好友视频聊天

> **注意**
>
> 用户累计在线等级超过 16 级，才能免费建立一个永久群。具体规定见腾讯关于 QQ 群的说明。

（2）在群内发言。

① 双击群的图标。

② 弹出群聊窗口，在信息文本框中输入需要发送的信息，单击【发送】按钮发送消息。

3）群内的资源共享使用。

① 上传至群内共享。打开群聊窗口后，单击"共享"标签，再单击【上传文件】按钮，选择文件路径，单击【打开】按钮，上传至群内共享。

② 从群内共享中下载。在共享中选中需要下载的文件，单击鼠标右键，在弹出的快捷菜单中选择"下载文件"菜单，选择保存路径，单击【确定】按钮即可。

4.4 项目三 网络电话

4.4.1 预备知识

VoIP（Voice over Internet Protocol）是一种以 IP 电话为主，并推出相应的增值业务的技术。它依托互联网宽带与光纤电信网络的互接，降低了电信通信的成本，并提供比传统业务更多、更好的服务。VoIP 网络电话是未来发展的趋势，在美国和日本有 60%的普及率，他的优势主要在于资费比传统电话便宜很多。

网络电话是一项革命性的产品，它可以让用户通过网络进行实时的传输及双边的对话，并且能够通过当地的网络服务提供商（ISP）或电话公司以市内电话费用的成本打给世界各地的其他网络电话使用者。网络电话提供一个全新的、容易的、经济的方式来和世界各地的朋友及同事通话。

网络电话大致可以分成 PC to PC，PC to Phone 和 Phone to Phone 三种，PC to PC 与一般电话的最大差异在于传输的过程不同，它利用 Internet 作为传输媒体，因而可以省下一大笔日常的通信费用。而后两者则是通过一种 IP 语音闸道器的机制,把在网上传输的数字封包传送到接收方当地电信局的公共电信交换网,最后再把解开的语音传送到接收方的电话中,例如,现在的 IP 公话超市,就是利用了这种技术。接下来本章将以 PC to PC 和 PC to Phone 两种连接方式介绍网络电话的使用方法。

4.4.2 任务一 TOM-Skype

TOM-Skype 是 TOM 在线和 Skype Technologies S.A.联合推出的互联网语音沟通的工具。TOM-Skype 采用了最先进的 P2P 技术,提供超清晰的语音通话效果,使用端对端的加密技术,保证通信的安全可靠。用户不必进行复杂的防火墙或者路由等设置,就可以顺利安装轻松上手。Skype 的优点在于超清晰的音质,通过与最优秀的声学专家合作,彻底解放传统意义上 300～3000Hz 频率的电话语音效果,让用户可以听到所有频率的语音,从最低沉的到最尖锐的。TOM - Skype 提供了最好的语音通话效果,无延迟,无断续,无杂音。

1. 注册 Skype

用户需要到 http://skype.tom.com 网页下载并安装 Skype 的客户端程序,在安装完 Skype 以后,需要进行注册,方法如下:

(1) 在桌面上执行【开始】→【程序】→【Skype】→【Skype】命令。

(2) 弹出 TOM-Skype 登录界面,单击"还没有 Skype 用户名"链接进入"创建账号"对话框,若是第一次运行 Skype,会自动弹出"创建账号"对话框。

(3) 在"创建账号"对话框中,输入用户注册信息,并选中"是,我已阅读并接受"复选框,单击【下一步】按钮,填写电子邮箱地址,单击【登录】按钮,如图 4-40 所示。

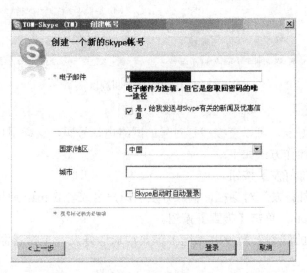

图 4-40 注册 Skype

(4) 完成注册后,将弹出"开始向导"对话框,单击【开始】按钮便可浏览 Skype 快速上手教程。选中"以后启动时不显示该向导"复选框,则以后启动 Skype 时不会再弹出该教程。

2. 登录 Skype

（1）重新启动 Skype，在登录界面中输入用户名和密码，单击【登录】按钮。

（2）如果用户名和密码无误，稍等片刻后即可登录 Skype。

3. 测试 Skype

在用户安装和注册 Skype 后，Skype 提供呼叫测试。用户可以通过连接呼叫测试，检查连接是否通畅，操作如下：

（1）单击"Skype 呼叫测试"标签，再单击【通话】按钮，如图 4-41 所示。

（2）显示接通以后，用户应该听到一段语音，用户在此可以感受 Skype 的通话质量，并显示接通时间，如图 4-41 所示。

图 4-41　Skype 呼叫测试

4. 添加好友

用户通过添加好友，可以直接拨打对号的网络电话号码，这样用户无论进行聊天还是开会都十分方便，操作方法如下：

（1）单击【添加好友】按钮。

（2）弹出"添加好友"对话框，输入好友的用户名或者 E-mail 地址，如对方的邮件地址为 Master@163.com，单击【搜索】按钮。

（3）在搜索到的联系人列表中，选中需要添加的好友，单击【添加所选的联系人】按钮。

（4）输入验证信息，单击【确定】按钮。

5. 拨打和接听电话

（1）PC to PC。

可以通过好友列表给好友拨打网络电话，操作如下：

① 单击"好友"标签,再选中需要拨打电话的好友,如和 Y 进行通话,选中 Y 后单击【通话】按钮。

② 界面显示正在连接中,等待对方接听。

③ 如果对方接听,将显示通话时间。

④ 如果有好友来电,通过单击【通话】按钮接听电话。

(2) PC to Phone。

单击"拨打电话"标签,进入拨打座机界面,首先选择要拨打的国家或地区,再键入带区号的电话号码,输好后,按"Enter"键即可拨打座机,如图 4-42 所示。

图 4-42　Skype 拨打座机

Skype 对拨打座机是要收费的,首先要到 Skype 主页上去购买 Skype 点数才可以正常拨打座机。具体购买方法,请仔细阅读 Skype 主页的相关说明。

6. 多方通话

用户可以使用多方通话实现电话会议,操作方法如下:

(1) 单击【多方通话】按钮。

(2) 在"所有联系人"列表中选中联系人,单击【添加】按钮,该联系人将被添加到"会议参与者"列表中,单击【启动】按钮,开始电话会议。

(3) 启动多人会议后,会议成员的头像将显示在"会议"选项卡中,会议成员通过麦克风进行交谈,任意一方可以通过单击【挂断】按钮退出多人会议。

7. 订阅语音杂志

用户除了使用 Skype 进行网络电话外,还可以免费浏览 Skype 提供的语音杂志,收听语音杂志,操作步骤如下:

(1) 单击"tom.com"标签,用户可以在此窗口中浏览到可阅读的杂志,如图 4-43 所示。

(2) 单击选中的杂志,系统提示是否接入预定号码,单击【确定】按钮,如图 4-43 所示。

(3) 系统自动连接到指定号码。

图 4-43 订阅语音杂志

（4）连接成功以后，用户就可以收听 tom.com 提供的语音杂志。单击【挂断】按钮，即可结束收听，如图 4-43 所示。

网络电话的出现预示着传统电话业务已经不能适应未来发展的需要，运营商如能积极参与到网络电话的运营中，必将创造出更多、更新的业务，由此带动整个电信产业进入一个蓬勃发展的新时期。

4.4.3 任务二 UUCall

UUCall 作为一款国内专业的网络电话通信软件以超强语音通信为主，主要提供 PC to Phone 服务。用户可拨打包括国内长途、国际长途的所有固定电话和移动电话，而且费率相当低廉。不过首先用户应该安装 UUCall 软件，安装完毕后便可以使用以下方法实现网络电话功能了。

1. 启动 UUCall

用户在拨打网络电话前，需要首先启动 UUCall 软件，双击桌面上"UUCall"图标，启动 UUCall。

2. 申请 UUCall 账号

（1）启动 UUCall 后弹出登录窗口，单击"注册新的账号"链接，如图 4-44 所示。

（2）弹出"UUCall 账户免费注册"页面，填写好注册信息后，单击【提交】按钮，完成注册。

3. 登录 UUCall

用户使用注册的用户名和用户密码，便可以成功登录到 UUCall 中，具体操作方法如下：

（1）户输入用户名和用户密码，单击【登录】按钮，如图 4-44 所示。

（2）如果用户名和密码无误，稍后将登录到 UUCall 主界面，如图 4-45 所示。

第4章 网上交流

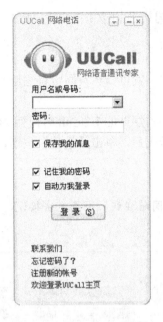

图 4-44 申请 UUCall 账号　　　图 4-45 UUCall 主界面

由于用户刚申请的用户账户中余额为 0 元，因此用户需要在充值后才能拨打电话，不过由于用户在没有使用过网络电话的情况下，并不知道通话的效果如何，所以 UUCall 在用户注册完毕后，通过一定的方法可以获得 UUCall 公司提供的 30 分钟国内免费体验电话。

4. 申请免费通话时间

用户如果需要体验网络电话，可以通过以下方法获得免费通话时间。

（1）在地址栏中输入"www.uucall.com"。打开 UUCall 的网页。

（2）弹出 UUCall 网页，在网页中用户入口处输入用户名和用户密码，单击【登录】按钮。

（3）进入个人用户资料页面，单击"免费体验"链接，在打开页面的下部，可以找到申请免费体验的方法。

（4）用户输入手机号码后，根据网页上的提示信息，可以申请到 3.60 元的话费。

> **提　示**
>
> 用户将免费试用时间使用完后，不能重复申请免费时间。

5. 使用 UUCall 拨打电话

用户在注册了免费分钟数以后，便可重新登录 UUCall 拨打普通电话，操作如下：

（1）输入用户名和密码，单击【登录】按钮。

（2）登录 UUCall 后显示主界面，用户可查看到当前余额为 3.60 元，如图 4-45 所示。

（3）打开拨号盘拨号，用户可以选择使用鼠标单击拨号盘按钮拨号，或者使用小键盘数字键进行拨号。

（4）拨打国内普通电话，直接输入电话号码（含区号），单击拨号键，稍后就会拨通，听到长音"嘟"后表示接通，通话完毕以后，单击【挂断】按钮挂机。

（5）拨打手机号码，用户需要在对方手机号码前加拨 0，如需要拨打 13888888888 这个号码，只需要拨打 013888888888 即可。

6. 拨打 UUCall 号码

用户注册完毕后，会得到一个 UUCall 号码，就可以免费同所有注册 UUCall 的用户进行网络电话交流，方法如下。

（1）直接输入对方的 UUCall 号码，例如当前注册的 UUCall 号码为 24844763。

（2）在拨号盘区直接输入对方的 UUCall 号码后，单击【拨号】按钮。

> **提 示**
>
> PC to PC 方式拨打对方号码需要对方也同时在线，否则无法接通，所以在通话前需要双方事先约定。

7. 添加联系人

单击"联系人"标签进入通信簿以后，用户可以将常拨打的电话存入通信簿，操作如下：

（1）单击鼠标右键，选择"添加联系人"命令，如图 4-46 所示。

（2）在弹出的对话框中填好联系人的名字和号码后，单击【确定】按钮。

（3）利用通信簿拨打电话，首先选中需要拨打电话的用户，然后单击【拨号】按钮即可。

8. UUCall 系统设置

用户可以根据个人喜好对该软件进行设置，以适应用户的使用习惯。

（1）单击"设置"标签即可进入 UUCall 参数设置。

图 4-46　添加联系人

（2）弹出"UUCall 参数设置"对话框，在"一般设置"中用户可以对"启动设置"和"综合设置"选项进行配置，如图 4-47 所示。

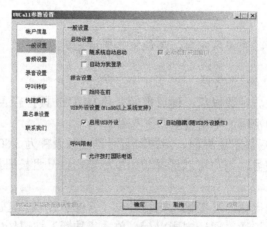

图 4-47　UUCall 系统设置

选中"随系统自动启动"复选框后，在系统启动后将自动启动该软件，建议用户取消选中该复选框。

（3）选择"快捷操作"选项，可以对该软件的热键进行配置，更改后单击【应用】按钮。

（4）选择"黑名单设置"选项，可以对来电号码进行自动拒绝。

9. UUCall 充值

用户在使用完免费使用分钟数后，如果选择继续使用，需要对该账号进行充值。在 IE 浏览器的地址栏中输入"http://www.uucall.com"，进入 UUCall 主页，单击"充值中心"标签，仔细阅读相关信息，即可进行充值。

4.5 项目四 社交网站

4.5.1 预备知识

社交网络服务（Social Networking Service，SNS）的主要作用是为一群拥有相同兴趣与活动的人创建在线社区。这类服务往往是基于互联网，为用户提供各种联系、交流的交互通路，如电子邮件、实时消息服务等。此类网站通常通过朋友，一传十、十传百地把网络展延开去，极其类似树叶的脉络，华文地区一般称之为"社交网站"。

多数社交网络会提供多种让用户交互起来的方式，如聊天、寄信、影音、文件分享、博客、讨论组群等。

社交网络为信息的交流与分享提供了新的途径。作为社交网络的网站一般会拥有数以百万的登记用户，使用该服务已成为用户们每天的生活。社交网络服务网站当前在世界上有许多，知名的包括 Facebook、Quazza.com、Myspace、Orkut、Twitter 等。在中国大陆地区，社交网络服务为主的流行网站有人人网、QQ 空间、微博等。

4.5.2 任务 QQ 空间

QQ 空间（Qzone）是腾讯公司于 2005 年开发出来的一个个性空间，具有博客（Blog）的功能，自问世以来受到众多人的喜爱。在 QQ 空间上可以书写日记，上传用户个人的图片，听音乐，写心情，通过多种方式展现自己。除此之外，用户还可以根据个人的喜爱设定空间的背景、小挂件等，从而使每个空间都有各自的特色。当然，QQ 空间还为精通网页的用户提供了高级的功能，可以通过编写各种各样的代码来打造自己的空间个人主页。

1. 进入 QQ 空间

注册 QQ 号后，登录 QQ 客户端程序，在 QQ 客户端界面上部有一个五角星图标，单击五角星图标即可进入 QQ 空间，如图 4-48 所示。

图 4-48 进入 QQ 空间

Android 版的移动设置，可安装 QQ 空间程序，然后使用 QQ 号即可登录自己的 QQ 空间。

2. 主要功能与栏目导航

QQ 空间主要的栏目有主页、日志、相册、说说、留言板、音乐、分享、礼物、投票、个人档、时光轴、个人中心、设置等。

（1）空间装扮。

① 背景设置。用户可以使用免费背景，有 Q 币或开通黄钻的用户可使用漂亮背景：单击"装扮"设置背景，进入装扮页面，选择自己喜欢的背景主题，然后，单击页面上部的【保存】按钮，即可完成，如图 4-49 所示。

② 自定义的风格设置。单击【自定义】按钮设置主页风格，有 15 个风格，选定你喜欢的风格，单击【保存】按钮。

图 4-49　空间装扮

（2）单击栏目中的【音乐】按钮，选择 QQ 准备的音乐。也可以用发表文章的办法，链接"百度"搜索的 MP3 网址。

（3）单击栏目中的【留言板】按钮，对留言板进行回复或管理。

（4）单击栏目中的【迷你屋】按钮，用钱布置迷你屋。

（5）单击栏目中的【个人档】按钮，更改个人档案资料。

（6）单击栏目中的【时光轴】按钮，里面记录了自开通时光轴以来所发表的说说和日志。

装扮 QQ 空间是年轻人最喜欢的事情，但对于新手来讲确实不容易。最简单的装扮 QQ 空间的方法就是 QQ 空间克隆，即看到好的喜欢的 QQ 空间，就把他的 QQ 空间克隆过来，方法是查询出他的 QQ 空间代码，然后登录自己的 QQ 空间，把查询到的 QQ 空间代码复制到自己的 QQ 空间就可以了。

QQ 空间克隆步骤如下：

① 登录 QQ 空间克隆网站，找到 QQ 空间克隆菜单。

② 输入你想克隆的 QQ 号码，单击查询 QQ 空间代码，然后就可以看到这个 QQ 空间使用到的所有的 QQ 空间代码了，复制想要的 QQ 空间代码。

③ 登录自己的 QQ 空间，开始实行 QQ 空间克隆，单击"装扮空间"，然后把第②步复制的 QQ 空间代码粘贴到登录了自己 QQ 空间的浏览器的地址栏中，然后按【Enter】键。

3. 空间相册

空间相册是 QQ 用户的个人相片展示、存放的平台，所有 QQ 用户免费享用相册，QQ

黄钻用户和会员用户更可免费享用超大空间。

（1）性能体验。

相册数目：可创建 256 个相册，每个相册可存放 512 张照片。

相册容量：普通用户拥有 1GB 基本相册容量。

照片质量：新上传的照片不压缩质量，上传后的照片和原图一样清晰。

照片大小：最大可上传宽为 1280 像素的大图（使用极速上传不选择自动压缩）。

照片浏览：照片显示速度不断优化，提供键盘左右键翻页功能，查看照片更方便。

（2）操作体验。

功能集成：小小工具条集所有功能于一身，提供强大功能的简单集合，查找功能更方便。

表现丰富：动感影集、个性相册、幻灯片、大头贴，用多种方式表现照片。

批量操作：相册管理模式下实现对各类照片信息的一次性批量编辑。

分类清晰：各类功能相册形成独立导航，查找方便无干扰。

交流顺畅：评论回复功能，你来我往，沟通更便捷。

（3）上传照片。

极速上传：速度快，一次可上传 300 张照片（黄钻用户 500 张），还可上传高清图（最大可选择 1600 像素大图）、打上空间地址水印、排序、预览原图等。

批量上传：轻量的批量上传，可一次上传 15 张照片。

简版上传：照片单张上传，提供最基本的上传功能，无须安装任何工具。

迷你空间上传：安装最新版的 QQ 后，双击好友列表中自己的头像，即可打开迷你空间编辑器，在这里可以直接拖曳照片到编辑器中上传。

QQ 影像上传：安装 QQ 桌面版照片管理工具，即可在不登录空间的情况下直接上传照片到相册。

4. QQ 日志

QQ 日志指在 QQ 空间中写文章。和博客中写文章类似，可用来表达个人思想，存储文件，也可以用此交友。而日志和 Blog 是同一个含义，而国内经常讲的博客（Blogger）就是写日志的人。从理解上讲，博客是"一种表达个人思想和网络链接、内容按照时间顺序排列，并且不断更新的出版方式"。简单来说博客是一类人，这类人习惯于在网上写日记。这样说，写在 QQ 上日志的人，也就是指那些在 QQ 上写博客的人。

图 4-50　写 QQ 日志

写博客更多是想表达个人思想、学习、工作经验等。而写 QQ 日志更多是为了交友，记下自己的生活点滴。可谓是前者更专业，后者则显得业余。但不论怎样，他们都能增进人们情感的交流，经验、学习等，给大家交流提供了一个良好平台。

单击"日志"链接，进入日志页面，单击"写日志"，进入日志书写界面，也可以对文字进行简单的排版，使文章更加漂亮、美观，如图 4-50 所示。

5. QQ 说说

QQ 说说是在 QQ 空间中记录自己的"心情"、感情、感想，它比 QQ 日志更加简明扼要，更加方便快捷。

单击"说说"链接，进入"说说"页面，说说可以设置可见范围，敏感话题可设置为"仅自己"可见，可作为自己的心路记录，如图 4-51 所示。

图 4-51　填写 QQ 说说

6. 留言板

留言板是在 QQ 空间中给好友留言，让好友登录后了解用户的有关信息。

单击"留言板"链接，进入"留言板"页面，和 QQ 说说的编辑器非常类似，如图 4-52 所示。

图 4-52　填写留言板

4.6　知识拓展

1. 电子邮件 E-mail 的工作原理

电子邮件的工作过程遵循客户/服务器模式。每份电子邮件的发送都要涉及发送方与接收方，发送方构成客户端，而接收方构成服务器，服务器含有众多用户的电子信箱。发送方通过邮件客户程序，将编辑好的电子邮件向邮局服务器（SMTP 服务器）发送。邮局服务器识别接收者的地址，并向管理该地址的邮件服务器（POP3 服务器）发送消息。邮件服务器将消息存放在接收者的电子信箱内，并告知接收者有新邮件到来。接收者通过邮件客户程序连接到服务器后，就会看到服务器的通知，进而打开自己的电子信箱来查收邮件。

通常，Internet 上的个人用户不能直接接收电子邮件，而是通过申请 ISP 主机的一个电子信箱，由 ISP 主机负责电子邮件的接收。一旦有用户的电子邮件到来，ISP 主机就将邮件移到用户的电子信箱内，并通知用户有新邮件。因此，当发送一条电子邮件给另一个客户时，电子邮件首先从用户计算机发送到 ISP 主机，再到 Internet，再到收件人的 ISP 主机，最后到收件人的个人计算机。

ISP 主机起着"邮局"的作用，管理着众多用户的电子信箱。每个用户的电子信箱实际上就是用户所申请的账号名。每个用户的电子邮件信箱都要占用 ISP 主机一定容量的硬盘空间，由于这一空间是有限的，因而用户要定期查收和阅读电子信箱中的邮件，以便腾出空间来接收新的邮件。

电子邮件在发送与接收过程中都要遵循 SMTP、POP3 等协议，这些协议确保了电子邮件在各种不同系统之间的传输。其中，SMTP 负责电子邮件的发送，而 POP3 则用于接收 Internet 上的电子邮件。

2. 电子邮件地址的构成

电子邮件地址的格式是"USER@SERVER.COM"，由三部分组成。第一部分"USER"代表用户信箱的账号，对于同一个邮件接收服务器来说，这个账号必须是唯一的；第二部分"@"是分隔符；第三部分"SERVER.COM"是用户信箱的邮件接收服务器域名，用以标识其所在的位置。

3. 其他网络即时通信软件介绍

（1）MSN：微软开发的即时通信软件，MSN Messenger 有近 30 种语言的不同版本，可让用户查看朋友谁在联机并交换即时消息，在同一个对话窗口中可同时与多个联系人进行聊天。用户还可以使用此免费程序拨打电话、用交谈取代输入、向呼机发送消息、监视新的电子邮件、共享图片或其他任何文件、邀请朋友玩 DirectPlay 兼容游戏等。在 2005 年，MSN 推出了它的后继版本 Windows Live Messenger，在功能和外观上都有很大的变化，功能进一步得到加强，增加了一些更实用的功能，在外观界面上，也比以前的版本变得更加生动。

（2）ICQ：国外的元老，是 4 位以色列籍的年轻人，在 1996 年 6 月成立 Mirabilis 公司，并于同年 11 月推出了全世界第一个即时通信软件 ICQ，取意为"我在找你"——"I Seek You"，简称 ICQ。直到现在，ICQ 已经推出了它的 ICQ v6.0 Build 5400 版本，在全球即时通信市场上占有非常重要的地位。

（3）新浪了了吧：了了吧是新浪全新推出的一款最炫的免费聊天工具。全新的界面，超酷的体验，手机图铃全免费！

（4）朗玛 UC：朗玛 UC 是 2002 年里新即时通信软件里的代表，它的开发者想通过朗玛 UC 给大家带来这样一个全新的聊天理念：新一代开放式即时通信娱乐平台。朗玛 UC 也的确给了我们一种前所未有的聊天新感觉：网上聊天，也可以情景交融。它采用自由变换场景、个性在线心情等人性化设计，配合视频电话、信息群发、文件互传、在线游戏等使您在聊天的同时能边说、边看、边玩。

（5）网易泡泡：是由中国领先的互联网技术公司网易开发的功能强大、方便灵活的即时通信工具。集即时聊天、手机短信、在线娱乐等功能于一体，除具备目前一般即时聊天工具的功能外，还拥有许多更加体贴用户需要的特色功能如邮件管理、自建聊天室、自设软件皮肤等。它的注册用户必须申请网易通行证或者是 163 邮箱的使用者才可以注册。

（6）雅虎通：由著名搜索网站 Yahoo 推出聊天工具 Yahoo! Messenger（雅虎通）。Yahoo!

Messenger 的功能侧重点似乎并不在它的聊天功能上，它更像一个免费信息提供器。Yahoo! Messenger 支持多种操作系统，并支持其他便携式无线设备，具有与其他即时通信软件所不同的商业价值。用户不仅可以随时查看新闻和天气预报，甚至可以随时查阅股票行情。用户还能利用 Yahoo! Messenger 安排自己的日程计划，随时探测新到的邮件。

（7）诺斯 TICQ：诺斯 Telecommunication Interlocking Chinese Quarter（TQ）简体中文版，其集信息推送、定制和交友聊天于一体；除了具有传统即时通信软件所具有的显示朋友在线信息、即时传送信息、即时交谈、即时发送文件等功能外，还有即时发送网址、新闻、消息滚动显示、集体闹钟、局域网通信和笑话等功能；其最具特色的是在通信过程中采用了 128 位高强度加密算法和用户数据报协议，使用户的信息在通信过程中高速、安全和可靠。

（8）TM：QQ 的商业版。

（9）飞鸽传书：局域网内最好的通信软件。

4. 即时通信的原理

我们经常听到 TCP（文件传输控制协议）和 UDP（用户数据报协议）这两个术语，它们都是建立在更低层的 IP 协议上的两种通信传输协议。前者是以数据流的形式，将传输数据经分割、打包后，通过两台机器之间建立起的虚电路，进行连续的、双向的、严格保证数据正确性的文件传输协议。而后者是以数据报的形式，对拆分后的数据的先后到达顺序不做要求的文件传输协议。

QQ 就是使用 UDP 协议进行发送和接收"消息"的。当你的机器安装了 QQ 以后，实际上，你既是服务端（Server），又是客户端（Client）。当你登录 QQ 时，你的 QQ 作为 Client 连接到腾讯公司的主服务器上，当你"看谁在线"时，你的 QQ 又一次作为 Client 从 QQ Server 上读取在线网友名单。当你和你的 QQ 伙伴进行聊天时，如果你和对方的连接比较稳定，你和他的聊天内容都是以 UDP 的形式，在计算机之间传送。如果你和对方的连接不是很稳定，QQ 服务器将为你们的聊天内容进行"中转"。其他的即时通信软件原理与此大同小异。通信过程如下：

（1）用户首先从 QQ 服务器上获取好友列表，以建立点对点的联系。

（2）用户（Client1）和好友（Client2）之间采用 UDP 方式发送信息。

（3）如果无法直接进行点对点联系，则用服务器中转的方式完成。

5. 其他网络电话通信软件介绍

（1）RedVIP。

此款软件是利用互联网平台面向全球宽带上网用户提供的基于网络的语音信息平台（Voice Information Platform，VIP）系统，能使所有宽带上网用户享受到优质网络语音通信、语音频道专题互动、语音增值应用等服务。

软件同时集成的"语音频道"、"游戏"等功能平台，更为用户提供了多种通信、娱乐、咨询服务等增值服务。

（2）VoipStunt。

这是国外的一款不错的网络电话软件，可拨打全世界二百多个国家的市内电话或是移动电话，申请容易，不需填写繁杂的资料。

软件具有独有的自动回拨功能，可实现电话对电话的通话功能；其模拟传统通信服务，更加符合用户的使用习惯。另外软件本身可使用耳麦拨打国内外固话与移动电话，可与身处世界各地的亲朋好友畅所欲言。

（3）Globalvoip.cn。

这是由全球天空网络研发的一款网络电话软件。软件界面简单，操作极其方便。软件为用户提供设置服务器和修改密码、查看资费标准、设置声卡、充值和购卡、通话记录、网速测试、电话本等功能。

6. 社交服务网站理论研究

1967年，哈佛大学的心理学教授Stanley Milgram（1934—1984）创立了六度分割理论，简单地说，"你和任何一个陌生人之间所间隔的人不会超过6个，也就是说，最多通过6个人你就能够认识任何一个陌生人。"按照六度分隔理论，每个个体的社交圈都不断放大，最后成为一个大型网络。这是社会性网络（Social Networking）的早期理解。后来有人根据这种理论，创立了面向社会性网络的互联网服务，通过"熟人的熟人"来进行网络社交拓展，如ArtComb、Friendster、Wallop、Adoreme等。

但"熟人的熟人"，只是社交拓展的一种方式，而并非社交拓展的全部。因此，现在的SNS，其含义已经远不止"熟人的熟人"这个层面。例如，根据相同话题进行凝聚（如贴吧）、根据学习经历进行凝聚（如Facebook）、根据周末出游的相同地点进行凝聚等，都被纳入了"SNS"的范畴。

7. 社交服务网站的优势

通过社交服务网站我们与朋友保持了更加直接的联系，建立了大交际圈，其提供的寻找用户的工具帮助用户找到失去了联络的朋友们。

网站上通常有很多志趣相同并互相熟悉的用户群组。相对于网络上其他广告而言商家在社交服务网站上针对特定用户群组打广告更有针对性。

8. 社交服务网站的发展

网络社交已经成为现代网络达人们必不可少的交往方式，通过一个好的社交网站，网友可以实现在线分享图片、生活经验、开心趣事、在线交友、在线解答生活难题，甚至可以通过一个比较好的社交类网站实现在线求职，解决自己工作的燃眉之急。

以"美丽人生网"为例，就是借助社交网络的发展趋势，把招聘很巧妙地融入到社交网站中，让广大网友在网络社交的同时，实现快速求职，对于已经在职的社交活跃度较高的网友，提供一个可以快速树立个人职业品牌的网络社交环境。

"美丽人生网"是一个新型的针对应届毕业生求职、职场生涯规划、职场交友、职场能力培养、职场潜力挖掘的最具专业性的职场网络平台，是国内最大的人力资源交易平台，是广大应届生求职者一个了解关于职场话题的新兴平台，它通过职场导读、精彩推荐、热点问答、职场风向标等热点栏目版块，解决你在求职、在职期间的各种职场问题。

新型网络招聘平台是广大应届毕业生了解职场的很好的窗口，应届毕业生除了在网站上搜集招聘信息之外，还可以了解行业动态、结识行业朋友、参与行业讨论，甚至在站内直接联系到负责职位招聘的负责人本人，因此，不仅有助于提高求职成功率，更是对其日后的职业发展有很大的帮助。

"美丽人生网"发布最具时效性、最具真实性的招聘信息，使广大求职者在最短时间内得到想要的信息，是很好地做到社交、招聘为一体的新型网络平台。

9. 社交服务网站的基本功能

不同的社交网站提供的服务各有侧重点，但基本功能都包括记录个人数据、私信功能、用户相互链接的功能、用户检索的功能、日记（博客）的功能、社区的功能（包括公开的社区（Open Group）、不公开的社区（Not Open Group）、秘密社区（Closed Group）等。）

10. 社交网络服务的商业模式

社交网络服务的商业模式，大体上可以区分为"广告收入模式"、"向用户收费的模式"、"第三方网站诱导模式"和"游戏模式"等。

广告收入模式通过互联网广告取得收益。通过用户的登录习惯、发言内容、发言频率，加上海量数据的挖掘，决定对哪些用户投放广告。其中的佼佼者是开心网、人人网、Facebook、mixi 和 MySpace。

向用户收费的模式是直接向用户收取利用网站的服务费，主要有查找职缺的美国 LinkedIn 等。

第三方网站诱导模式：餐厅找上 Facebook 协助当地餐厅进行推广或促销，为了提高能见度，餐厅会设法通过 Facebook 的服务给消费者一些优惠，或直接付 Facebook 广告费。

游戏模式：各国研发游戏的设计厂商在一些社交网站构筑平台，内置购买机制，除了为自己构建收入外，也提供社交网站营利的来源。

4.7 小结

本章描述了电子邮件的申请及收发邮件、即时通信工具 QQ、网络电话 UUCall 和社交服务网站的主要功能和使用方法，学习者应形成通过网络与他人快速、即时交流的能力。

4.8 能力鉴定

本章主要为操作技能训练，能力鉴定以实作为主，对少数概念可以教师问学生答的方式检查掌握情况，并将鉴定结果填入表 4-2。

表 4-2 能力鉴定记录表

序 号	项 目	鉴定内容	能	不能	教师签名	备 注
1	项目一 收发电子邮件	申请 163 邮箱				
2		会撰写信件				
3		能收发邮件				
4	项目二 网络即时通信	下载 QQ 客户端程序				
5		能成功申请 QQ 号码				
6		会进行 QQ 基本设置				
7		会发送、接收 QQ 信息				
8		会利用 QQ 传送文件				
9		会利用 QQ 请求远程协助				

续表

序号	项目	鉴定内容	能	不能	教师签名	备注
10	项目三 网络电话	能成功申请 Skype 账号				
11		会利用 Skype 拨打电话				
12		能成功申请 UUCall 账号				
13		会进行 UUCall 系统设置				
14		会利用 UUCall 拨打电话				
15	项目四 社交网站	能注册一个自己喜欢的社交网站用户				
16		会利用社交网站与好友沟通				
17		掌握社交网站的基本功能				

4.9 习题

一、选择题

1. 下列哪项是可以用于进行文件压缩的软件（   ）？
   A．WinRAR   B．Windows 优化大师   C．Winamp   D．Foxmail
2. 下列哪项是用户上网时，可以用于下载资料的软件（   ）？
   A．WinRAR   B．Flashget   C．Winamp   D．Foxmail
3. 发送邮件时，如果设置多个收件人，不同收件人的地址之间应该用什么符号隔开（   ）？
   A．句号   B．逗号   C．分号   D．下划线
4. 下列关于 E-mail 地址的名称中，正确的是（   ）。
   A．shjkbk@online.sh.cn
   B．shjkbk.online.sh.cn
   C．online.sh.cn@shjkbk
   D．cn.sh.online.shjkbk
5. 电子邮件能传送的信息（   ）。
   A．是压缩的文字和图像信息
   B．只能是文本格式的文件
   C．是标准 ASCII 字符
   D．是文字、声音和图形图像信息
6. 申请免费电子信箱必需（   ）。
   A．写信申请
   B．电话申请
   C．电子邮件申请
   D．在线注册申请
7. 免费电子信箱申请后提供的使用空间是（   ）。
   A．没有任何限制
   B．根据不同的用户有所不同
   C．所有用户都使用一样的有限空间
   D．使用的空间可自行决定
8. 用免费电子信箱时如果忘记了密码，一般系统都提供（   ）。
   A．强制修改密码
   B．密码提示问题

C．发电子邮件申请修改密码　　　　　　D．到服务单位申请修改密码

9．电子邮件的发件人利用某些特殊的电子邮件软件在短时间内不断重复地将电子邮件寄给同一个收件人，这种破坏方式称为（　　）。

  A．邮件病毒　　　B．邮件炸弹　　　C．特洛伊木马　　　D．蠕虫6

10．预防"邮件炸弹"的侵袭，最好的办法是（　　）。

  A．使用大容量的邮箱　　　　　　　B．关闭邮箱
  C．使用多个邮箱　　　　　　　　　D．给邮箱设置过滤器

11．关于电子邮件不正确的描述是（　　）。

  A．可向多个收件人发送同一消息
  B．发送消息可包括文本、语音、图像、图形
  C．发送一条由计算机程序作出应答的消息
  D．不能用于攻击计算机

12．小李很长时间没有上网了，他很担心他的电子信箱中的邮件会被网管删除，但是实际上（　　）。

  A．无论什么情况，网管始终不会删除信件
  B．每过一段时间，网管会删除一次信件
  C．除非信箱被撑爆了，否则网管不会随意删除信件
  D．网管会看过信件之后，再决定是否删除它们

13．电子邮件的管理主要是对邮件进行分类、移动或（　　）。

  A．剪切　　　　B．粘贴　　　　C．撤销　　　　D．删除

14．使用（　　），不仅可以帮助我们管理众多的电子邮件地址，同时也简化了输入信箱地址的操作。

  A．电子信箱　　　B．邮件　　　C．邮件编码　　　D．通信簿

15．在发送电子邮件时，在邮件中（　　）。

  A．只能插入一个图形附件
  B．只能插入一个声音附件
  C．只能插入一个文本附件
  D．可以根据需要插入多个附件

16．ICQ是一个（　　）类型的软件。

  A．聊天　　　　B．浏览器　　　　C．图像处理　　　　D．电子邮件

17．许多网友利用ICQ在线呼叫找人，因此，ICQ又被称为"网络BP机"。ICQ这个看来比较古怪的名字实际上是一句英文的谐音，这句英文的含义是（　　）。

  A．我寻找你　　　B．互相呼叫　　　C．现在我在线　　　D．你在哪里

18．利用QQ与好友通信时，能传送的信息（　　）。

  A．是压缩的文字和图像信息　　　　B．只能是文本格式的文件
  C．是标准ASCII字符　　　　　　　D．是文字、声音和图形图像等信息

19．在网上传输音乐文件，以下格式中最高效简洁的是（　　）。

  A．MP3格式　　　B．MID格式　　　C．MPEG格式　　　D．AVI格式

20．以下邮件程序中，最著名的国产软件是（　　）。

A. Outlook Express B. Foxmail
C. EudoraPro D. NetscapeCommunicator

二、填空题

1. 互联网中 URL 的中文意思是_____。

2. 通过收藏夹，用户可以将收藏夹中收录的内容进行分类整理，方法是选择"收藏夹"菜单的_____命令。

3. 要将 IE 的主页设置成空白页，可在"Internet 选项"对话框的"常规"选项卡中，单击_____按钮。

4. 目前网络即时通信主要有_____、_____、_____等方式。

5. QQ 申请密码保护有_____、_____、_____、_____等手段。

6. 查找 QQ 号码有_____、_____等方法。

7. 网络电话目前有_____、_____、_____三种模式。

三、简答题

1. 网络即时通信工具有哪些？
2. 怎样申请 QQ 号码？
3. 怎样保证 QQ 的安全？有哪些手段？
4. 怎样修改 QQ 个人资料？
5. 描述查找和添加 QQ 好友的过程？
6. 网络电话大致可以分成哪些种类？UUCall 属于哪一类？
7. 描述 UUCall 充值的方法及过程？
8. 电子邮件地址的格式分成哪两部分，各是什么意思？
9. IP 地址和域名地址有什么联系和区分？
10. 社交服务网站的基本功能包括哪些？
11. 社交服务网站的未来发展方向是什么？

第 5 章

电子商务初步

5.1 项目描述

5.1.1 能力目标

通过本章的学习与训练,使学生能达到一般工作职员的常用网络商务活动能力,知道怎样开展网络商务活动,并进行网络求职的方法。

1. 掌握网上银行开通及资金查询和转账的方法。
2. 掌握开通第三方支付工具及网络购物的流程及操作方法。
3. 了解网络炒股的开通、看盘和交易方法。
4. 了解查询、订购票务的方法。
5. 掌握登录移动网上营业厅的方法,能使用自助服务查询、修改相关信息。
6. 掌握进入求职网站的方法,会制作、发送个人简历,会查阅反馈信息。

5.1.2 教学建议

1. 教学计划(见表 5-1)

表 5-1 教学计划表

任 务		重点(难点)	实 作 要 求	建议学时
网上银行	任务一 开通网上银行		掌握开通网上银行的流程。	2
	任务二 使用网上银行	重点	(1)了解网上银行的安全保护方法; (2)掌握开通网上银行的方法	
网上购物	任务一 开通网络支付工具	重点	掌握第三方支付工具的申请及使用方法	2
	任务二 网上购物	重点	(1)掌握网上购物的流程; (2)掌握网上购物的方法	
网上炒股	任务一 开通账户		掌握网上炒股的流程	2
	任务二 网络炒股		了解网上炒股的方法	
网上订票	任务一 网上订飞机票		了解网上订飞机票的方法	2
	任务二 网上订火车票		了解网上订火车票的方法	
网上移动营业厅	任务一 网上移动营业厅		掌握通过网络移动营业厅进行一般业务查询的方法	2
网上求职	任务一 网上求职	重点	(1)掌握网上求职的流程; (2)掌握网上求职的方法和技巧	
合计学时				10

2. 教学资源准备

（1）软件资源："大智慧经典版 Internet"软件；每台计算机都能访问 Internet。

（2）硬件资源：可以开通网上银行业务的银行卡一张；安装 Windows XP 操作系统的计算机。

5.1.3 应用背景

小刘是某公司的办公室秘书，经常要为公司领导收集并分类整理各种信息；由于工作较忙，经常需要网购办公用品；要为公司领导出差准备机票和火车票；要管理公司干部的手机费用。在工作之余还要了解金融市场信息，进行金融投资，丰富自己的金融理财能力。他十分关心人才市场，希望能找到更适合自己的工作。他应该具备哪些能力才能胜任工作呢？通过本章的学习能顺利实现这些目标。

5.2 项目一 网上银行

5.2.1 预备知识

网上银行是指银行利用 Internet 技术，通过 Internet 向客户提供开户、销户、查询、对账、行内转账、跨行转账、信贷、网上证券、投资理财等传统银行服务项目，使客户可以通过网络安全便捷地使用银行的各项服务。网上银行是信息时代的产物，它的诞生使原来必须到银行柜台办理业务的客户，通过 Internet 便可直接进入银行，随意进行账户查询、转账、外汇买卖、网上购物、账户挂失等业务，客户真正做到足不出户即可办妥一切银行业务。网上银行服务系统的开通，对银行和客户来说，都将大大提高工作效率，让资金创造最高效益，从而降低生产经营成本。

网上银行系统分为个人网上银行和企业网上银行。在个人网上银行方面，它可为个人注册客户提供以下服务功能：账户余额查询、密码修改、网上临时挂失、内部转账、支付转账及理财服务。注册网上银行账户必须已经是该银行的活期或定期储蓄用户。

为了保障用户信息安全，在办理网上银行业务时都要求用户出示数字证书。数字证书是客户在网上进行交易及商务活动的身份证明，网上银行系统还可以利用数字证书对数据进行加密和签名。经过数字签名的网上银行交易数据不可修改，具有唯一性和不可否认性，从而可以防止他人冒用证书持有者名义进行网上交易，维护用户及银行的合法权益，减少和避免经济及法律纠纷。目前网上银行需要的数字证书有三种：浏览器证书、U 盘证书和口令卡。浏览器证书存储于 IE 浏览器中，可进行任意备份。客户端不需要安装驱动程序（根据情况可能需要下载安装最新的签名控件），且无须证书成本，它比较适合有固定上网地点的客户。U 盘证书（不同的银行名称通常不同）存储于 USBKey 介质中，介质中内置了智能芯片，并有专用安全区来保存证书私钥，证书私钥不能导出，因而备份的文件无法使用，其安全性高于浏览器证书。U 盘证书容易随身携带，但使用时需要安装驱动程序，并且 U 盘证书需要支付证书成本。口令卡实际上是一张印刷有二维表格的普通卡片，同张卡的每个行列单元格中印刷有随机产生的验证字符，不同用户的口令卡的内容不同，它具有比浏览器证书更高的安全性和比 U 盘证书更方便的可用性。它采用成熟的动态密码技术,实现每次交易时密码的随机变化,有效解决了静态密码易被窃取等问题,能充分保障身份识别及认证安全。目前有的银行将上述浏览器证书和口令卡结合使用,进一步提高了浏览器证书用户的安全程度。

5.2.2 任务一 开通网上银行

1. 申请网上银行

各个银行对开通网上银行都有相似的要求和步骤,本任务以中国农业银行为例进行讲解。如果要开通网上银行功能,现在大多数银行都要求用户持银行卡和身份证亲自到就近分行办理书面申请手续,申请同意后银行会送达一组密码或口令卡或 U 盘证书(通常需要用户付费购买)给用户,然后用户再利用这些安全方式登录网上银行进行账户查询或转账操作。

中国农业银行的网上银行分为两大业务,如果仅查询自己的账户余额,可直接登录银行网站查询,但涉及转账业务就需要开通网上银行功能。

(1)账户查询。登录中国农业银行首页,在地址栏中输入"http://www.95599.cn"按回车键或单击【转到】按钮进入该页面。

(2)在网站首页中单击【个人网上银行】按钮,会出现如图 5-1 所示的页面。

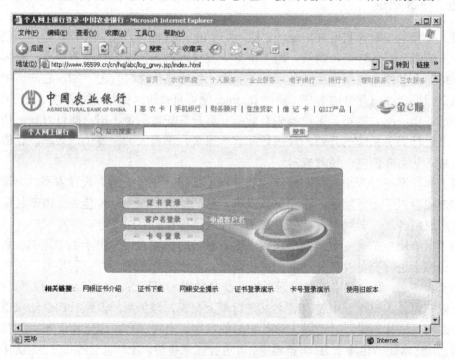

图 5-1 个人网上银行页面

(3)单击【卡号登录】按钮,会出现如图 5-2 所示页面。然后用户根据提示在相应的地方输入自己的银行卡号、密码和验证码后,就进入银行的公共客户服务系统了。

(4)在"公共客户系统"登录页面的左边菜单栏中单击"银行卡余额查询"链接后就会出现用户的账户余额数据了,如图 5-3 所示。

图 5-2　公共用户系统登录页面

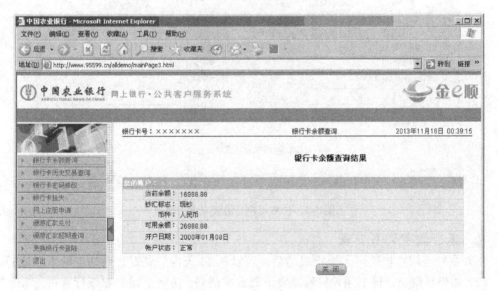

图 5-3　银行卡余额查询结果页面

（5）网上银行公共用户升级版业务。如果用户需要利用网上银行进行注册账户管理、基本信息维护、账户余额查询、账户明细查询、网上挂失、电子支付卡、漫游汇款等业务，就首先需要在图 5-1 所示的个人网上银行页面单击"申请客户名"链接进入【中国农业银行网上银行公共用户升级版业务须知】，当阅读相关协议选择【同意】后进入用户申请页面。

（6）用户申请页面如图 5-4 所示，然后根据相应提示进行设置和输入。其中"CVD2 码"为卡片记录号，它由三位阿拉伯数字组成，是该银行卡片加密验证算法计算产生的。填入完成后单击【提交】按钮，即完成网上申请工作。

> **提示**
>
> 设置的登录密码可以由 6 位阿拉伯数字组成,基于安全性考虑不要是类似身份证件号码的后六位、生日、相同或连续的阿拉伯数字等容易被他人恶意破解的简单密码。

(7) 用户持有效身份证件及需要注册的账户原件如金穗卡、活期存折到银行网点填写申请表和服务协议,完成后一并提交银行工作人员。当工作人员审核申请通过后会制作密码信封。此时也可以申请口令卡或购买 U 盘证书。

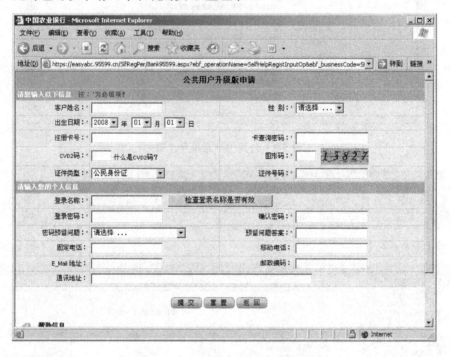

图 5-4 公共用户升级版申请页面

2. 银行数字证书下载

(1) 在银行网点申请网上银行成功后,可以在 14 天内登录银行网站自助下载证书。

(2) 如果是浏览器证书用户,就需要下载数字证书,访问中国农业银行首页,选择"证书向导",打开证书向导窗口。然后单击"证书下载"栏目,网页会出现下载数字证书的流程图。最后单击网页底部的【证书下载】按钮,随即转到输入参考号和授权码页面。

(3) 打开输入参考号和授权码页面后,会出现如图 5-5 所示的页面,然后将银行提供的纸质密码信封中的参考号和授权码输入相应位置,确认无误后单击【提交】按钮。最后在新页面中选择数字证书介质即可完成数字证书的下载。

(4) 如果是硬件数字证书(如 U 盘证书或 IC 卡介质)用户,需要下载证书客户端软件,下载方法为在银行首页上选择"证书向导",打开证书向导窗口。然后单击"客户端软件"栏目,会出现客户端软件下载网页。用户根据自己的数字介质选择相应的数字证书客户端软件便可下载。

第5章 电子商务初步

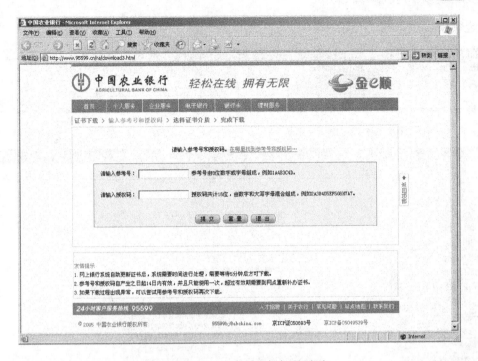

图 5-5 输入参考号和授权码页面

5.2.3 任务二 使用网上银行

1. 使用网上银行

（1）如果是 U 盘证书用户，须将证书硬件插入 USB 接口。如果是浏览器数字证书用户须将网上下载的证书文件导入浏览器。

（2）导入浏览器证书。在操作系统桌面上打开浏览器，选择【工具】→【Internet 选项】→【内容】选项卡，然后在内容选项卡中单击【证书】按钮，打开"证书"对话框。在对话框中单击【导入】按钮，会出现数字证书导入向导。用户根据向导内容将从银行网上下载的数字证书 cer 文件导入浏览器即完成。

（3）登录银行网站。在网站首页中单击【个人网上银行】→【证书登录】按钮，会出现数字证书选择对话框，用户选择此银行的数字证书文件后单击【确定】按钮，进入个人客户服务系统页页。

（4）用户进入如图 5-6 所示个人客户服务系统页面后，根据自己的需要在左边选择相应的栏目，便可充分利用网上银行的各项功能。

> **提示**
>
> 细心的用户可以发现通过数字证书方式登录后的个人客户服务系统页面比通过银行卡号方式登录后出现的功能要多一些，如图 5-3 和图 5-6 所示。

（5）账户余额查询。如果用户需要查询自己银行账户的余额，请单击左边菜单栏的【查询】→【账户余额查询】按钮，会出现如图 5-7 所示的账户选择和密码输入页面。当用户输入相应账户的密码和选择要查询的账户后，单击【提交】按钮，随即会出现该用户的账户资金余额。

图 5-6 个人客户服务系统页面

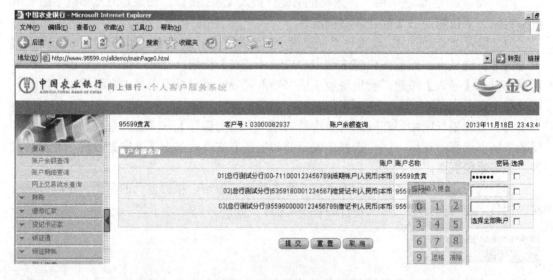

图 5-7 账户余额查询

（6）账户明细查询。如果用户需要查询自己银行账户的使用明细，请单击左边菜单栏的【查询】→【账户明细查询】按钮，则会出现如图 5-8 所示的查询条件输入页面。当用户输入相应内容后，单击【提交】按钮，随即会出现该用户在查询起止时间范围内的账户资金进出情况。如果单击【下载】按钮，也可以将账户明细保存到计算机中。

第5章 电子商务初步

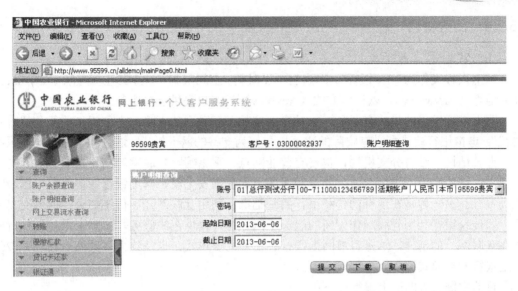

图 5-8 账户明细查询

(7) 网络转账。如果需要将自己账户中的金额转到其他账户中,不需要到银行柜台去办理,直接通过网上银行即可完成。如果是在同一银行内的账户之间转账,就在左边菜单栏中选择【转账】→【内部转账】按钮,如果是跨行转账,就选择【转账】→【支付转账】按钮。如图 5-9 所示页面为同行转账的界面。用户输入相应的转入、转出账号和转账密码及金额后单击【提交】按钮,即完成转账操作,操作成功后,系统会出现交易成功的信息提示,用户也可以将转账内容打印出来。

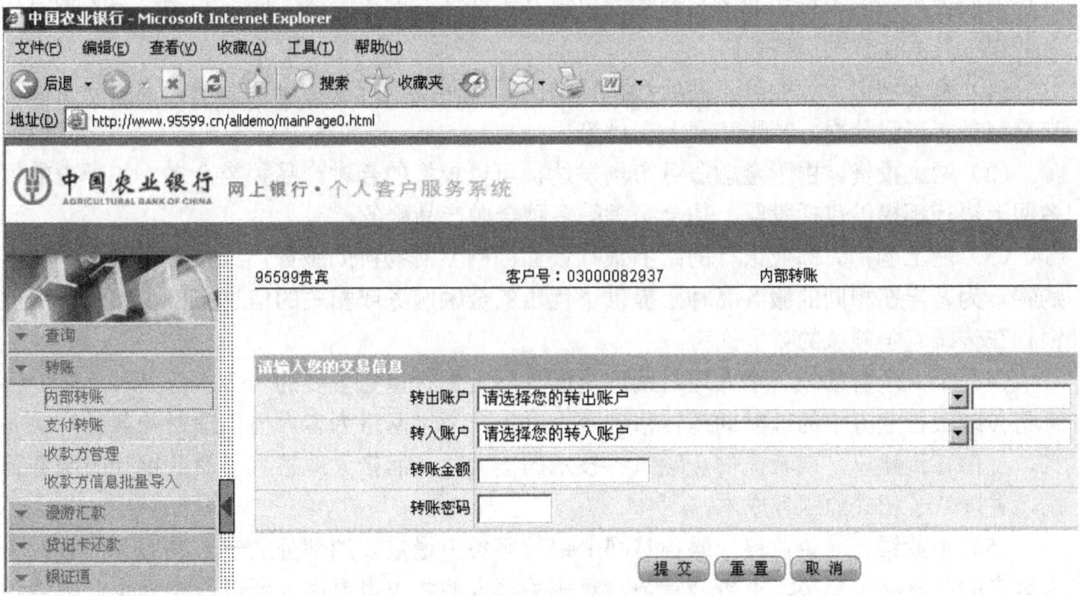

图 5-9 内部转账信息输入页面

(8) 网上银行转账完成后,单击左边菜单栏中的【退出】按钮,退出网上银行系统。

5.2.4 阅读材料

1. 常用网上银行

网上银行又称为"3A 银行",因为它不受时间、空间限制,能够在任何时间(Anytime)、任何地点(Anywhere)、以任何方式(Anyhow)为客户提供金融服务。

网上银行发展的模式有两种:一是完全依赖于互联网的无形的电子银行,又称"虚拟银行";虚拟银行就是指没有实际的物理柜台作为支持的网上银行,这种网上银行一般只有一个办公地址,没有分支机构,也没有营业网点,采用国际互联网等高科技服务手段与客户建立密切的联系,提供全方位的金融服务。如美国安全第一网上银行,但目前中国没有此类银行。另一种是在现有的传统银行的基础上,利用互联网开展传统的银行业务交易服务。即传统银行利用互联网作为新的服务手段为客户提供在线服务,实际上是传统银行服务在互联网上的延伸,这是目前网上银行存在的主要形式,也是绝大多数商业银行采取的网上银行发展模式。

目前中国较大的网上银行如下:

中国工商银行:http://www.icbc.com.cn。
中国建设银行:https://ibsbjstar.ccb.com.cn。
中国银行:http://www.boc.cn。
中国农业银行:http://www.abchina.com。
交通银行:http://www.bankcomm.com。
招商银行:http://www.cmbchina.com/。

2. 常见网上银行业务

一般说来网上银行的业务品种主要包括基本业务、网上投资、网上购物、个人理财、企业银行及其他金融服务。

(1)基本网上银行业务。商业银行提供的基本网上银行服务包括在线查询账户余额、交易记录、下载数据、转账和网上支付等。

(2)网上投资。由于金融服务市场发达,可以投资的金融产品种类众多,如国内的很多网上银行都提供包括股票、基金买卖等多种金融产品服务。

(3)网上购物。商业银行的网上银行设立的网上购物协助服务,大大方便了客户网上购物,为客户在相同的服务品种上提供了优质的金融服务或相关的信息服务,加强了商业银行在传统竞争领域的竞争优势。

(4)个人理财助理。个人理财助理是国外网上银行重点发展的一个服务品种。各大银行将传统银行业务中的理财助理转移到网上进行,通过网络为客户提供理财的各种解决方案,提供咨询建议,或者提供金融服务技术的援助,从而极大地扩大了商业银行的服务范围,并降低了相关的服务成本。

(5)企业银行。企业银行服务是网上银行服务中最重要的部分之一。其服务品种比个人客户的服务品种更多,也更为复杂,对相关技术的要求也更高,所以能够为企业提供网上银行服务是商业银行实力的象征之一,一般中小网上银行或纯网上银行只能部分提供,甚至完全不提供这方面的服务。

企业银行服务一般提供账户余额查询、交易记录查询、总账户与分账户管理、转账、在线支付各种费用、透支保护、储蓄账户与支票账户资金自动划拨、商业信用卡等服务。

此外，还包括投资服务等。部分网上银行还为企业提供网上贷款业务。

（6）其他金融服务。除了银行服务外，大商业银行的网上银行均通过自身或与其他金融服务网站联合的方式，为客户提供多种金融服务产品，如保险、抵押和按揭等，以扩大网上银行的服务范围。

3. 网上交易安全提示

银行卡持有人的安全意识是影响网上银行安全性的不可忽视的重要因素。目前，我国银行卡持有人安全意识普遍较弱：不注意密码保密，或将密码设为生日、电话号码等易被猜测的数字。一旦卡号和密码被他人窃取或猜出，用户账号就可能在网上被盗用，如进行购物消费等，从而造成损失，而银行技术手段对此却无能为力。因而一些银行规定：客户必须持合法证件到银行柜台签约才能使用"网上银行"进行转账支付，以此保障客户的资金安全。

另一种情况是，客户在公用的计算机上使用网上银行，可能会使数字证书等机密资料落入他人之手，从而直接使网上身份识别系统被攻破，网上账户被盗用。

安全性作为网络银行赖以生存和得以发展的核心及基础，从一开始就受到各家银行的极大重视，都采取了有效的技术和业务手段来确保网上银行安全。但安全性和方便性又是互相矛盾的，越安全就意味着申请手续越烦琐，使用操作越复杂，影响了方便性，使客户使用起来感到困难。因此，必须在安全性和方便性上进行权衡。到目前为止，国内网上银行交易额已达数千亿元，银行方还未出现过安全问题，只有个别客户由于保密意识不强而造成资金损失。

在使用网上银行时应注意防范以下事项：

（1）防备假冒网站。使用网络银行时要注意该行的网址，不要通过不明网站、电子邮件或论坛中的网页链接登录网上银行。登录成功后，请详细认真检查网站提示的内容。

（2）防止黑客攻击。用户在使用网上银行时要保证自己的计算机是安全的，需要在计算机上安装防病毒软件和防火墙软件，并及时升级更新。定期下载安装最新的操作系统和浏览器安全程序或补丁。不要在网吧等公共场所的计算机上使用网上银行。使用网上银行完毕或使用过程中暂离时，请勿忘退出网上银行，取走自己的 USBKey。

（3）注意密码安全。要妥善选择网银登录密码和 USBKey 的密码，避免使用生日、电话号码、有规则的数字等容易猜测的密码，建议不要与取款密码设为一致。

（4）其他事项。不要将银行颁发的口令卡或 USBKey 交给其他人。若相关安全设施遗失，应尽快到银行柜台办理证书恢复或停用手续。

5.3 项目二 网上购物

5.3.1 任务一 开通网络支付工具

1. 预备知识

20 世纪 90 年代，国际互联网迅速走向企业和家庭，其功能也从信息共享演变为一种大众化的信息传播手段，商业贸易活动逐步进入这个领域。通过使用互联网，既降低了成本，也造就了更多的商业机会，电子商务技术从而得以发展，使其逐步成为互联网应用的最大热点。为适应电子商务这一市场潮流，电子支付随之发展起来。电子支付，是指从事电子商务交易的当事人，包括消费者、厂商和金融机构，通过信息网络，使用安全的信息传输手段，采用数字化方式进行的货币支付或资金流转。电子支付的业务类型按电子支付指令发起方式分为网上支付、电话支付、移动支付、销售点终端交易、自动柜员机交易和其他电子支付。其中网上支付是网络购物的常用支付方式，主要是银行在提供清算和结算服务，而银行出于服务能力和成本的考虑，通常只面向有规模的企业。由此第三方支付应运而生，通过更有针对性的平台和产品服务于中小企业和个人用户。

第三方支付，就是一些和产品所在国家及国外各大银行签约、并具备一定实力和信誉保障的第三方独立机构提供的交易支持平台。在通过第三方支付平台的交易中，买方选购商品后，使用第三方平台提供的账户进行货款支付，由第三方通知卖家货款到达，进行发货；买方检验物品后，就可以通知付款给卖家，第三方再将款项转至卖家账户。这样对商家而言，通过第三方支付平台可以规避无法收到客户货款的风险，同时能够为客户提供多样化的支付工具。对客户而言，不但可以规避无法收到货物的风险，而且货物质量在一定程度上也有了保障，增强客户网上交易的信心。对银行而言，通过第三方平台可以扩展业务范畴，同时也节省了为大量中小企业提供网关接口的开发和维护费用。

在第三方支付交易流程中，支付模式使商家看不到客户的信用卡信息，同时又避免了信用卡信息在网络上多次公开传输而导致信用卡信息被窃。以通常的网络购物交易为例：第一步，客户在电子商务网站上选购商品，最后决定购买，买卖双方在网上达成交易意向。第二步，客户选择利用第三方作为交易中介，客户用信用卡将货款划到第三方账户；第三步，第三方支付平台将客户已经付款的消息通知商家，并要求商家在规定时间内发货；第四步，商家收到通知后按照订单发货；第五步，客户收到货物并验证后通知第三方；第六步，第三方将其账户上的货款划入商家账户中，交易完成。

根据艾瑞咨询的统计数据显示，2012年中国第三方支付业务交易规模达12.9万亿，同比增长54.2%。预计到2016年，整体市场交易规模将突破50万亿。目前排名靠前的第三方支付产品有中国银联、支付宝、杉德支付、财付通、通联支付等。

2. 开通支付宝

本任务以网络购物中常用的支付宝为例进行讲解第三方支付业务的申请。在支付宝网站注册个人账户，可以用手机号码或电子邮箱注册申请。本文以电子邮箱为用户名进行申请。

（1）打开 http://www.alipay.com/，进入支付宝首页，如图5-10所示。找到并单击【免费注册】按钮，进入注册页面。

图5-10 支付宝首页

(2)填写注册信息。进入如图 5-11 所示页面后,可以看到共有三个注册步骤提示,先是系统检查即将申请的账号是否被使用,如未被使用,就会向注册邮箱发送一封电子邮件。然后再接收电子邮件,并根据邮件内容激活该账号。

(3)填写个人信息。当账号激活后单击【下一步】按钮进入个人信息填写页面,如图 5-12 所示。后面根据页面提示进行相应的填写,完成后单击【确定】按钮提交,当提交的密码等信息满足要求后,会出现注册成功的界面,支付宝的账号开通工作完成。

图 5-11　支付宝注册向导

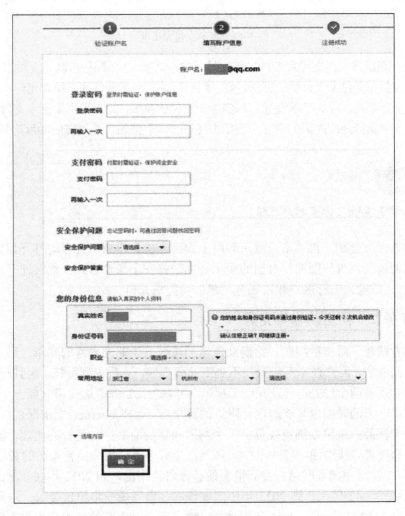

图 5-12　填写支付宝注册信息

3. 充值支付宝

(1)打开支付宝网站,先用以前注册的账号进行登录。登录成功后会出现如图 5-13 所示的页面,然后单击【充值】按钮进入支付宝的充值页面。

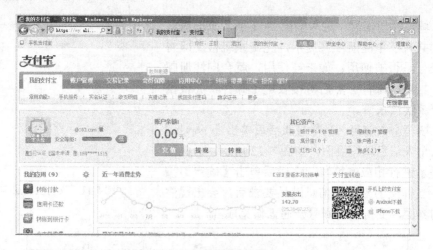

图 5-13 我的支付宝页面

（2）选择充值方式。支付宝支持快捷支付（含卡通）、网上银行付款、支付宝余额付款、信用卡分期付款、支付宝卡付款、货到付款、网点付款、消费卡付款、找人代付、国际银行卡支付等多种支付手段，目前采用银行卡和信用卡支付的较多。如果采用银行卡支付，就在【储蓄卡】选项卡中选择相应的服务银行，再单击【下一步】按钮，进入转账额度选择。

> **注 意**
>
> 信用卡不能给支付宝账户充值。

（3）输入充值金额，再单击【登录到网上银行充值】按钮，会自动打开相关银行的网上业务办理网页面，再按照银行页面的提示，先选择安全加密方式（数字证书或插入加密U盘并选中），后输入银行账户和密码等信息即可完成充值。

5.3.2 任务二 网上购物与交易

网上购物跨越了时空的限制，给商业流通领域带来了非同寻常的变革。网上购物的真正受益者是消费者，用户根本不用为找不到商品而烦恼，小到一副眼镜，大到一台洗衣机。另外网上购物还有两个好处：一是开阔了视野，可以货比三家。逛商店只能一个一个地逛，用户即使拿出一天的时间也只能跑自己附近的几个店。而在 Internet 上情况就大不一样了，用户调出一类商品，就可以浏览成百上千个网上商店的商品。二是价格便宜，因为网上商店使商家与消费者直接沟通，省去了中间环节，也省去了商场和销售人员的费用。

根据第 31 次《中国互联网络发展情况统计报告》指出，到 2012 年底中国的网络购物用户规模已达到 2.42 亿人。到 2015 年中国在线购物市场规模将超越美国，达到 2 万亿元人民币（约合 3150 亿美元），2016 年则达 24000 亿元。网上购物给用户提供方便的购买途径，足不出户，即可送货上门。目前常见的购物网站有两大类：一类为 B2C，另一类为 C2C。本文选择可靠性更高的 B2C 代表——京东商城和 C2C 的代表——天猫进行讲述。

1. 京东商城

京东商城是中国最大的综合网络零售商，是中国电子商务领域最受消费者欢迎和最具有影响力的电子商务网站之一,在线销售家电、数码通信、计算机、家居百货、服装服饰、母婴、图书、食品、在线旅游等13大类数万个品牌百万种优质商品。其购物流程图如图5-14所示。

(1)在浏览器地址栏中输入"http://www.jd.com/"打开京东商城的主页面。然后单击页面顶部"免费注册"链接,进入注册页面。

(2)完成注册基本信息。在新用户注册页面中(见图5-15)填写用户名、密码、邮箱等个人信息,然后阅读《用户注册协议》,最后单击【同意以下协议,提交】按钮,完成注册。

图5-14 京东商城购物流程图　　　　图5-15 京东商城新用户注册

(3)商品选购。通过商品分类或搜索等方式选择好自己需要的商品,单击【加入购物车】按钮商品会自动添加到购物车里,如图5-16所示。当本次购买行为不需要再选择其他商品时,就在"商品已成功加入购物车"页面单击【去购物车并结算】按钮,进入"购物车"网页。如果需要更改商品数量,需在商品所在栏目后的商品数量框中输入购买数量。当检查好所购商品无误后,再单击【去结算】按钮进入订单确认网页。

图5-16 京东商城商品选购

(4) 填写并核对订单信息。进入如图 5-17 所示的填写订单页面后，根据提示进行详细填写，需要填写的信息包含收货人信息、付款方式、发票信息、配送方式等信息。在上述信息确认无误后单击【提交订单】按钮，表示提交的订单生效，网商就开始进行备货等后面一系列事宜。

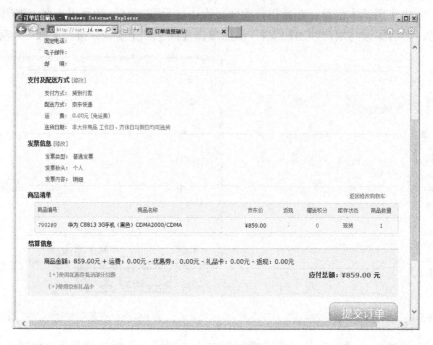

图 5-17　订单信息确认

(5) 订单修改/取消。由于某些原因需要对前面提交的订单进行修改或取消时，通过京东网首页登录系统，进入"我的京东"，单击"订单中心"，进入"查看"界面。如果商品未完成出库状态，可以对订单进行修改和取消，系统会显示修改/取消的按钮，此时可以自行修改或取消订单。

2. 天猫商城

天猫原名淘宝商城，和京东商城一样属于综合性购物网站，是阿里巴巴打造的 C2C 购物平台。它与京东商城不同之处在于阿里巴巴只提供了一个网上集市，所有商品由租赁商户按照商城的管理规定进行销售。另一方面，天猫没有自己的物流系统，所有商品通过第三方快递公司进行寄送。它与淘宝网不同的是入驻商户需要有公司注册资质并缴纳一定费用，可信度相对较高，商品的品质相对较淘宝网更高。目前天猫已经拥有 4 亿多买家，5 万多家商户，7 万多个品牌。2012 年 11 月 11 日，天猫借自定义的"光棍节"大赚一笔，宣称 13 小时卖 191 亿，创世界纪录。

在天猫商城进行购物需要开通网上银行业务和第三方支付工具如支付宝，实现网上银行对支付宝充值，然后用支付宝进行支付。

(1) 注册天猫。天猫和淘宝共用一个账号，在购物之前需要进行注册。注册方法和京东商城类似，先打开天猫的网站 http://www.tmall.com/，在网页顶部单击"免费注册"链接，注册工作只需要三步，首先输入将要注册的账号和设定的密码，然后再输入手机号进行捆绑，系统会给手机发送一个注册码，输入这个注册码后即完成账号注册。

（2）返回天猫商城 www.tmall.com，浏览或搜索自己喜欢的物品，如图 5-18 所示。搜索结果和京东商城不同的是，会出现来自于不同销售商的多条相同商品的信息，这就需要买家进行评价和衡量了，考察的方面有价格、销量和好评率。可以单击产品详细页面进行查看和筛选。购买前如对商品信息有任何疑问，可以通过阿里旺旺咨询，或者通过商家客服电话进行询问。确定需要购买时，单击页面中的【立即购买】按钮，进入交易流程。

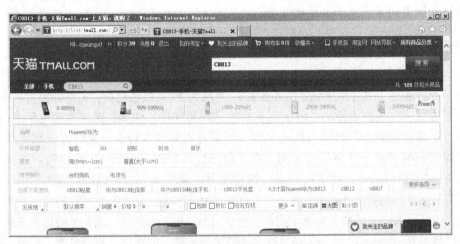

图 5-18　天猫商品选购

（3）确认订单。进入订单确认页面（见图 5-19）后，再完善这笔交易的收货地址及购买数量，运送方式可以按自己的需要选择货到付款和普通货运方式，最后单击【提交订单】按钮进入付款页面。

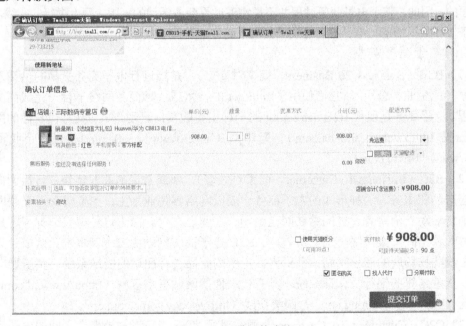

图 5-19　天猫订单确认

（4）支付款项，完成订单手续。进入付款页面，选择付款方式并进行款项支付。此时商品货款是支付给天猫的管理者阿里巴巴，由他托管到收到商品无纠纷时，再由买家确认付款给卖家为止。

（5）关注物流信息，等待收货。当完成商品的选购和款项支付后，可以进入天猫商城，在页面顶部选择【我的淘宝】→【已买到的宝贝】菜单查看商品的交易信息和物流信息。

（6）收货并完成交易的后续手续。当收到商品后觉得满意，就可以确认收货了，告诉天猫这笔交易可以把钱打给卖家，交易结束。当然还可以对卖家的服务态度进行评价，让产品质量和服务质量公示于其他购买者。

5.3.3 阅读材料

1. 电子商务概述

电子商务源于英文 Electronic Commerce，简写为 EC。顾名思义，其内容包含两个方面：一是电子方式，二是商贸活动。电子商务指的是利用简单、快捷、低成本的电子通信方式，买卖双方不谋面地进行各种商贸活动。电子商务可以通过多种电子通信方式来完成。现在人们所探讨的电子商务主要是以 EDI（电子数据交换）和 Internet 来完成的。尤其是随着 Internet 技术的日益成熟，电子商务真正的发展将是建立在 Internet 技术上的。

从贸易活动的角度分析，电子商务可以在多个环节实现，因此，也可以将电子商务分为两个层次：较低层次的电子商务如电子商情、电子贸易、电子合同等；最完整的也是最高级的电子商务应该是利用 Internet 网络能够进行全部的贸易活动，即在网上将信息流、商流、资金流和部分的物流完整地实现，也就是说，你可以从寻找客户开始，一直到洽谈、订货、在线付（收）款、开具电子发票以至到电子报关、电子纳税等都通过 Internet 一气呵成。

要实现完整的电子商务还要涉及很多方面，除了买家、卖家外，还要有银行或金融机构、政府机构、认证机构、配送中心等机构的加入才行。由于参与电子商务中的各方在物理上是互不谋面的，因此，整个电子商务过程并不是物理世界商务活动的翻版，网上银行、在线电子支付等条件和数据加密、电子签名等技术在电子商务中发挥着重要的不可或缺的作用。

2. 电子商务类型

（1）B2B（Business To Business，商家对商家），是指进行电子商务交易的供需双方都是商家（或企业、公司），它们使用了 Internet 的技术或各种商务网络平台，完成商务交易的过程。电子商务是现代 B2B marketing 的一种主要的具体表现形式。具有代表性的网站有阿里巴巴（http://china.alibaba.com）、慧聪网（http://www.hc360.com）、114 企业贸易网（http://www.114wto.com）。

（2）B2C（Business To Customer，商家对顾客），即通常说的商业零售，直接面向消费者销售产品和服务。这种形式的电子商务一般以网络零售业为主，主要借助于互联网开展在线销售活动。消费者通过网络在网上购物、在网上支付。由于这种模式节省了客户和企业的时间和空间，大大提高了交易效率。B2C 电子商务网站由三个基本部分组成：为顾客提供在线购物场所的商场网站；负责为客户所购商品进行配送的配送系统；负责顾客身份确认及货款结算的银行及认证系统。具有代表性的网站有京东网（http://www.jd.com）、苏宁易购（http://www.suning.com）、国美在线（http://www.gome.com.cn）。

（3）C2C（Customer To Customer，顾客对顾客），消费者与消费者之间的电子商务。C2C 概念最早在国外是指个人处理个人多余物品，不能是赢利性商业经营活动，否则不能免税。不过在中国 C2C 概念扩大化了，C 除了指消费者，也可以是利用 C2C 平台出售商品的商家。具有代表性的网站有淘宝网（http://www.taobao.com）、天猫（http://www.tmall.com）、拍拍网（http://www.paipai.com）。B2C 和 C2C 的区别在于，B2C 是自主商场向消费者直接销售商品，而 C2C 网站相当于一个集市，任何自然人和商家都可以借这个集市来销售商品。

（4）团购网，是团购的网络组织平台。互不认识的消费者，借助互联网的"网聚人的力量"来聚集资金，加大与商家的谈判能力，以求得最优的价格。根据薄利多销、量大价优的原理，商家可以给出低于零售价格的团购折扣和单独购买得不到的优质服务。具有代表性的网站有美团（http://www.meituan.com）、大众点评团（http://www.dianping.com）、拉手网（http://www.lashou.com）、糯米网（http://www.nuomi.com）等。

3. 网上购物安全原则

（1）持卡人身份认证。为了进一步提高网上购物的安全性，信用卡机构正通过发卡银行推出持卡人身份验证服务，以让消费者在使用信用卡签账时多一个用来验证身份的个人密码，从而为消费者提供更加安全的交易保障，同时，也能帮助消费者确认商户的身份。

（2）使用安全的网上浏览器。网上购物者一定要留意网址的"http"或 URL 之后是否有一个"s"字母，如果网址是"https"开头的，则它使用的信息传输方式是经过加密的，提高了安全保障。

（3）切勿泄漏个人密码。在密码设置上要和网上银行的密码一样不要设置太简单了，另外注意保护自己的密码，不要向别人透露。

（4）保护好支付卡信息。除了购物付账外，不要向其他人提供自己的支付卡资料。切勿用电子邮件传送支付卡信息，这样做极有可能被第三者截取。信誉良好的商户会在网站上使用加密技术，以保障在网上交易的个人信息不被别人看到或盗取。

（5）送货与退货条款。当消费者在计算网上购物的总费用时，一定要加上运费和手续费。如果商户在海外，可能还需要加上相关的税金和其他费用。购物前，应通过相关网站了解所有的收费标准。在完成每一笔网上购物交易之前，应该先阅读商户网页上有关送货与退货的条款，明确是否能退货，以及由谁承担相关费用。

（6）保存交易记录。保存所有交易记录，如发生退货或需要查询某项交易时，这些记录会非常有用。应保存或打印一份网上订单的副本，这些记录与百货商场的购物收据具有同样的意义。

5.4 项目三 网上炒股

5.4.1 任务一 开通账户

1. 基础知识

证券账户卡（股东卡）：是交易所发放的、用以存放股票的股票账户（卡）。我国目前有两个证券交易所，分别是上海证券交易所和深圳证券交易所。

资金账户：是证券公司发放的、用于存放股民资金的账户。

第三方存管：是指证券公司将投资者的证券交易保证金委托商业银行单独立户进行存管，存管银行负责完成投资者的资金存取、保证金（资金）账户与银行存款账户之间的封闭式资金划转。一个资金账户只能对应一个银行的第三方存管。一个银行账户也只能对应一家券商的第三方存管。

证券公司（券商）：买股票必须委托代理交易的金融企业。股民不可以直接到上海或深圳证券交易所买卖，所以股民必须找一家合法证券公司代理交易开户。

交易所与证券公司的关系：交易所是为证券集中交易提供场所和设施，主要由证券商组成的组织，本身不能买卖证券。证券公司具有证券交易所的会员资格。

2．开通手续

（1）开设股东账户。股民先要确定好一家规模较大的证券公司，然后到证券公司的营业部柜台办理，柜台营业员会帮助办理相关事宜。具体流程可参考下面步骤：首先提供本人有效身份证及复印件开立上海证券账户卡和深圳证券账户卡，这个工作通常证券公司可以帮助办理。个人证券账户卡收费标准为：上海 A 股 40 元人民币/户、深圳 A 股 50 元人民币/户、上海 B 股 19 美元/户、深圳 B 股 120 港币/户。

（2）开立资金账户证。投资者办理沪、深证券账户卡后，到证券营业部买卖股票前，需先在证券营业部开户，开户主要在证券公司营业部营业柜台或指定银行代开户网点。个人开户需提供身份证原件及复印件，沪、深证券账户卡原件及复印件。在开户时需要填写开户资料并与证券营业部签订《证券买卖委托合同》（或《证券委托交易协议书》），同时签订第三方存管开立协议。当手续齐全后证券营业部会为投资者开设资金账户。一个身份证号码只对应一组股东卡号，资金账户可在不同证券公司同时开立，但不跨公司通用。开立资金账户需设置 6 位密码及资金数交易密码；交易密码可通过电话及网上交易修改；当天开立的证券账户卡，需第二个工作日才能办理指定交易。

（3）开设第三方存管业务。当在证券公司开通资金账户时需要设立与之相关联的银行账户用于股票和银行储蓄资金的划转。证券公司会提供合作银行名单，用户可自行选择。第三方存管需要本人带身份证、银行账户原件在股票交易时间内办理。在券商端办理第三方存管后还需要到对应的银行网点进行确认才能开通。

5.4.2 任务二 网络炒股

1．下载软件

网上炒股，只要在网上下载免费的客户端程序就可以进行了。可随时调用软件系统进行委托下单、查询操作。软件一般是免费下载的。

一般炒股软件的平台要求不是很高，只要有一台 CPU 的主频在 2000MHz 以上、内存在 512MB 以上的计算机，操作系统可以是 Windows XP 以上版本，接通宽带。按照软件提示完成安装，并成功接入该证券网站之后就可以收看即时行情、做实时分析、盘后分析、浏览最新的证券信息等。本任务以大智慧证券信息平台为例，介绍如何下载安装证券信息平台。

大智慧证券信息平台是一套用来进行行情显示、行情分析并同时进行信息即时接收的证券信息平台。面向证券决策机构和各阶层证券分析、咨询、投资人员，适合广大股民的使用习惯和感受。它是一套免费软件，可以在大智慧官方网站（http://www.gw.com.cn/）上找到。

打开 IE 浏览器，在地址栏中输入大智慧网址，进入大智慧官方网站，单击"大智慧经典版"链接（图 5-20）打开"大智慧经典版"软件页面，在页面下部选择一个适合自己网络的站点链接进行下载。

电子商务初步 第5章

图 5-20 大智慧网站首页

默认下载的安装文件名为"Dzh_2in1.exe",双击安装文件进行安装。安装过程非常简单,根据安装提示即可完成安装,安装完后在桌面上和开始菜单中均有启动【大智慧经典版】软件的链接。

2. 查看股票即时行情

股市行情变幻莫测,及时掌握股市的最新动态对于股民来说非常重要。要在大智慧证券信息平台查看股票的即时行情,可按照下面的操作步骤实现。

(1) 双击桌面上的"大智慧经典版"快捷图标运行大智慧证券行情软件,系统会弹出"提示"对话框,提示用户选用最快的行情主站,单击"是"按钮后系统自动检测最快的主站,根据网络速度和拥挤程度,在登录时选用网络质量好的主站名称,如图 5-21 所示。

(2) 如果是第一次登录,单击【注册新用户】按钮进入注册对话框,根据提示输入账号、密码及确认密码、邮件地址等相关信息完成注册。

(3) 完成注册后,系统返回登录对话框,输入刚才注册成功的用户名和密码进入大智慧证券信息港,如图 5-22 所示。

图 5-21 优选主站

图 5-22 用户登录

(4) 启动系统,进入大智慧,出现如图 5-23 所示系统菜单,系统菜单清楚地显示了系统各项功能。在任一菜单的画面中,其各级选项均表示本级菜单所能实现的功能或包括的所有可选项。为方便用户操作,该软件同时采用了下拉式菜单设计,下拉式菜单包含了系统的所有功能。

图 5-23　系统菜单

(5) 查看大盘分时走势。

大盘当日动态走势主要内容包括当日指数、成交总额、成交手数、委买 / 卖手数、委比、上涨 / 下跌股票总数、平盘股票总数等。另有"指标曲线图"窗口，可显示多空指标、量比等指标曲线图。查看大盘分时走势操作如下：

① 按【Enter】键切换到大盘 K 线图画面。

② 按【PageUp】键查看上一个类别指数，按【PageDown】键查看下一个类别指数。

③ 按【1+Enter】或【F1】键，查看分时成交明细，按【2+Enter】或【F2】键，查看分价成交明细；按【10+Enter】或【F10】键查看当天的资讯信息。

④ 按【/】键切换走势图的类型，并调用各个大盘分析指标。

⑤ 进入大盘的分时图或者日线图后，可以发现在右下角这里新增了"大单"这项功能，按小键盘的【+】键就能切换到大单揭示页面。它在沪深大盘分时走势页面提供了个股大单买卖的数据。用鼠标双击某一个股名称，可以切换到该股票的分时图界面。

(6) 查看个股行情。

直接输入个股代码或个股名称拼音首字母，然后按【Enter】键确认并执行操作，如"深物业 B"输入"200011"或"swyB"即可，如图 5-24 所示。需要退出时按【Esc】键回到大盘行情。

图 5-24　个股行情

3. 网上委托下单

大智慧证券信息平台的委托下单功能需要自己的代理证券公司与该系统有合作关系才能启用。如果他们有合作关系，可以将委托下单功能链接到大智慧证券信息平台，链接方法就是进行委托设置。委托设置操作如下：

(1) 安装网络交易软件，将证券商提供的网络交易软件安装到计算机中（如中信证券的"中信证券网上交易系统"),通常在证券公司网站的下载栏目中提供。安装过程根据安装软件的提示可轻松完成。

> **注　意**
>
> 网络交易软件来源必须可靠,且应有相关的安全保证,如数字证书、密钥盘等。

(2)委托设置,运行【大智慧证券信息平台】,选择【工具】→【设置】→【委托设置】菜单,弹出"委托设置"对话框,如图 5-25 所示。

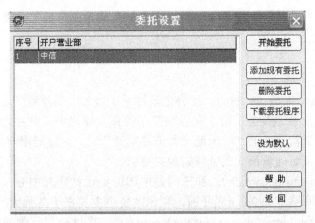

图 5-25　委托设置

单击【添加现有委托】按钮,弹出"添加委托"对话框,输入证券公司名称,通过浏览查找网络交易软件的安装目录,选择交易软件的启动文件(如中信证券网上交易系统的启动文件为"TdxW.exe")。

(3)设置好委托后,就可以实现网络交易了,选择【大智慧证券信息平台】→【委托】菜单,就可以启动网络交易软件,以后的具体操作可根据券商提供的《网络交易软件使用说明书》进行(中信证券网上交易系统的启动界面如图 5-26 所示)。

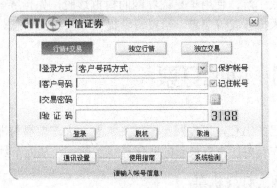

图 5-26　中信证券网上交易系统的启动界面

进入网上交易系统后选择业务方式,如"独立交易",然后输入自己在证券公司申请的客户号码、交易密码和验证码之后即可登录交易系统。

进入交易界面，用户可以买入、卖出、撤单股票，查询资金余额、证券余额、委托、成交状况、股票市值等，还可以修改交易密码、银证转账等。

> **注意**
>
> 当前默认的交易市场和股东代码显示在下方，如果用户需要可手工切换。
>
> 用户进入交易画面后，如果在 2 分钟内没有任何操作，系统会自动退出。
>
> 网上交易密码与客户柜台交易、电话委托交易密码联动，修改其一将引起其他密码变化，请注意牢记。
>
> 在进行网上交易时，一定要保证用户计算机无病毒，否则可能带来严重后果。

5.4.3 阅读材料

常见股票类网站

证券之星（www.stockstar.com）：证券之星网站于 1996 年开通，是中国最早为股民提供信息增值服务的金融证券类网站。在各项权威调查与评比中，证券之星多次获得第一，连续 4 年蝉联权威机构评选的"中国最优秀证券网站"榜首，注册用户将超过 1000 万，是国内注册用户最多、访问量最大的证券财经站点。

和讯（www.homeway.com.cn）：和讯网是中国证券设计研究中心（联办）下属和讯信息科技公司创办。网站于 1996 年底开通，和讯的特色主要在于其强大的咨询力量。

中国银河证券网（http://www.chinastock.com.cn）：提供全国范围的网上炒股、实时股票行情、财经新闻、股评、个股推荐、投资资讯，以及个性化社区服务。

国通牛网（www.newone.com.cn）：该站提供了评论研究、个股资料、投资学院等常规服务。如果您对网上炒股不熟悉的话，还可以到投资学院中的"模拟操盘"去实习一下。

广东证券中天网（www.stock2000.com.cn）：广东证券是广东省成立最早的专业证券公司之一。1998 年 11 月，经中国证监会批准，公司改制为"广东证券股份有限公司"，注册资本金增至 8 亿元人民币。

华夏证券网（http://www.csc108.com）：华夏证券网提供证券资讯和在线交易的服务，如果你对股票投资不太了解，使用华夏证券网的模拟炒股，先预练一下。华夏证券网还提供经纪人留言和经纪人推荐股等信息，给投资者提供专家级的信息。

5.5 项目四　网上订票

为了合理安排自己的出行，事先网上预订飞机票、火车票显得非常必要。通过网上订票业务，就再也不用在售票厅排着长长的队伍等候买票了，从而节约宝贵的时间。

5.5.1 任务一　网上订飞机票

本任务以携程旅行网为例，介绍如何网上订购飞机票。携程旅行网是一家专业的旅行服务网站，通过该网站提供的在线服务可以方便地预定想要的机票。

携程旅行网飞机票预订客户有两种形式：一是携程旅行网会员身份，二是非会员身份。会员身份适合需要经常预订机票的客户，可以将自己的信息保存在携程旅行网服务器上，方便多次预订机票。携程旅行网提供免费注册新用户的功能。

（1）打开 IE 浏览器，在地址栏输入"http://www.ctrip.com"并按回车键，打开携程旅行网主页。

（2）若要订购国际机票，可单击页面上方的"国际机票"链接，这里以订购国内机票为例，单击"国内机票"链接进入航班查询页面，如图 5-27 所示。

图 5-27　国内机票查询

（3）若要定购往返程机票应该选中"往返"单选按钮，输入出发城市及目的地城市并选择出发日期，然后选择乘客类型及人数后，根据需要选择要乘坐的机舱类型及航空公司，完成后单击【搜索】按钮，打开如图 5-28 所示的页面。

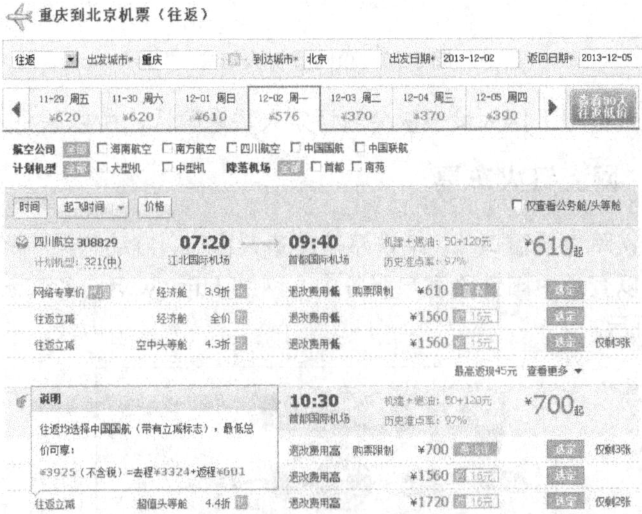

图 5-28　选择航班

（4）根据自己的实际行程，选择相应的班次后，如果旅客是携程网的会员，可以登录后预订，或者输入联系方式直接预订，这里以会员登录方式预订，如图 5-29 所示。

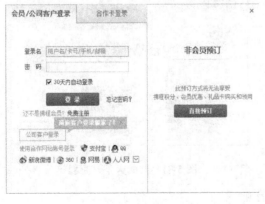

图 5-29　登录并预订

（5）根据实际情况，选择登机人数并输入登机人信息，如图 5-30 所示。然后单击页面下方的【下一步，核对】按钮进入核对页面。

（6）确认信息无误后，单击【提交订单】按钮，即可提交订单。

图 5-30　填写登机人信息

订单提交后，携程网工作人员很快会与订票人联系确认，所以联系方式一定要通畅。

5.5.2　任务二　网上订火车票

旅客可以通过铁路售票窗口（包括铁路车站售票窗口、自动售票机和铁路客票代售点）购买火车票，还可以登录中国铁路客户服务中心网站 http://www.12306.cn 注册后购票，购票流程如图 5-31 所示。

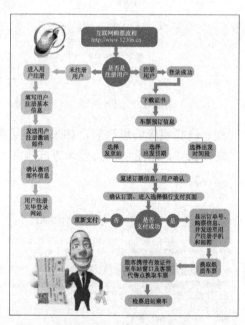

图 5-31　网购火车票流程

1．注册购票用户账号

（1）在浏览器中打开铁路客户服务中心官方网站（http://www.12306.cn），如图 5-32 所示。单击左侧中间的【网上购票用户注册】按钮,进入新用户注册页面,阅读网站服务条款并单击【同意】按钮,再进入用户信息的填写页面。

图 5-32　铁路客户服务中心官方网站

(2)填写注册信息。当打开新用户注册页面后,会看到如图 5-33 所示界面。此时按要求填写个人信息,尤其身份证等信息需要准确填写。

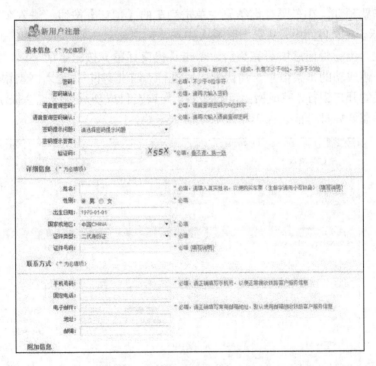

图 5-33　注册 12306 网站账号

(3)激活账号。提交注册信息成功后,系统会对刚才注册的邮箱发送一封邮件。然后进入自己的邮箱系统,单击邮件内容中的链接即可激活该账号。

2. 网上购票

(1)进行车票查询。在 12306 网站用注册的账号登录后单击"车票预订"链接进入车票查询界面，输入筛选条件查询余票规划行程，如图 5-34 所示。

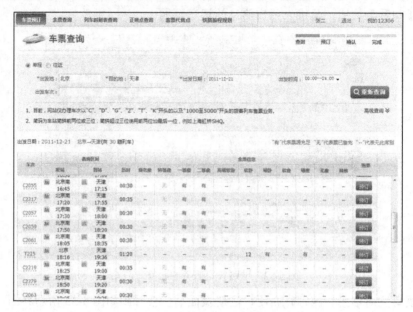

图 5-34　车票查询

（2）车票预订。在车票查询结果中单击列车的【预订】按钮，进入车票预订界面，如图 5-35 所示。在此界面中，从常用联系人中选择或直接录入乘车人信息，也可以改签席别、票种和张数。当身份信息填写完整后，单击【提交订单】按钮申请车票，进行订单确认。然后核对申请成功的车票信息，确认无误后进行"网上支付"，进入网上银行选择界面。选择自己网银的开户银行，完成网上支付手续。网银支付成功后系统也会提示网上购票成功。网购成功后需要凭身份证去火车站领取纸质火车票。

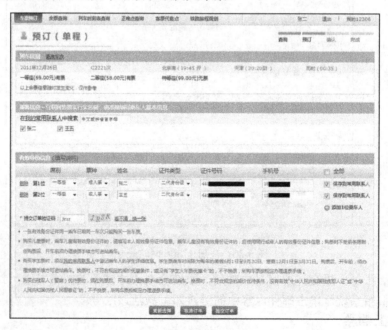

图 5-35　车票预订

5.6 项目五 网上移动营业厅

任务 网上移动营业厅

网上移动营业厅是通过 Internet 向用户提供固定电话或手机业务服务的一种新的业务受理方式，开通了网上业务受理、话费查询、故障申告、业务展示、业务快讯等功能，实现了客户服务中心窗口营业与网上受理的有机结合。中国移动通信网上营业厅网址为 http://www.10086.cn，中国联通网上营业厅网址为 http://www.chinaunicom.com.cn/ehall，中国电信网上营业厅网址为 http://www.ct10000.com。本任务以中国移动的网上移动营业厅为例。

1. 登录网上营业厅

用户可以登录移动网上营业厅，实现自助服务。例如，需要查询手机话费的余额或通话清单，就不必再去营业厅了。

（1）打开浏览器，在地址栏中输入"http://www.10086.cn"按回车键，该网站会根据用户所在省区的 IP 自动跳转到相应省公司的链接。以重庆市为例，它会自动跳转到 http://service.cq.10086.cn/app。

（2）单击页面右方的【登录】按钮，系统进入营业厅网页，在页面的右侧输入手机号码、服务密码和验证码，单击【登录】按钮，如图 5-36 所示。服务密码记录在该号码的储值卡上，如果不知道密码也可以在图 5-36 中先输入手机号码和验证码，然后单击"忘记密码"链接，稍后使用该号码的手机会收到一条含服务密码的短信。

图 5-36 网上营业厅登录

（3）登录成功后会显示手机用户的姓名，用户可以单击相应按钮进行查询和其他业务办理了，如图 5-37 所示。用户进入自助服务界面后，可以实现很多以往只能去营业厅才能办理的业务，如话费查询、详单查询、报停挂失、停开机、修改密码、基本功能设置、增值业务、免费服务定制等。

图 5-37 网上营业厅成功登录

2. 查询话费

查询服务提供了账单查询、详单查询、号码消费明细、缴费历史、梦网业务查询退订、付费计划查询、最新余额查询、手机归属地查询等功能，这里只介绍详单查询的方法，其他功能可以此类推。

（1）单击页面左上角的"导航列表"链接，进入业务相关的导航区域。然后选择用户需要查询的类型，如详单查询，单击"通话详单"链接即可，系统会提示输入随机密码，输入后单击【确定】按钮，如图5-38所示。

图 5-38 导航列表

（2）系统打开详单类型、查询时间和通话类型选择页面，选择明细话单，设置查询时间，注意不能跨月查询，只能查询某一个月的明细话单，设置好后单击【查询】按钮，如图5-39所示。

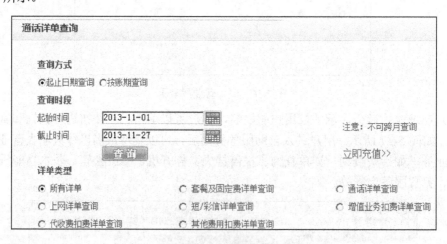

图 5-39 设置查询时间

（3）明细话单如图5-40所示，包括对方号码、通话时间、时长、通话类型、费用等。查询服务还提供其他功能，用户可根据自己的需要，对其他项目进行查询。

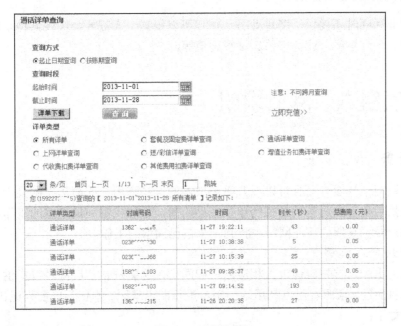

图 5-40 明细话单

3. 业务办理

业务办理包括取回密码、停开机、修改密码、基本功能设置、增值业务、免费服务定制等业务。使用方式大同小异，这里以修改服务密码和基本功能设置为例来说明业务办理的基本方法。

（1）修改服务密码。

① 找到如图 5-38 所示的导航列表区域，鼠标移到"密码、提醒、功能设置"会展开一系列菜单，找到"密码服务"中的"密码修改"并单击，打开"修改密码"界面，如图 5-41 所示。

② 输入原密码、新密码并确认新密码，单击【确定】按钮，密码修改成功，同时系统会发送短信通知客户修改后的密码，提醒客户牢记密码。

图 5-41 修改密码

（2）基本功能设置。

① 在新版的网站中，基本功能的设置已经分配到各个子菜单模块中去了，用户可以根据自己所需的业务选择相应的功能链接。如近期需要到外省去出差或旅游，为了节省通信费用，可开通神州行的"两城一家"业务。操作方法：找到如图 5-38 所示的导航列表区域，鼠标移到"市话、长途、漫游优惠"会展开一系列菜单，找到"长话漫游"中的"两城一家"并单击它，打开该业务的办理界面，如图 5-42 所示。

② 用户可以根据自己的需要，开通或取消相关的服务。

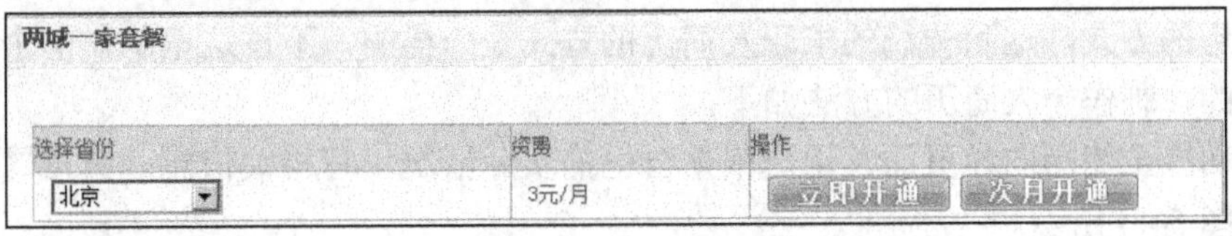

图 5-42 基本设置

网上营业厅同时还提供了多种业务,用户可以根据个人需要,实现其他功能的设置,如铃声下载、图片下载、业务申请、话费充值等。

5.7 项目六 网上求职

5.7.1 任务 网上求职

网上求职简单高效,而且可以以几乎无成本的方式将用户的简历发给几十家,甚至上百家企业,然后坐等求贤若渴的招聘单位主动约请,不愁找不到最满意的工作。通过以下的学习,用户即可掌握如何在网络中找到一个自己满意的工作。

1. 注册个人资料

要在网上求职,首先应该进入相应的求职网站,这些网站一般都是以提供人才信息给雇佣单位为目的的,求职者可以利用这个平台进行网上求职。本任务以前程无忧网站为例。具体的操作如下:

(1)打开浏览器,在地址栏中输入"http:// www.51job.com",按回车键或单击【转到】按钮即可打开前程无忧 51job 的首页。

(2)由于用户是第一次使用,首先需要单击"新会员注册"链接进行注册。

(3)切换至注册向导页面,用户按照提示输入个人信息,最后单击【注册】按钮,注册成功后,会打开简历向导,如图 5-43 所示。

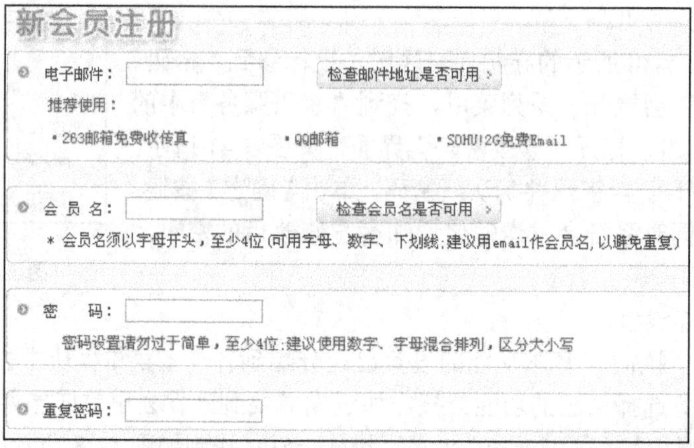

图 5-43 新会员注册

2. 制作个人简历

用户通过了注册后,需要按照模板制作自己的个人简历,网上求职的媒介主要还是通过个人简历的方式,这和传统的求职发简历的方式是一样的,不过这里制作的个人简历为电子版本的,制作个人简历的方法如下:

(1)切换至简历向导页面,用户根据自己的实际情况填写相关信息,单击【下一步】按钮,如图 5-44 所示。

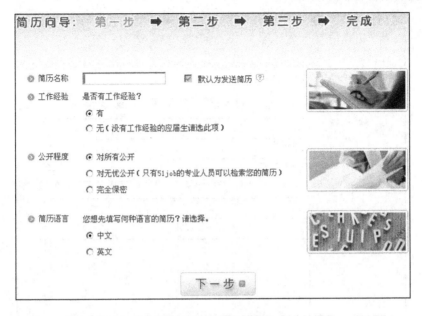

图 5-44　制作个人简历

（2）进入简历设置"第二步"页面，用户可根据自己的真实情况填写个人信息，如图 5-45 所示。

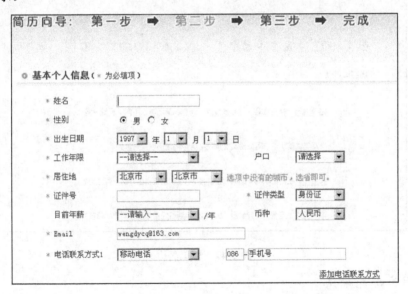

图 5-45　填写个人信息

（3）进入简历设置"第三步"页面，用户填写教育经历，最后单击【下一步】按钮，如图 5-46 所示。

（4）进入简历设置"完成"页面，用户可以预览自己刚才设置的简历，看看是否满意，若不满意，还可以单击"完善简历"链接，如图 5-47 所示。

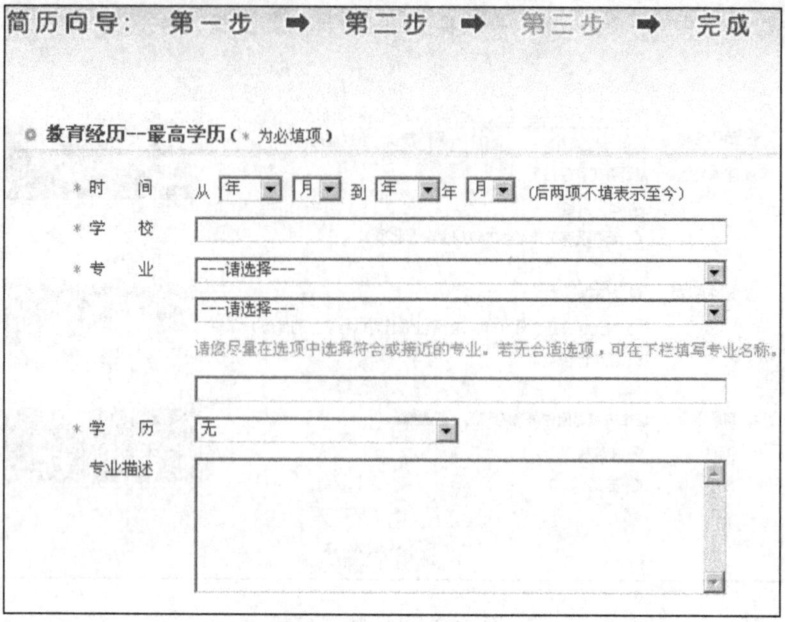

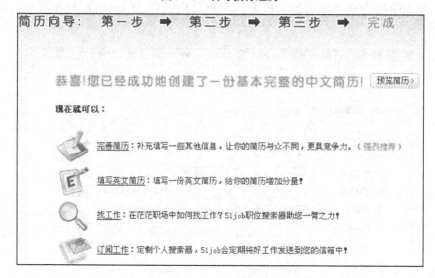

图 5-46　填写教育经历

图 5-47　预览简历

3．用户邮箱确认

用户在进行个人信息注册及简历填写后，该网站会将确认邮件发送至用户所填写的邮箱，以后还会将各种求职信息发送至该邮箱供用户参考。网站要求注册信息必须通过邮箱确认。用户进入自己的邮箱，收取来自前程无忧 51job 网的邮件，根据邮件中的提示信息单击邮件中的【单击完成注册】按钮激活该注册账户。

4．查找工作

用户填写好自己的个人简历后，就可以通过向招聘单位发送自己的简历，寻找自己所需求的工作了。网上提供的工作岗位数较多，用户需要通过搜索器查找适合自己的工作，具体操作方法如下：

(1)用户登录后,进入个人信息页面,单击页面上方的"职位搜索"链接进行所需工作的查找,如图 5-48 所示。

图 5-48　职位搜索

(2)进入职位搜索页面,设置好地点、职能、行业和发布日期信息后,单击【搜索】按钮,进行职位搜索。

(3)搜索完成后,系统会给出符合该条件的公司列表,如图 5-49 所示。

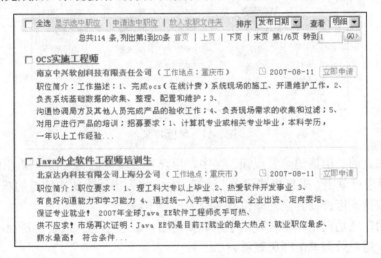

图 5-49　职位浏览

5. 申请工作岗位

用户使用职位搜索器搜索后,在搜索列表中可以对合适的职位发送求职申请,操作如下:

(1)通过搜索,浏览搜索结果列表,查找用户觉得合适的公司。

(2)单击该公司的链接可查看该公司的详细情况。

(3)在该页的职位要求明细区中,用户可以查看公司对该职位的要求,如果用户有意申请该职位,单击【立即申请该职位】按钮。

(4)在发送个人简历页面,用户对求职信及简历进行确认,如果招聘单位需要英文简历,用户在填写英文简历后,在发送简历语言中选中"英文"单选按钮。

（5）单击【发送简历】按钮后，系统提示简历发送成功，单击"关闭窗口"链接，用户即可等待招聘单位给出的通知。

6. 个人信息中心

用户的求职反馈信息一般情况下会通过个人信息中心（Message Center）通知到用户，使用 Message Center 的同时，用户还可以学到很多求职的经验。Message Center 的使用方法如下：

（1）在用户已经登录的情况下，单击页面上方的【My51job】链接，打开如图 5-50 所示的页面，单击"Message Center"链接。

图 5-50　个人信息中心

（2）进入个人信息中心，如图 5-51 所示。用户可在"公共消息"中查看到该网站对用户的个人简历给出的意见。单击【简历小提示】按钮，该网站会给用户提示如何制作一份好的个人简历。

图 5-51　简历名称

（3）在该页的"申请记录及反馈"区中，用户可查看自己的工作申请记录。

（4）如果用户单击"工作申请记录"链接，系统将列出用户所申请过的职位，单击【已申请人数】按钮，可查询到当前职位有多少人已经申请。

（5）当用户成功向招聘单位发送了求职简历后，反馈信息一般会发送至"人事经理来信"链接中，用户只需单击即可查看。

（6）弹出人事经理来信页面后，在人事经理来信列表中，用户单击邮件的主题，可查看详细内容。

用户在使用网络求职时，当招聘单位同意用户的求职申请后，一般会以邮件的形式将面试通知书发送给用户。

5.7.2　阅读材料

网上求职技巧

（1）常用求职网站如下：

中华英才网：http://www.chinahr.com。

前程无忧：http://www.51job.com。

智联招聘网：http://www.zhaopin.com。

中国人才热线：http://www.cjol.com。

（2）网上简历要有特色。写简历无疑是网上求职中的重要一步，写出出色的个人简历的一个原则是要有重点。不要忘记用人单位寻找的是适合某一特定职位的人。因此，如果简历的陈述没有工作和职位重点，或是把自己描写成一个适合于所有职位的求职者，则很可能无法胜出。

（3）要有针对性地发送简历。首先自己投送的简历要适合对方的招聘要求，否则将会在第一轮过滤条件时就会被刷下；其次要让人力资源经理认为自己有明确职业的定位。所以，在填写简历时要把自己最好最适合的一点加以突出表现，有针对性地发送简历。

（4）先行了解招聘单位的可信度。在投送简历前要先了解招聘单位的实际情况，一方面网上也存在着诸多陷阱，如虚假信息、垃圾信息等，这些都令涉世未深的大学生难以识别。另一方面，通过其他途径了解招聘企业的具体情况，有利于在填写简历时更有针对性。

（5）在填写自己的信息时要留下详细的电话号码（含区号），在简历中应注明详细的工作、学习、培训经历，在简历中应说明对应聘职务的理解，收到面试通知后电话商定面试方式和时间，面试时带好详细简历，严禁迟到。

5.8 小结

网络生活和网络商务是未来 Internet 应用的一个热点，通过本章的学习可以提高自己的网络商务水平。本章主要介绍了现在最流行的网络生活和网络商务项目，详细阐述了网上银行、网上购物、网上炒股、网上订票、网上移动营业厅和网络求职的功能和使用方法。由于目前网络商务功能发展迅速，网络商务的层次也日趋多样化，但其运用方法都很相似，读者可以参照本章介绍，进行相应的其他网络商务活动。

5.9 能力鉴定

本章主要为操作技能训练，能力鉴定以实作为主，对少数概念可以教师问学生答的方式检查掌握情况，并将鉴定结果填入表 5-2。

表 5-2 能力鉴定记录表

序 号	项 目		鉴定内容	能	不能	教师签名	备 注
1	项目一	网上银行	知道开通网上银行的流程				
			会使用网上银行功能				
2	项目二	网上购物	会开通第三方支付工具				
			知道网上购物的流程				
3	项目三	网上炒股	知道开通账户的流程				
			会使用网络炒股软件				

序 号	项 目	鉴 定 内 容	能	不能	教 师 签 名	备 注
4	项目四 网上订票	知道网上订飞机票的流程				
		知道网上订火车票的流程				
5	项目五 网上移动营业厅	会使用网上移动营业厅功能				
6	项目六 网上求职	会网上求职				

5.10 习题

一、选择题

1. 请通过 Internet 或现场了解，目前全球最大的银行中国工商银行的网上银行在安全保证方面有哪些措施（　　）（多选）。
   A．密码　　　　　　　　　B．口令卡
   C．U 盘证书　　　　　　　D．Internet 安全证书
2. 下列网站中不属于电子商务网站的是（　　）。
   A．阿里巴巴　　　　　　　B．新浪网
   C．淘宝网　　　　　　　　D．易趣
3. 下列网站中不属于招聘类网站的是（　　）。
   A．中华英才网　　　　　　B．中国人才热线
   C．卓越网　　　　　　　　D．前程无忧

二、思考题

1. 请简述网上银行数字证书的种类和功能？
2. 请简述开通网上银行的步骤？
3. 请简述网络购物的步骤？
4. 如果要开通网络炒股功能，需要做哪些前期工作？
5. 请简述网上订票的步骤？
6. 请简述如何利用网上营业厅查询自己的当月消费明细？
7. 请描述在前程无忧 51job 网上注册个人资料的方法？

第 6 章

个性网络生活

6.1 项目描述

6.1.1 能力目标

通过本章的学习与训练,学生能知道在繁忙的学习中学会放松自己,释放紧张学习带来的压力,能使自己的个人生活多姿多彩。学会注册博客的方法、制作和管理博客;学会网络论坛 BBS 的使用、论坛发帖和回帖操作;了解在线游戏、在线听广播、在线听音乐、在线看电视、在线阅读等工具的使用;学会制作网页、申请个人主页及站点发布、进行网络推广等方法。

6.1.2 教学建议

1. 教学计划(见表 6-1)

表 6-1 教学计划表

任 务		重点(难点)	实作要求	建议学时
博客	任务一 浏览博客博文		会浏览博客博文	2
	任务二 制作博客	重点	会制作自己的博客	
	任务三 制作微博	重点	会制作自己的微博	
BBS	任务一 百度贴吧		会使用百度贴吧	2
	任务二 百度知道		会使用百度知道	
网上娱乐	任务一 在线玩游戏		会在线玩游戏	2
	任务二 在线听广播		会在线听广播	
	任务三 在线听音乐		会在线听音乐	
	任务四 在线看电视		会在线看电视	
	任务五 在线阅读		会在线阅读	
网页制作	任务一 利用 Dreamweaver 制作网页	重点	会制作简单的个人主页	6
	任务二 个人主页申请与站点发布		会申请空间和发布主页	
	任务三 网络推广		会网络推广	
合计学时				12

2. 教学资源准备

(1) 软件资源：Dreamweaver 程序。

(2) 硬件资源：安装 Windows XP 操作系统的计算机；每台计算机配备一套带麦克风的耳机。

6.1.3 应用背景

小张是某公司的业务骨干，平日工作繁忙。在工作之余喜欢在网上放松精神上的压力；同时小张也非常关心国家大事，经常写一些时事评论与大家共享。因此，经常在网上冲浪的他面对千姿百态、丰富多彩的主页，也会产生一种冲动——要是能拥有一个个人的空间和个人主页就好了。他该怎样能做到这些呢？

6.2 项目一 博客、微博

6.2.1 预备知识

1. 博客

博客的英文名字是 Blog 或 Web Log，作为一个典型的网络新生事物，该词来源于 Web Log（网络日志）的缩写，专指一种特别的网络个人出版平台，出版内容按照时间顺序排列且不断更新。

Blog 的全名是 Web Log，中文意思是网络日志，后来缩写为 Blog，而博客（Blogger）就是写 Blog 的人。简单地说，博客是一类人选择的一种生活方式，这类人习惯于在网上写日记。Blog 是继 E-mail、BBS、IM 之后出现的第 4 种网络交流方式，可以说是网络时代的个人读者文摘，它主要以超级链接的形式发布网络日记，代表着一种新的生活方式和新的工作方式，更代表着一种新的学习方式。具体来说，博客这个概念解释为使用特定的工具，在网络上出版、发表和张贴个人文章的人。

2. 微博

微博，即微博客（MicroBlog）的简称，是一个基于用户关系的信息分享、传播及获取平台，用户可以通过 WEB、WAP 及各种客户端组建个人社区，以 140 字左右的文字更新信息，并实现即时分享。最早也是最著名的微博是美国的 twitter，2009 年 8 月份中国最大的门户网站新浪网推出"新浪微博"内测版，成为门户网站中第一家提供微博服务的网站，微博正式进入中文上网主流人群的视野。

3. 博客和微博的区别

如果把博客比喻成一本成体系的书，那么微博就像一个便利条，前者大而广，后者小而精。两者的区别主要体现在以下几个方面：

(1) 字数：博客对字数没有限制，微博必须在 140 字以内。

(2) 发布：相对博客来说，微博的发布和更新方式更加多样性，可以通过手机发短信、手机网络更新，也可以通过计算机网络更新且更加灵活方便。

(3) 浏览：浏览别人的博客必须去对方的首页，而微博在自己的首页上就能很方便地浏览别人的微博。

（4）传播速度：博客要靠网站推荐带来流量，而微博通过粉丝转发来增加阅读数。

6.2.2 任务一 浏览博客博文

个人博客服务一般是由各大型网站提供的，在这些网站中会有对应的博客板块，所以用户浏览博客站点中的个人博客，首先需要通过网站作为入口进行访问，本节将以如何使用新浪博客为例进行相关介绍。

1. 进入博客站点

（1）打开浏览器，在地址栏中输入网站地址"http://www.sina.com.cn"，再按回车键，即可进入新浪首页，如图6-1所示。

图6-1 新浪首页

（2）在新浪首页单击"博客"链接，即可链接进入新浪博客首页，在该网页中用户可浏览到由各博客更新的最新消息，如图6-2所示。

图6-2 新浪博客首页

2. 浏览个人博客

（1）对于用户感兴趣的博客或博文，可以直接单击文字或图片链接进行浏览。

（2）可以在文本框 中输入用户特别感兴趣的博客或博文的关键词进行搜索浏览。

（3）可以单击"博客总排行"或"博文排行"链接，打开对应链接选择感兴趣的热门博客博文进行浏览。

（4）在评论列表中查看其他网友给出的评论。

用户浏览网友评论的同时，还可以发表自己的评论，但是用户首先需要注册个人信息并登录个人账户。

3．用户注册

（1）单击该页面中的【注册】按钮。

（2）用户按提示输入个人信息，如图 6-3 所示。最后单击【注册】按钮。

（3）系统提示"感谢您的注册，请立即验证邮箱地址"，验证邮箱成功后即注册成功。

4．登录个人账户

图 6-3 注册个人信息

关闭注册窗口，在登录页面中输入用户的账号和密码，单击【登录】按钮。

5．评论博客

用户在浏览别人评论的同时，还可以在页末的评论区中输入自己的评论，操作如下：

（1）转至页末的评论区，用户可以在此发表自己的评论，最后单击【发评论】按钮。

（2）评论成功后，评论区末尾就能浏览到用户的评论。

6.2.3 任务二 制作博客

用户浏览别人的博客后，也可以使用非常简单的方法制作出自己的博客，接下来本节将以新浪的博客为例，介绍如何制作一个精美的个人博客。

1．申请博客空间

方法同以所述的用户注册。

> **注 意**
>
> 用户需要记住自己的注册信息。

2．进入个人博客管理平台

登录进入个人博客，用户单击页面右上角中各栏目链接按钮，如图 6-4 所示，可对自己的博客进行各种管理操作。

图 6-4 管理博客

（1）发博文。

单击【发博文】按钮，或者单击其旁边的下三角选择相应的方式，即可发博文。用户可根据自己的需要编辑文字、图片、视频等格式。也可以单击页面右侧的常用功能栏，如图 6-5 所示，插入用户所需要的功能。

图 6-5 常用功能栏

在页面下方进行分类、标签、设置等操作后,可以单击【预览博文】按钮浏览效果,也可以单击【保存到草稿箱】按钮,保存便于下次继续编辑。如果需要博文和用户的新浪微博相关联更新,可以单击 按钮。最后单击【发博文】按钮即可,如图6-6所示。

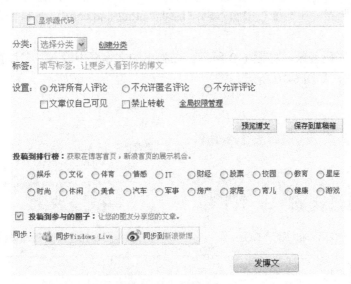

图6-6　发博文

(2)页面设置。

单击【页面设置】按钮,可以对页面风格、版式等进行设置,如图6-7所示。

图6-7　博客页面设置

(3)个人信息设置。

单击【个人中心】按钮,可以对博客个人信息进行设置,如图6-8所示。

(4)制作应用。

单击【制作应用】按钮,可以把博客和手机关联起来,设置自己的手机博客。

6.2.4　任务三　制作微博

用户制作微博的方法和制作博客基本相同。本节以腾讯QQ微博为例,简要介绍如何制作一个精美的个人微博。

图6-8　个人中心设置

1. 申请微博空间

用户要有自己的微博，首先需要在网络中申请一块自己的微博空间。申请个人微博的方法很简单，具体操作方法如下：

（1）打开浏览器，在地址栏中输入网站地址"http://t.qq.com"，再按回车键，即可进入腾讯微博首页。

（2）用 QQ 号码登录，如图 6-9 所示。在弹出的文本框中输入姓名和微博账号，单击【立即开通】按钮，如图 6-10 所示。

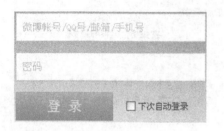
图 6-9　登录 QQ

图 6-10　申请开通微博

> **注意**
>
> 用户需要记住自己的注册信息，尤其是微博账号。

（3）依次完成找到朋友、为你推荐、同步设置、完成验证等 4 个步骤，选择感兴趣的微博作为听众收听，也可以都不选，依次单击【下一步】按钮即可完成微博申请验证。申请成功后可以快速找到微博里的 QQ 好友，还可以将 QQ 签名和 QQ 空间说说同步发表到微博，并且 QQ 号不会泄漏出去。当然也可以和手机号码绑定使用。

2. 发微博

只要腾讯微博申请成功登录 QQ 后，在 QQ 界面就可以看到腾讯微博图标，单击图标打开腾讯微博首页。也可以直接打开浏览器，在地址栏中输入地址"http://t.qq.com/"微博账号，再按回车键打开腾讯微博。

页面左上角的文本框里，输入用户想发表的相关内容，再单击【广播】按钮即可，如图 6-11 所示。

图 6-11　发腾讯微博

微博的使用方法和博客类似，只是需要特别注意字数通常控制在 140 个字以内。

6.3 项目二 BBS

6.3.1 预备知识

BBS 的英文全称是 Bulletin Board System，翻译为中文就是"电子公告系统"或"电子公告栏"，即 Internet 上的各种论坛。

上网寻找资料，或者收发 E-mail，或者和好久不见的同学朋友用 QQ 聊天是很正常的事情，但是还有一样东西你不得不去了解，这就是 BBS。BBS 是一种电子信息服务系统，相当于我们生活中的公告栏，每个用户都可以在上面书写，可以发布信息或提出看法，或者寻找自己想要的资料。

在 BBS 里，你可以得到很多知识，例如，可以了解大学生目前最感兴趣的话题，可以和志同道合的朋友或者陌生人相互交流，想最快知道最新新闻实况并发表自己的看法观点、想看看最近出了什么新电影等。BBS 具有自由风气和众多同学朋友无私的帮助，烦恼开心都可以与他人分享，甚至计算机出了点小问题需要帮助，都会有热心人来解答。

虽然互联网是个自由的虚拟空间，但是用户在 BBS 上"发帖"、"回帖"也应当遵守相关的论坛规则和法律规定。尤其需要注意以下几点：

（1）用户的言行不得违反《计算机信息网络国际联网安全保护管理办法》、《互联网信息服务管理办法》、《互联网电子公告服务管理规定》、《维护互联网安全的决定》等相关法律规定。

（2）不得发布任何违反国家法律法规的言论，不得发表任何包含种族、性别、宗教歧视性的内容，不得发表猥亵性的文章，对任何人都不能进行侮辱、谩骂及人身攻击，必须严格遵守网络礼仪规定。

（3）用户发表文章时，除遵守相关法律法规外，还需遵守论坛的相关规定，遵守论坛规定的用户在论坛中拥有言论自由的权利。

（4）用户应承担一切因其个人的行为而直接或间接导致的民事或刑事法律责任。

6.3.2 任务一 百度贴吧

百度贴吧是百度旗下的独立品牌、全球最大的中文社区，其基于搜索引擎和开放关键词的形态已变成一种通用的互联网产品模式，让志同道合的人相聚在贴吧。贴吧是以兴趣主题聚合志同道合者的互动平台，贴吧的组建依靠搜索引擎关键词，不论是大众话题还是小众话题，都能精准地聚集大批网友，展示自我风采，结交知音。贴吧目录涵盖社会、生活、明星、娱乐、体育等方方面面，是全球最大的中文交流平台，它为用户提供一个表达和交流思想的自由网络空间，并以此汇集志同道合的网友。

1. 进入百度贴吧

打开浏览器，在地址栏中输入网站地址"http://tieba.baidu.com"，再按回车键，即可进入百度贴吧首页，如图 6-12 所示。

图 6-12　百度贴吧首页

2．用户注册

（1）单击百度贴吧页面中的"注册"链接。

（2）用户按提示输入个人信息，如图 6-13 所示。最后单击【注册】按钮。

（3）系统会提示验证邮箱，成功后即注册成功。

（4）单击页面中如图 6-14 所示的"马上激活我的 i 贴吧>>"链接，输入自己的用户名。之后即可以创建贴吧。

图 6-13　注册个人信息 1　　　图 6-14　注册个人信息 2

3．浏览贴吧

浏览贴吧的方法很多，以下简要介绍两种方法：

（1）在百度贴吧首页如图 6-12 所示，左上角显示有导航栏分类，单击这里可以选择进入各对应栏目进行浏览。

（2）在百度贴吧首页左上角，有如图 6-15 所示的搜索文本框。可以搜索进入用户感兴趣的贴吧版块。

图 6-15　搜索贴吧

4. 创建自己的贴吧

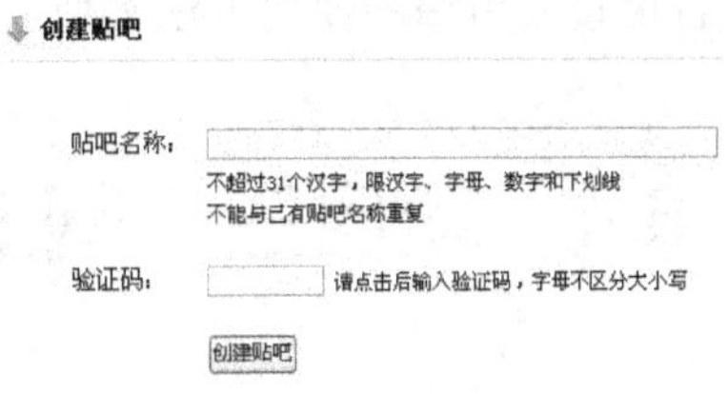

单击百度贴吧首页右上角的"立即创建贴吧>>",弹出如图 6-16 所示"创建贴吧"界面,输入用户需要创建的贴吧信息。单击【创建贴吧】按钮后,系统会提示"已经提交系统审核,审核通过后即可创建成功"。

5. 个人信息设置

单击页面顶端右侧的 个人中心▼ | 消息▼ | 贴吧手机客户端 可以设置并浏览个人信息。

图 6-16 创建贴吧

6.3.3 任务二 百度知道

"百度知道"是一个基于搜索的互动式知识问答分享平台,是用户根据需要针对性地提出问题,通过积分奖励机制发动其他用户来解决该问题的搜索模式。同时,这些问题的答案又会进一步作为搜索结果,提供给其他有类似疑问的用户,达到分享知识的目的。

1. 进入百度知道

打开浏览器,在地址栏中输入网站地址"http://zhidao.baidu.com",再按回车键,即可进入百度知道首页,如图 6-17 所示。

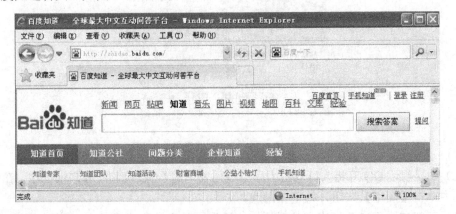

图 6-17 百度知道首页

2. 用户提问

单击首页顶端右侧的"我要提问"链接,弹出如图 6-18 所示页面。

图 6-18 用户提问

3. 搜索答案

在首页的文本框中输入用户想要搜索答案的关键字,单击【搜索答案】按钮即可,同百度搜索引擎的使用方法类似。

6.4 项目三 网上娱乐

6.4.1 任务一 在线玩游戏

在线游戏种类繁多，包括 Flash 小游戏、网页游戏、大型客户端游戏、游戏对战平台等，满足了很多人娱乐的需求。例如，腾讯 QQ 提供了许多免费的在线游戏，如竞技类、牌类、棋类等众多游戏老少皆宜。

要在线玩 QQ 游戏，可按下面的步骤进行：

（1）下载并安装 QQ 软件（http://games.qq.com 或者在 QQ 界面单击 图标）后，双击桌面上的"QQ 游戏"快捷图标或者单击 QQ 界面上的 图标，弹出"QQ 游戏登录"窗口，输入 QQ 号码及密码，单击【登录】按钮即可进入游戏界面，如图 6-19 所示。

图 6-19 QQ 游戏登录

（2）如果想玩 QQ 麻将，可双击大厅左边列表中的"QQ 麻将"客户端程序，在弹出的提示框中单击【确定】按钮开始下载游戏。

（3）下载完毕后自动弹出安装对话框，根据提示安装完成后，在左边列表中双击一个房间，进入房间后找个空位子，等待人坐满并都同意开始游戏时，即可开始玩麻将了。

84．对于其他类型的游戏（如连连看、QQ 龙珠、桌球等），首次使用时都需要先下载安装客户端程序，安装完成后即可按照上面介绍的步骤来玩游戏。

6.4.2 任务二 在线听广播

利用互联网听在线广播或英语节目，可以利用专门的应用软件来收听，或是访问相应的网站在线收听，具体可参照下面的方法。

1．利用客户端软件收听在线广播

龙卷风收音机就是一款优秀的网络收音机软件，它内置了许多在线电台，具体收听步骤如下：

（1）下载安装龙卷风收音机软件，可以通过百度搜索下载。

（2）安装龙卷风收音机后，双击桌面上的"龙卷风收音机"快捷图标，运行龙卷风收音机，如图 6-20 所示。

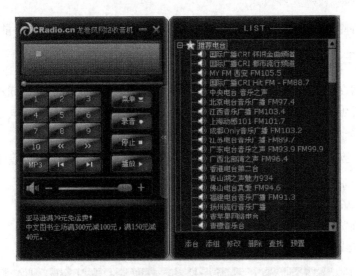

图 6-20 龙卷风收音机

（3）在右边的列表中，对电台进行了详细的分类。用户可根据需要，单击要收听的电台即可立即收听电台节目。

2．登录 Web 站点收听在线广播

在线收听广播节目的具体实现步骤如下：

（1）打开浏览器，在地址栏中输入网站地址"http://www.fifm.cn"，再按回车键，即可进入广播电台在线收听首页，如图 6-21 所示。

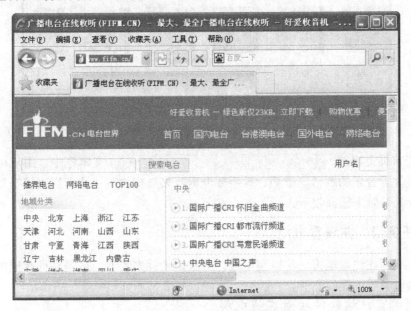

图 6-21 广播电台在线收听首页

（2）在广播电台在线收听首页里，可在左边根据不同的地域、流派分类选择不同电台收听；也可以直接在页面左上角 文本框中输入用户想要收听的电台名称；还可以直接选择喜欢的电台收听，只需单击电台名称前面的 图标即可。

（3）首页右侧，▶播放 ■停止 ◀ ━━━ 音量 按钮可以控制播放、停止及音量大小。

6.4.3 任务三 在线听音乐

利用互联网在线听音乐，可以利用专门的应用软件来收听，或是访问相应的网站在线收听，在线听音乐的软件和网站很多，方法和在线听广播相类似。在这里作简要介绍。

1. 利用客户端软件收听在线音乐

下载安装酷狗音乐软件，或者直接在 QQ 界面单击 🎵 图标下载 QQ 音乐软件，都可以实现在线收听音乐。

2. 登录 Web 站点收听在线音乐

（1）打开浏览器，在地址栏中输入网站地址"http://music.baidu.com"，再按回车键，即可进入百度在线听音乐首页，如图 6-22 所示。

图 6-22 百度音乐首页

（2）在首页上端的 [请输入歌名、歌词、歌手或专辑] [百度一下] 文本框中，用户可以直接输入自己想要收听音乐的歌名、歌词、歌手或专辑，来选择收听；也可以直接在首页中，根据不同的分类导航来选择收听。

6.4.4 任务四 在线看电视

利用互联网在线看电视，可以利用专门的应用软件来收看，或是访问相应的网站在线收看，具体可参照下面的方法。

1. 利用客户端软件收看在线电视

PPS（PPStream）是全球第一家集 P2P 直播、点播于一身的网络电视软件，能够在线收看电影、电视剧、体育直播、游戏竞技、动漫、综艺、新闻、财经资讯等。PPS 网络电视完全免费，无需注册，下载即可使用。具体收看步骤如下：

（1）下载安装 PPS 软件，可以通过百度搜索下载。

（2）安装 PPS 后，双击桌面上的 PPS 快捷图标，运行 PPS，如图 6-23 所示。

图 6-23 运行 PPS

（3）在左边的列表中，对在线频道进行了详细的分类。用户可根据需要，单击要收看的栏目频道。单击【电视频道】链接，弹出如图 6-24 所示的"电视频道"菜单，单击想要收看的电视频道。

（4）弹出 ▶播放 ♥收藏 ● 后，可直接单击【播放】按钮即可收看。

2. 登录 Web 站点收看在线电视

在线收看电视节目的具体实现步骤如下：

（1）打开浏览器，在地址栏中输入网站地址"http://tv.cntv.cn"，再按回车键，即可进入中国网络电视台首页，如图 6-25 所示。

图 6-24 "电视频道"菜单

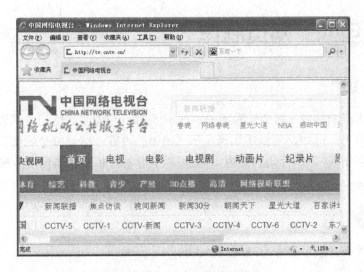

图 6-25 中国网络电视台首页

（2）在首页中，可以直接单击想要收看的电视栏目或频道，例如，想要在线收看中央1台，只需单击 CCTV-1 链接即可；也可以在首页上端的 新闻联播 Q搜索 文本框中输入想要收看的电视栏目，进行搜索后收看。

6.4.5 任务五 在线阅读

在线阅读分为免费与付费两种，免费阅读具有不用付费的优势，因此，在服务上略显不足，而付费阅读所提供的服务则很全面到位。

互联网上提供免费阅读的网站非常多，这里以榕树下网站为例，介绍如何在线免费阅读。

（1）打开浏览器，在地址栏输入网站地址"http://www.rongshuxia.com/"，并按回车键，进入榕树下首页，如图 6-26 所示。

图 6-26 榕树下首页

（2）在首页里，用户可以直接单击想要阅读的文章链接；也可以根据 或者 等导航分类进行选择阅读；还可以在首页上端的 文本框中输入想要阅读的文章的关键字，进行搜索后阅读。

6.5 项目四 网页制作

6.5.1 预备知识

网页由众多元素构成，每个元素用 HTML 代码和标记定义。标记是网页文档中的一些有特定意义的符号，这些符号指明如何显示文档中的内容。标记总是放在三角括号中，大多数标记都成对出现，表示开始和结束。标记可以具有各种相应的属性即各种参数，如 Text、Size、Font、size、Color、Width 和 Noshade 等。

> **提示**
>
> 网页文件的扩展名通常为.htm 或.html。

6.5.2 任务一 利用 Dreamweaver 制作网页

1．定义站点

Web 站点是一组具有相关主题、类似设计、链接文档和资源的集合。Adobe

Dreamweaver CS4 是一个站点的创建和管理工具,使用它不仅可以创建单独的文档,还可以创建完整的 Web 站点。为了达到最佳效果,在创建任何 Web 站点页面之前,应先对站点的结构进行设计和规划,决定要创建多少页,每页上显示什么内容,页面布局的外观和页是如何互相连接起来的。

(1) 启动 Adobe Dreamweaver CS4。

(2) 选择【站点】→【管理站点】命令,出现"管理站点"对话框。

(3) 在"管理站点"对话框中,单击【新建】按钮,然后从弹出式菜单中选择"站点"命令。出现"站点定义"对话框,如图 6-27 所示。

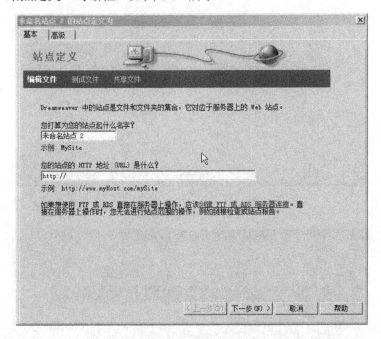

图 6-27 站点定义

(4) 如果对话框显示的是"高级"选项卡,则选择"基本"选项卡。出现"站点定义向导"的第一个界面,要求为站点输入一个名称。

(5) 在文本框中,输入一个名称以在 Adobe Dreamweaver CS4 中标识该站点。该名称可以是任何所需的名称。

(6) 单击【下一步】按钮。出现向导的下一个界面,询问是否要使用服务器技术。

(7) 选择"否"选项,指示目前该站点是一个静态站点,没有动态页,如图 6-28 所示。

(8) 单击【下一步】按钮。出现向导的下一个界面,询问要如何使用文件。

(9) 选择标有"编辑我的计算机上的本地副本,完成后再上传到服务器(推荐)"选项。在站点开发过程中有多种处理文件的方式,初学网页制作的用户请选择此选项。

(10) 单击该文本框旁边的文件夹图标。随即会出现"选择站点的本地根文件夹"对话框。

(11) 单击【下一步】按钮,出现向导的下一个界面,询问如何连接到远程服务器。从弹出式菜单中选择"无",可以稍后设置有关远程站点的信息。目前,本地站点信息对于开始创建网页已经足够了。单击【下一步】按钮,该向导的下一个屏幕将出现,其中显示设置概要，如图 6-29 所示。

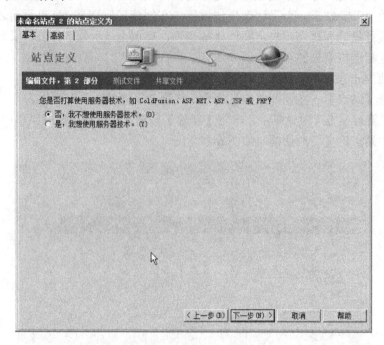

图 6-28　站点定义—编辑文件

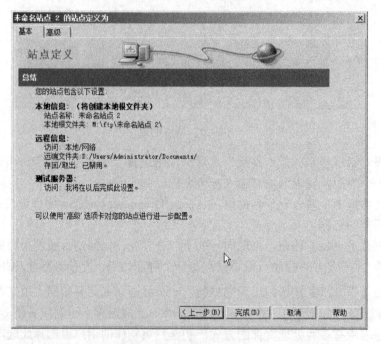

图 6-29　站点定义—总结

（12）单击【完成】按钮完成设置。随即出现"管理站点"对话框，显示新站点。单击【完成】按钮关闭"管理站点"对话框。

现在，已经为站点定义了一个本地根文件夹。下一步，就可以编辑自己的网页了。

2. 页面制作基础

现在，以下边的简单网页为例，叙述一下制作过程。简单网页如图 6-30 所示。

图 6-30　简单网页

在开始制作之前，先对这个页面进行一下分析。看看这个页面用到了哪些东西：网页顶端的标题"我的主页"是一段文字；网页中间是一幅图片；最下端的欢迎词是一段文字；网页背景是深紫红颜色。

则简单网页的制作过程如下：

（1）启动 Adobe Dreamweaver CS4，确保已经用站点管理器建立好了一个网站（根目录）。为了制作方便，请事先打开资源管理器，把要使用的图片收集到网站目录 images 文件夹内。

（2）插入标题文字。

进入页面编辑设计视图状态。在一般情况下，编辑器默认左对齐，光标在左上角闪烁，光标位置就是插入点的位置。如果要想让文字居中插入，单击属性面板居中按钮即可。启动中文输入法输入"我的主页"四个字。字小不要紧，我们可以对它进行设置。

（3）设置文字的格式。

选中文字，在属性面板中将字体格式设置成默认字体，大小可任意更改字号。并单击【B】按钮将字体变粗。

（4）设置文字的颜色。

首先选中文字，在属性面板中，单击颜色选择图标，在弹出的颜色选择器中用滴管选取颜色即可，如图 6-31 所示。

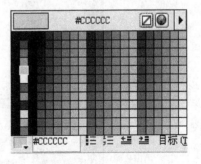

图 6-31　颜色选择器

(5) 设置网页的标题和背景颜色。

选择"修改"菜单的"页面属性"命令。系统弹出"页面属性"对话框，如图 6-32 所示。在左边"分类"中选择"标题"选项，在右边的标题输入框中输入标题"我的主页"。

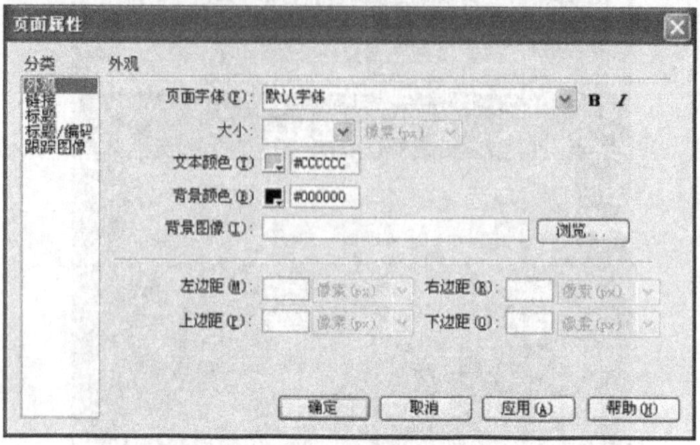

图 6-32 "页面属性"对话框

设置背景颜色：网页背景可以是图片，也可以是颜色。此例是颜色。如图 6-32 所示单击背景颜色 ■ 按钮打开背景颜色选择器进行选取。如果背景要设为图片，单击背景图像"浏览"按钮，系统弹出图片选择对话框，选中背景图片文件，单击【确定】按钮。

设计视图状态，在标题"我的主页"右边空白处单击鼠标，回车换一行，按照以下的步骤插入一幅图片，并使这张图片居中。也可以通过属性面板中的左对齐按钮让其居左安放。

(6) 插入图像。

可以选择以下任意一种方法：

① 使用插入菜单：在"插入"菜单选择"图像"命令，弹出"选择图像源文件"对话框，选中该图像文件，单击【确定】按钮，如图 6-33 所示。

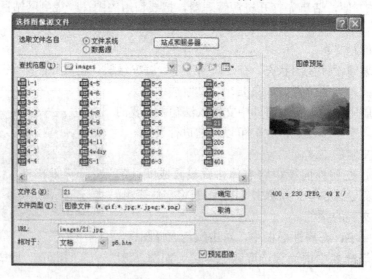

图 6-33 选择图像源文件

② 使用插入栏，如图 6-34 所示。单击插入栏对象 按钮，弹出"选择图像源文件"对话框，其余操作同上。

图 6-34　插入栏

③ 使用面板组"资源"面板，如图 6-35 所示。单击 按钮，展开根目录的图片文件夹，选定该文件，用鼠标拖动至工作区合适位置。

图 6-35　"资源"面板

> **注　意**
>
> 　　为了管理方便，把图片放在了 images 文件夹内。如果图片少，也可以放在站点根目录下。注意文件名要用英文或用拼音文字命名而且使用小写，不能用中文，否则要出现一些麻烦。

一个图片就插入完毕了（插入*.swf 动画文件，选择【插入】→【媒体】→【Flash 命令】）。

（7）输入欢迎文字。

在图片右边空白处单击，回车换行。仍然按照上述方法，输入文字"欢迎您……"，然后利用属性面板对文字进行设置。

（8）保存页面。

一个简单的页面就这样编辑完毕了。

（9）预览网页。

在页面编辑器中按【F12】键预览网页效果。网站中的第一页，也就是首页，通常在存盘时取名为"index.htm"。

3. 超级链接的使用

作为网站肯定有很多的页面，如果页面之间彼此是独立的，那么网页就好比是孤岛，这样的网站是无法运行的。为了建立起网页之间的联系，我们必须使用超级链接。称"超级链接"，是因为它什么都能链接，如网页、下载文件、网站地址、邮件地址等。下边我们就来讨论怎样在网页中创建超级链接。

（1）页面之间的超级连接。

在网页中，单击某些图片、有下划线或有明示链接的文字就会跳转到相应的网页中去。

① 在网页中选中要做超级链接的文字或者图片。

② 在属性面板中单击黄色文件夹图标，在弹出的对话框里选中相应的网页文件就完成了。做好超级链接后属性面板出现链接文件显示，如图6-36所示。

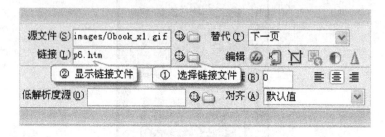

图 6-36　属性面板

③ 按【F12】键预览网页。在浏览器里光标移到超级链接的地方就会变成手型。

> **提示**
>
> 你也可以手工在链接输入框中输入地址。给图片加上超级链接的方法和文字完全相同。

如果超级链接指向的不是一个网页文件，而是其他文件如 zip、exe 文件等，单击链接的时候就会下载文件。

超级链接也可以直接指向地址而不是一个文件，那么单击链接直接跳转到相应的地址。例如，在链接框里输入"http://www.oldkids.com.cn/"那么单击链接就可以跳转到老小孩网站了。

（2）邮件地址的超级链接。

在网页制作中，还经常看到这样的一些超级链接，单击以后，会弹出邮件发送程序，联系人的地址也已经填写好了。这也是一种超级链接，其制作方法：在编辑状态下，先选定要链接的图片或文字（如"欢迎您来信赐教！"），在插入栏单击电子邮件图标或选择"插入"菜单的"电子邮件链接"命令，弹出如下对话框，填入 E-Mail 地址即可，如图6-37所示。

图 6-37　电子邮件链接

提　示

还可以选中图片或者文字，直接在属性面板链接框中填写"mailto：邮件地址"，如图 6-38 所示。

图 6-38　属性面板邮件链接图示

创建完成后，保存页面，按【F12】键预览网页效果。

（3）图片上的超级链接。

注　意

这里所说的图片上的超级链接是指在一张图片上实现多个局部区域指向不同的网页链接。如一张人物图片，如图 6-39 所示，对每个人物用热区工具进行选取，然后添加链接到事先制作好的每个人物介绍的网页，单击不同的人就可以跳转到不同人物介绍的网页。

图 6-39　人物图

图片上的超级链接制作方法如下。

（1）首先插入图片。单击图片，用展开的属性面板上的绘图工具在画面上绘制热区，如图 6-40 所示。

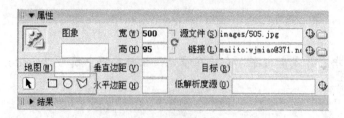

图 6-40　属性面板—绘制热区

（2）属性面板改换为热点面板如图 6-41 所示。

链接输入框：填入相应的链接；"替代"框输入提示文字说明；"目标"框不作选择，则默认在新浏览器窗口打开。

图 6-41　属性面板热点

（3）保存页面，按【F12】键预览，用鼠标在设置的热区检验效果。

> **提　示**
>
> 　　对于复杂的热区图形我们可以直接选择多边形工具来进行描画。替代框填写了说明文字以后，光标移上热区就会显示出相应的说明文字。

4. 表格设计与使用

表格是现代网页制作的一个重要组成部分。表格之所以重要是因为表格可以实现网页的精确排版和定位。在开始制作表格之前，首先对表格各部分的名称做一个介绍，如图 6-42 所示。

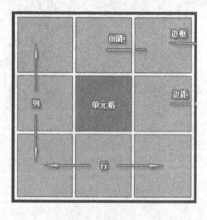

图 6-42　表格介绍

一张表格横向称为行，纵向称为列。行列交叉部分就称为单元格。

单元格中的内容和边框之间的距离称为边距。单元格和单元格之间的距离称为间距。

整张表格的边缘称为边框。

下面是使用表格制作的一个页面的实例，如图 6-43 所示。

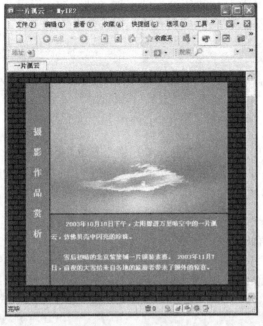

图 6-43　效果图

这幅页面的排版格式，如果用以前的对齐方式是无法实现的。因此，需要用表格来做。实际上是用两行两列的表格来制作的。

（1）在插入栏中单击 按钮或选择【插入】→【表格】命令。系统弹出"表格"对话框，如图 6-44 所示。

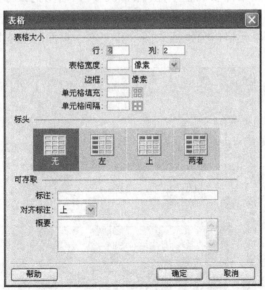

图 6-44　表格设置

（2）在编辑视图界面中生成一个表格。表格右、下及右下角的黑色点是调整表格的高和宽的调整柄。当光标移到点上就可以分别调整表格的高和宽。移到表格的边框线上也可以调整，如图 6-45 所示。

（3）在表格的第一格按住左键不放，向下拖曳选中第二格单元格，如图 6-46 所示。

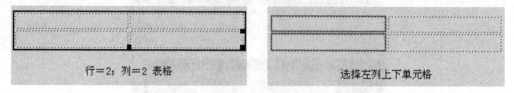

图 6-45　表格调整　　　　　　　　　图 6-46　调整图示

然后在展开的属性面板中单击"合并单元格"按钮（见图 6-47）。将表格的单元格合并。如果要分割单元格，则可以用"合并单元格"按钮右边的按钮，如图 6-47 所示。

合并结果如图 6-48 所示。

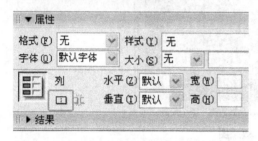

图 6-47　属性面板　　　　　　　　　图 6-48　合并结果

（4）用鼠标拖曳表格边框的方法，将其调整到适当的大小。

（5）单击左边的单元格，然后输入"摄影作品赏析"文字，并调整大小，因是竖排应每个字按回车键一次。如果需要调整单元格的大小，只需要把鼠标的光标移动到边框上进行拖曳即可。

（6）在右边上、下单元格内分别插入图片和文本，页面的基本样子就有了，如图 6-49 所示。

图 6-49　效果图

（7）将光标移动到表格的边框上单击。表格周围出现调整框，表示选中整张表格。然后，在属性面板中将"边框"值设置为适合的值，如果为 0，则边框处于编辑状态，为虚线显示，浏览时就看不见了。

一个符合要求的页面就在表格的帮助下做好了。

6.5.3 任务二 个人主页的申请与站点发布

1. 个人主页的申请

申请个人主页，不难看出，实际上就是要申请服务器空间和域名。

一般情况下，域名的申请是要付费的，可以到中国万网（http://www.net.cn）去注册，到它的主页上选择相应的域名类型，填写申请表，只要申请的域名还没有人使用，同时又满足相关法律法规的要求，等待审核。审核合格后缴纳费用就可以开通了。

不是所有的域名都要收费，除非你想使用的域名是一级域名。很多时候，当你申请服务器空间的时候，你就可以获得免费的二级以下的域名。

一般的 ISP 都提供相应的服务，但许多都以 E-mail 的形式寄给网管，由他帮你挂上去，这样主页的维护和更新就相当不方便，而且还会有空间的限制。其实网易（http://www.163.com）等都提供相应的服务，像网易更有大存放空间，传输速度相当快，而且免费提供一个支持 POP3 协议的信箱，更可获得留言本和计数器，确实相当方便。

服务器空间的申请一般过程是进入网站，单击"申请"按钮，仔细阅读"站规"并确认自己遵守，提供个人资料，填写主页用户名和密码，提交申请。同样是在审查合格缴纳费用后就可以使用了。

目前网上也有免费的空间可以申请。

下面是部分免费服务器空间名称和它们的特点。

（1）中华网个人主页空间：优点是有名气（国内大型综合网站之一），无广告。缺点空间小（10MB）、Web 上传方式、关闭审核（即就算上传了网页，但审核前不能打开、不能浏览）、主机性能不稳定。

（2）中联网个人主页空间：优点是 FTP 上传、空间大（100MB）、无广告，值得推荐。

（3）壹号广告免费空间：优点是 FTP 上传、可以绑定一个域名（顶级域名）。缺点是必须申请成为联盟才能申请免费空间，有广告。

（4）广电互联主页空间：优点是 FTP 上传、空间大（50MB）、支持 ASP 文件（即动态网页）。缺点是必须嵌入网站的广告代码。

也可以自己到网上进行搜索，然后选择适合自己使用的空间进行注册，就可以获得免费主页空间了。注册时除了要了解网站的服务条款外，还要记下你的用户名、密码，因为有些网站不一定给你发确认信，所以不要把自己的用户名和登录密码都忘了，另外还要记下网站的登录地址、你的域名及 FTP 地址、密码等。

当然免费空间既然是免费的，是没有足够的保障的。申请收费空间才能真正保证你的网站正常运转。现在收费空间价格不是很高，如果有条件的话最好购买收费空间。低档虚拟主机每年费用一般在 200 元左右，如果不购买域名，网站会送给你一个二级域名，例如，国人数码的域名是"http://www.west253.com"，送给你的二级域名就是"http://用户名.west253.com"，但建议你最好购买一个自己的域名，这样才算有真正意义上的属于自己的网站。

有了域名，有了空间，就该发布你的网站了。

2. 发布网站

在发布网站之前先使用 Adobe Dreamweaver CS4 站点管理器对你的网站文件进行检查和整理，这一步很必要。可以找出断掉的链接、错误的代码和未使用的孤立文件等，以便进行纠正和处理。

步骤如下：在编辑视图选择"站点"菜单，然后单击"检查站点范围的链接"，弹出"结果"对话框，如图 6-50 所示。

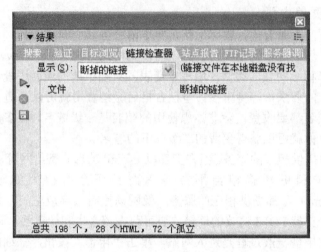

图 6-50 "结果"对话框

图 6-51 所示为检查器检查出本网站与外部网站的链接的全部信息，对于外部链接，检查器不能判断正确与否，请自行核对。

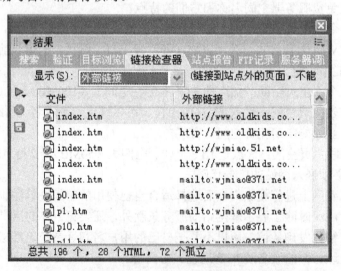

图 6-51 检查器结果

图 6-52 所示为检查器找出的孤立文件，这些文件网页没有使用，但是仍在网站文件夹里存放，上传后它会占据有效空间，应该把它清除。清除办法：先选中文件，按【Delete】键，单击【确定】按钮，这些文件就放在"回收站"。

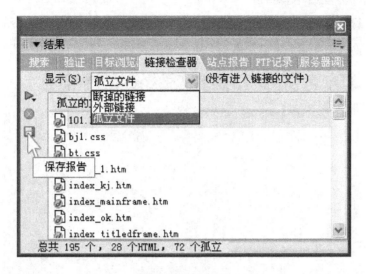

图 6-52 孤立文件

如果不想删除这些文件,单击【保存报告】按钮,在弹出的对话框中给报告文件一个保存路径和文件名即可。该报告文件为一个检查结果列表。可以参照此表,进行处理。

纠正和整理之后,网站就可以发布了。

1)发布站点操作

如果第一次上传文件,远程 Web 服务器根文件夹是空文件夹时按以下操作进行。如果不是空文件夹,另行操作附后。

服务器根文件夹是空文件夹时,连接到远程站点,请执行以下操作:

(1)在 Adobe Dreamweaver CS4 中,选择【站点】→【管理站点】命令,打开"管理站点"对话框如图 6-53 所示。

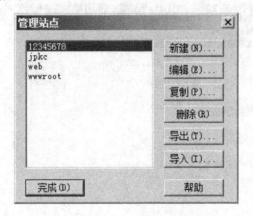

图 6-53 管理站点

(2)选择一个站点(即本地根文件夹),然后单击【编辑】按钮。

(3)选择打开的"站点定义"对话框顶部的"基本"选项卡。在前面"设置站点"时,已填写了"基本"选项卡中的前几个步骤,因此,单击几次【下一步】按钮,直到向导顶部高亮显示"共享文件"步骤,如图 6-54 所示。

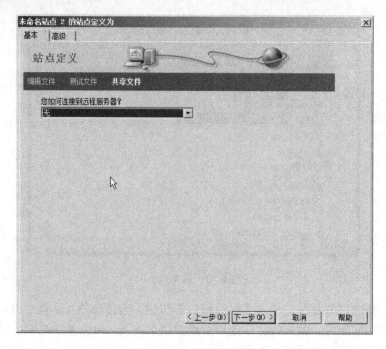

图 6-54 站点定义

（4）在标有"您如何连接到远程服务器？"的下拉式菜单中，选择"FTP"。单击【下一步】按钮，如图 6-55 所示。

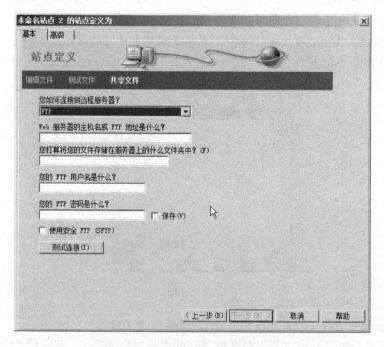

图 6-55 站点定义—设置服务器

（5）请完成以下选项：
① 输入服务器的主机名（必须填入）。
② "您打算将您的文件储存在服务器上的什么文件夹中？"填写（可以留空）。

③ 在相应的文本框中输入您的用户名和密码。
④ "使用安全 FTP（SFTP）"选项可不选中。
⑤ 单击【测试连接】按钮。
（6）如果连接不成功，请检查设置或咨询系统管理员。
（7）在输入相应的信息后，单击【下一步】按钮。
（8）不要为站点启用文件存回和取出，如图 6-56 所示。

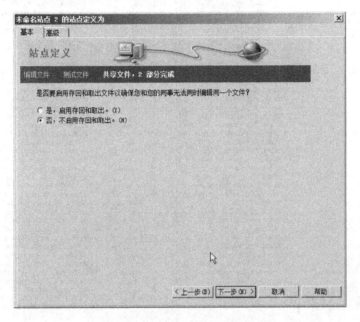

图 6-56　站点定义—文件共享

（9）单击【下一步】按钮，再单击【完成】按钮以完成远程站点的设置。再次单击【完成】按钮以退出"管理站点"对话框。

2）上传文件

在设置了本地文件夹和远程文件夹（空文件夹）之后，可以将文件从本地文件夹上传到 Web 服务器。

请执行以下操作：

（1）在"文件"面板（【窗口】→【文件】）中，选择站点的本地根文件夹，如图 6-57 所示。

（2）单击"文件"面板工具栏上的"上传文件"蓝色箭头图标 ⬆ 就开始上传了。

Adobe Dreamweaver CS4 会将所有文件复制到服务器默认的远程根文件夹。

多数空间提供商都设置有服务器默认的文件夹，请在此文件夹下创建一个空文件夹，方法是在"文件"面板，将"本地视图"转换为"远程视图"。右键单击文件夹，选择"新建文件夹"命令，输入一个名称，用作远程根文件夹，名称与本地根文件夹的名称一致，便于操作。

图 6-57　"文件"面板

为了使操作更直观，也可以最大化"文件"面板。请单击"文件"面板最右边的"扩展/折叠"按钮，最大化文件面板，如图 6-58 所示，左边为远端站点内容，右边为本地文件内容。注意：这是将文件夹展开的示例，便于观察，供参考。

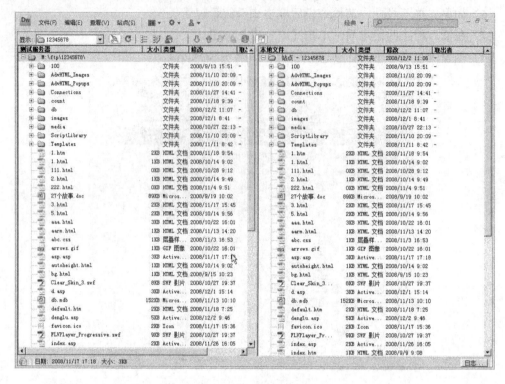

图 6-58　站点展开图示

（3）单击 ⬆ 按钮，Adobe Dreamweaver CS4 将所有文件复制到定义的远程文件夹。

注　意

第一次上传必须搞清楚网络空间服务商指定的服务器默认的存放网页的文件夹，在此文件夹下存放站点文件。访问网站地址为 http://......./index.htm。

如果在服务器默认的文件夹下建立了与本地根文件夹同名的文件夹，那么访问网站，需要用这样的地址：http://……/（文件夹名）/index.htm。

上传完毕，请在浏览器中输入浏览地址，测试上传的结果。测试没有问题的话，你在网上就拥有了自己的一席之地了。

6.5.4　任务二　网络推广

网站发布后，应当借助一定的网络工具和资源进行网站的宣传和推广，包括搜索引擎、分类目录、电子邮件、网站链接、在线黄页、分类广告、电子书、免费软件、网络广告媒体、传统推广渠道等。只有扩大和建立起网站的知名度，网站才能吸引人们的访问。

1. 登录搜索引擎

网站推广的第一步是要确保浏览者可以在主要搜索引擎里检索到用户的站点。类似的搜索引擎主要有 http://cn.yahoo.com（中文雅虎）、http://www.baidu.com（百度）、http://www.google.com（谷歌）、http://www.21cn.com（21世纪）等著名搜索引擎。

注册加入搜索引擎的方法有两种：一种是数据库中关键字搜索；一种是对网页 meta 元素的搜索。

2．友情链接

友情链接可以给一个网站带来稳定的客流，另外还有助于网站在百度、谷歌等搜索引擎提升排名。

最好能链接一些流量比自己高的、有知名度的网站，或者是和自己内容互补的网站，然后是同类网站，链接同类网站时要保证自己网站有独特、吸引人之处。另外在设置友情链接时，要做到链接和网站风格一致，保证链接不会影响自己网站的整体美观，同时也要为自己的网站制作一个有风格的链接 Logo 以供交换链接。

3．登录网站导航站点

如果网站被收录到流量比较大的诸如"网址之家"或"265网址"这样的导航网站中，对于一个流量不大、知名度不高的网站来说，带来的流量远远超过搜索引擎及其他的方法。单单推荐给网址之家被其收录在内页一个不起眼的地方，每天就可能给网站带来200访客左右的流量。

4．网络广告

网络媒介的主要受众是网民，有很强的针对性，借助于网络媒介的广告是一种很有效的宣传方式。目前，网站上的广告铺天盖地，足以证明网络广告在推广宣传方面的威力。

5．在专业论坛上发表文章、消息

如果用户经常访问论坛，经常看到很多用户在签名处都留下了他们的网址，这也是网站推广的一种方法。

6．邮件订阅

如果网站内容足够丰富，可以考虑向用户提供邮件订阅功能，让用户自由选择"订阅"、"退订"、"阅读"的方式，及时了解网站的最新动态，这样有利于稳定网站的访问量，提高网站的知名度，这比发垃圾邮件更贴近用户的心理。

6.6 知识拓展

博客和微博让名人和平凡人站在了同一个平台上，给生活增添了色彩的同时也带来便利和快捷。国内比较大型的人气博客和微博网站有新浪、QQ 等。BBS 人气比较旺的有天涯、豆瓣网、网易论坛、凤凰论坛等。网上娱乐更是多种多样、不胜枚举，可根据用户自己的爱好进行选择。

什么是个人主页？个人主页是从英文 Personal Homepage 翻译而来的，更适合的意思是"属于个人的网站"。从词义来讲，网站是有属于自己的域名的，网页则是附属于网站的一个页面。在多数场合，两个词语表达的意思实际是一样的。因为很多人习惯上就把个人网站称为个人网页。表达的主题多是站长本人相关的内容，例如，站长日记、站长相片、站长心得、站长原创、站长成长历程等。

个人主页的建立首先是网页的制作，其次是网页存放空间的申请和网页的上传及宣传与维护等。

制作网页的工具大概分成两类：一类是所见即所得，如 Dreamweaver、Frontpage、Netscape Navigator Golden 等，这类软件一般都有"所见即所得"功能，便于使用。而另一类是文本编辑类，如 Hotdog、Homesite、Webedit 等都是不错的软件。个人主页的内容是最关键的，确定自己的网页主题和定位方向，就有一个目标去搜集相应的材料去充实、去丰富自己的主页。另外，在制作时别忘了为你的上帝——浏览者着想，尽量少采用大图片，尽可能采用标准的 html 语法，使主页的传输更快捷。

网页的上传大致可以分为三种形式：FTP、WWW、E-mail，分别使用相应的软件就能把制作的网页上传到指定的目录上。当然在你挂上后，首先要自行浏览一下，并检查相应的连接，你也需要经常对自己的网站进行维护。最后你就可以对自己的个人主页进行宣传了。至此你的主页在 Internet 上就拥有了自己的一席之地。

6.7 小结

本章主要描述了注册博客、微博的方法，如何制作和管理博客和微博，如何使用 BBS，如何网上娱乐，如何定义站点和制作简单的网页，以及超级链接的使用、表格设计与使用、个人主页申请、网站的发布等。学习者应该掌握博客、微博的使用、BBS 的使用、网页的基础制作和发布，以及如何通过网络放松心情等方法。

6.8 能力鉴定

本章主要为操作技能训练，能力鉴定以实作为主，对少数概念可以教师问学生答的方式检查掌握情况，并将鉴定结果填入表 6-2。

表 6-2 能力鉴定记录表

序号	项目	鉴定内容	能	不能	教师签名	备注
1	项目一 博客、微博	会浏览博客博文				
2		会制作博客				
3		会制作微博				
4	项目二 BBS	会使用百度贴吧				
5		会使用百度知道				
6	项目三 网上娱乐	会在线玩游戏				
7		会在线听广播				
8		会在线听音乐				
9		会在线看电视				

续表

序号	项 目	鉴定内容	能	不能	教师签名	备注
10		会在线阅读				
11		会制作简单的个人主页				
12	项目四　网页制作	会申请空间和发布主页				
13		会网络推广				

6.9 习题

一、单项选择题

1. 在Dreamweaver中下列（　　）是遮盖的功能？
 A. 让文件和文件夹无法在服务器上被看见
 B. 能够使网站的浏览者看不到文件
 C. 防止上传此文件或文件夹
 D. 防止未经授权人员浏览特定的网站文件。

2. 在Dreamweaver中CSS不允许在一个样式表中一个HTML标签存在多个样式规则，此限制不适用于（　　）。
 A. 组选择器　　　　　　　　　B. 上下文选择器
 C. 伪元素选择器　　　　　　　D. D标签选择器

3. 在Dreamweaver中当用户将鼠标移动到超级链接文字"百度"上时，在浏览器的状态栏中能显示"世界上最大的中文搜索引擎"，要实现这种动态效果，应该选择（　　）事件。
 A. 设置层文本　　　　　　　　B. 设置状态栏文本
 C. 设置文本域文字　　　　　　D. 弹出信息

4. 在Dreamweaver中下面关于插入图像的绝对路径与相对路径的说法错误的是（　　）
 A. 在HTML文档中插入图像其实只是写入一个图像链接的地址，而不是真的把图像插入到文档中
 B. 使用文档路径引用时，Dreamweaver会根据HTML文档与图像文件的相对位置来创建图像路径
 C. 站点根目录相对引用会根据HTML文档与站点的根目录的相对位置来创建图像路径
 D. 如果要经常进行文件夹位置的改动，推荐使用绝对地址

5. 在Dreamweaver中，使用"布局"标签中的"扩展表格"模式在编辑表格方面的优势是（　　）。
 A. 利用这种模式，便于以表格结构为页面布局
 B. 利用这种模式，便于在表格内部和表格周围选择
 C. 利用这种模式，可以设置更多的表格属性
 D. 利用这种模式，可以方便地使用"布局表格"和"布局单元格"

6. 在 Dreamweaver 中,要在现有表格中插入一个新行,下面的操作不正确的是( )。
    A. 光标定位在单元格中,执行【修改】→【表格】→【插入行】命令
    B. 右击选中的单元格,在弹出的菜单中执行【表格】→【插入行】命令
    C. 将光标定位在最后一行的最后的一个单元格中,按下【Tab】键,在当前行下会添加一个新行
    D. 把光标定位在最后一行的最后的一个单元格中,按下【Ctrl+W】组合键,就在当前行下会添加一个新行

7. 在 Dreamweaver 中某个表格属性设置如下:边框粗细为 1,填充为 2,间距为 2,则相邻两个单元格内容区之间的实际距离为( )。
    A. 1   B. 2   C. 4   D. 8

8. Dreamweaver 的"文件"菜单命令中,菜单项"保存框架页"表示的是( )。
    A. 保存所有框架页   B. 保存当前框架页
    C. 保存当前窗口的所有文档   D. 将当前文档恢复到上次保存时的状态

9. 在 Dreamweaver 中不需要在远程联机情况下浏览存放在计算机上的文件,只是将这些文件取回到自己计算机中,互联网提供的( )服务正好能满足用户的这一需求。
    A. 电子邮件(E-mail)   B. 万维网(WWW)
    C. 文件传输(FTP)   D. 远程登录(Telnet)

10. 以下扩展名可用于 HTML 文件的是( )。
    A. .shtml   B. .html   C. .asp   D. .txt

二、多项选择题

1. 在 Dreamweaver 中一个导航条元素可以有的状态图像有( )。
    A. 状态图像   B. 鼠标经过图像
    C. 翻转图像   D. 按下时鼠标经过图像

2. 在 Dreamweaver 中在上传站点到服务器之前,在本地对站点进行测试是必要的,测试的主要内容包括( )。
    A. 检查浏览器兼容性   B. 检查链接有无破坏
    C. 检查辅助功能   D. 检查拼写

3. 在 Dreamweaver 中在表格单元格中可以插入的对象有( )。
    A. 文本   B. 图像
    C. Flash 动画   D. Java 程序插件

4. 在 Dreamweaver 中( )功能使用网站能加快网站更新信息的存取速度?
    A. 显示站点地图   B. 管理外部网站的链接
    C. 管理"存回/取出"系统   D. 管理网站内文件的链接

5. 对于 Dreamweaver 在 HTML 中可以使用的不同类型的列表有( )。
    A. 项目列表   B. 编号列表   C. 定义列表   D. 嵌套列表

三、判断题

1. 在 Dreamweaver 中如果希望在拖动鼠标时保持表格的长宽比,可以按住【Shift】键,再拖动表格边框上的控点。( )

2．在 Dreamweaver 中删除站点就是删除了本地站点的实际内容，即它所包括的文件夹和文档等。   （ ）

3．对于 Dreamweaver 在层的属性检查器中，Z 轴编号较大的层会出现在编号较小的层的下面。   （ ）

4．关于 Dreamweaver 表格中某个单元格宽度为 100 像素，其内若嵌套一个表格，则这个表格的宽度将无法超过 100 像素。   （ ）

5．在 Dreamweaver 中，"站点"这个概念既可表示位于 Internet 服务器上的远程站点，也可以表示位于本地计算机上的本地站点。   （ ）

第 7 章

网 络 安 全

7.1 项目描述

7.1.1 能力目标

网络在给人们生活带来便利的同时也带来了一系列的问题,如何安全有效地保护自己?通过本章的学习与训练,使学生能掌握计算机网络安全的相关知识,并能运用各种方法和措施保护自己的资源信息。了解计算机病毒的相关知识,学会使用 Symantec AntiVirus 软件、扫描病毒、升级及设置自动保护功能,掌握使用 Windows 防火墙、天网防火墙以及防止垃圾邮件。

7.1.2 教学建议

1. 教学计划

网络安全的教学计划如表 7-1 所示。

表 7-1 网络安全教学计划

任 务		重点(难点)	实作要求	建议学时
常用的杀毒软件	任务一 Symantec AntiVirus 软件		会安装 Symantec AntiVirus 软件	2
	任务二 扫描计算机病毒	重点	能成功使用 Symantec AntiVirus 杀毒	
	任务三 升级杀毒软件	重点	根据常规设置、升级杀毒软件	
防止黑客攻击	任务一 使用 Windows 防火墙	重点	会使用 Windows 防火墙	2
	任务二 使用天网防火墙		会使用天网防火墙	
防止垃圾邮件	任务一 使用 Outlook 阻止垃圾邮件	重点	能够使用 Outlook 阻止垃圾邮件	2
	任务二 有效拒收垃圾邮件		能采用有效方法阻止垃圾邮件	
合计学时				6

2. 教学资源准备

(1)软件资源:Symantec AntiVirus 软件和 Outlook 2010 程序。

(2)硬件资源:安装 Windows XP 操作系统的计算机。

7.1.3 应用背景

互联网的广泛应用大大丰富了人们的生活，提高了人们的工作效率，在给我们带来极大便利的同时也带来了严重的安全问题，尤其是病毒破坏、黑客入侵造成的危害越来越大。

7.2 项目一 常用的杀毒软件

Internet 的出现改变了病毒的传播方式，它已经成为当前病毒传播的主要途径。杀毒软件是保护计算机免受病毒侵害的工具。本节将以 Symantec AntiVirus 软件为例，介绍杀毒软件的使用方法。

7.2.1 任务一 Symantec AntiVirus 软件

计算机病毒是一种自身能够进行复制，并传染其他程序而起破坏作用的程序。计算机病毒的出现可以说由来已久，Internet 的出现加速了病毒的传播和蔓延。在实际生活中，计算机用户都或多或少地受到过病毒的困扰，轻者造成计算机速度减慢、死机等现象，重者会破坏操作系统甚至硬件系统，以至于使重要的数据毁于一旦。

计算机病毒与生物病毒具有相同的特性，例如传染性、流行性、繁殖性与依附性。同时，计算机病毒还具有较强的隐蔽性、欺骗性与潜伏性。计算机病毒通常隐藏在一些文件中，因此不易被用户所觉察。计算机病毒通常带有一定的触发性，当一定的条件满足时就会被激活，例如，CIH 病毒就是在特定的时间发作。

实际上，不管是联网还是没有联网的用户计算机，都有必要安装杀毒软件以保证计算机系统安全。杀毒软件是用来预防、检查与消除计算机病毒的软件。杀毒软件通常需要具有以下几项功能。

（1）查毒：查出计算机感染的病毒类型是杀毒的前提条件。

（2）杀毒：对查出的病毒进行消除是杀毒软件的重要功能。

（3）防毒：杀毒是治标，防毒才是治本。杀毒软件需要监控计算机的输入/输出，以防止病毒侵入计算机系统。

（4）数据恢复：杀毒软件仅有查毒和杀毒功能是不够的，还要对被病毒破坏后的计算机具有一定的补救措施，特别是对硬盘数据的恢复功能。

Symantec AntiVirus 是 Windows 环境中常用的杀毒软件。Symantec AntiVirus 是需要通过销售途径购买的软件，并且在使用过程中还要购买 Norton 公司的服务，以便随时更新杀毒软件的杀毒引擎与病毒库，保证杀毒软件可以查杀最新出现的病毒。用户最好养成及时更新杀毒软件及定期扫描计算机系统的习惯。

Symantec AntiVirus 主要具有以下功能：自动检查通过网络下载或光盘、U 盘进入计算机的文件，防止带有病毒的文件感染计算机；自动扫描用户打开的电子邮件，避免带有病毒或木马程序的邮件执行；检查常见的压缩文件中是否含有病毒；禁止有害的 Internet 脚本文件在计算机中执行。图 7-1 给出了 Symantec AntiVirus 的用户界面。

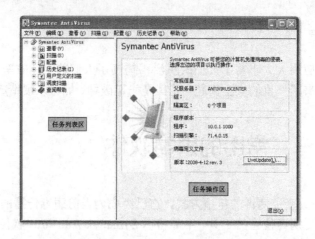

图 7-1　Symantec AntiVirus 的用户界面

另外，其他的主流杀毒软件包括金山毒霸、瑞星、江民 KV、趋势 PC-Cillin 与卡巴斯基等。这些杀毒软件的基本功能与 Symantec AntiVirus 相似，只是在实现方法与使用细节上有些差别。目前，杀毒软件基本上都需要购买正版的软件，并需要在有效期过后购买软件的升级服务。

7.2.2　任务二　扫描计算机病毒

如果用户需要对系统进行全面扫描，可以按以下步骤进行操作。

（1）用户打开"Symantec AntiVirus"窗口。可以选择扫描计算机的方式，包括全面扫描、快速扫描与自定义扫描。在左侧的任务列表区中，选择"全面扫描"选项；在右侧的任务操作区中，单击【扫描】按钮，如图 7-2 所示。

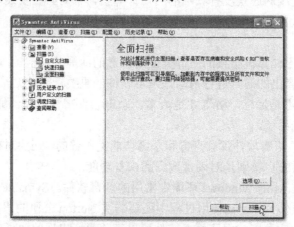

图 7-2　全面扫描

（2）出现"全面扫描"对话框，如图 7-3 所示。Symantec AntiVirus 开始执行对计算机系统的全面扫描，列表中显示了扫描、感染与修复的文件数。如果用户要停止扫描过程，则单击【关闭】按钮。

（3）在扫描过程结束后，对话框中显示本次扫描结果，包括文件名、风险与操作等，如图 7-4 所示。用户处理完扫描结果，单击【关闭】按钮。

图7-3 "全面扫描"对话框

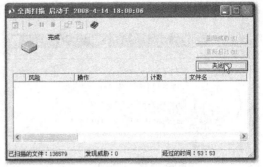
图7-4 显示本次扫描结果

7.2.3 任务三 升级杀毒软件

用户要经常更新杀毒软件的杀毒引擎与病毒库。Symantec AntiVirus 提供了 LiveUpdate 工具，可以定期自动检查、升级杀毒引擎和病毒库。

如果用户需要手动升级杀毒软件，可以按以下步骤进行操作。

（1）用户打开"Symantec AntiVirus"窗口，如图 7-5 所示。在左侧的任务列表区中，选择"Symantec AntiVirus"选项；在右侧的任务操作区中，单击【LiveUpdate】按钮。

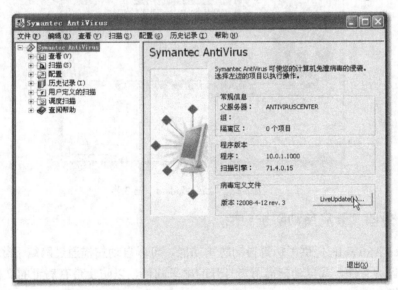

图7-5 "Symantec AntiVirus"窗口的

（2）出现"LiveUpdate"对话框，如图 7-6 所示。在"您的计算机上安装了以下的 Symantec 产品和组件"框中，显示已安装并可以升级的 Symantec 部件，单击【下一步】按钮。

（3）进入"LiveUpdate"第 2 步，如图 7-7 所示。在"LiveUpdate 正在下载下列 Symantec 产品和组件的更新"框中，显示正在升级的 Symantec 部件的进度。

（4）进入"LiveUpdate"第 3 步，如图 7-8 所示。系统显示 Symantec 部件下载完毕，单击【完成】按钮。操作系统开始对杀毒软件进行更新配置。

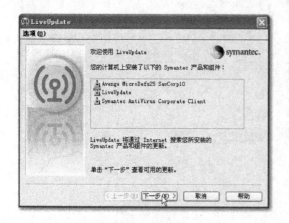
图 7-6 "LiveUpdate" 对话框
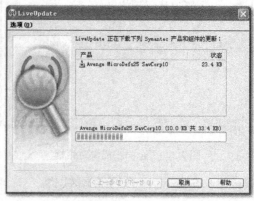
图 7-7 "LiveUpdate" 第 2 步

图 7-8 "LiveUpdate" 第 3 步

7.2.4 任务四 开启自动防护功能

Symantec AntiVirus 提供了病毒自动防护功能，可以自动扫描通过网络下载或光盘、U 盘进入计算机的文件，或自动扫描用户打开的电子邮件，以防止带有病毒的文件或木马程序感染计算机。

如果用户要开启病毒自动防护功能，可以按以下步骤进行操作。

（1）用户打开"Symantec AntiVirus"窗口，如图 7-9 所示。在左侧的任务列表区中，选择"文件系统 自动防护"选项；在右侧的任务操作区中，选择"启用自动防护"复选框与"所有类型"单选按钮。

（2）在"Symantec AntiVirus"窗口中，选择"Internet 电子邮件 自动防护"选项，如图 7-10 所示。在右侧的任务操作区中，选择"启用 Internet 电子邮件自动防护"复选框与"所有类型"单选按钮。在完成设置后，单击【确定】按钮。

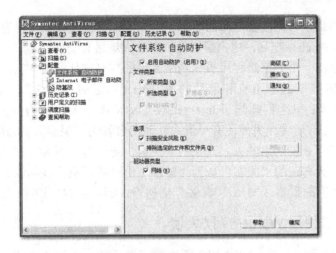

图 7-9 "Symantec AntiVirus"窗口

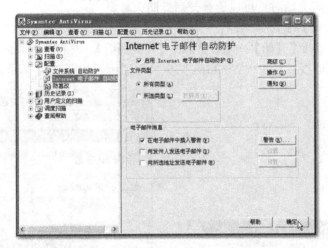

图 7-10 "Internet 电子邮件 自动防护"选项卡

7.3 项目二 防止黑客攻击

7.3.1 预备知识

一般来说，杀毒软件功能比较全，它能查杀很多网络病毒，但光是查杀病毒对网络安全来说是不够的，所以还需要使用网络防火墙来监视系统的网络连接和服务，用来加强网络安全并且防止最基础的黑客攻击。

防火墙是指一种将内部网和公众访问网Internet分开的方法实际上是一种隔离技术。防火墙是在两个网络通信时执行的一种访问控制尺度，它能允许用户"同意"的人和数据进入网络，同时将用户"不同意"的人和数据拒之门外，最大限度地阻止网络中的不明身份者来访问用户的网络，防止他们更改、拷贝、毁坏用户的重要信息。防火墙安装和投入使用后，并非万事大吉，要想充分发挥它的安全防护作用，必须对它进行跟踪和维护，要与商家保持密切的联系，时刻注视商家的动态。因为商家一旦发现其产品存在安全漏洞，就会尽快发布补丁（Patch）产品，用户需要及时对防火墙进行更新。

长久以来，存在一个专家级程序员和网络高手的共享文化社群，其历史可以追溯到几十年前第一台分时共享的小型机和最早的 ARPAnet 实验时期。这个文化的参与者们创造了"黑客"这个词。黑客们建起了 Internet；使 UNIX 操作系统成为今天的样子；搭起了 Usenet，让 WWW 正常运转。另外还有一群人，他们自称为"黑客"，实际上却不是，他们只是一些蓄意破坏计算机网络的人，真正的"黑客"把这些人叫做"骇客（Hacker）"，并不屑与之为伍。多数真正的"黑客"认为"骇客"们是些不负责任的懒家伙，并没什么真正的本事。他们之间的根本区别是："黑客"们建设，而"骇客"们破坏。

7.3.2 任务一 使用 Windows 防火墙

如果用户安装了 Windows XP SP2 版本的操作系统，由于该系统自带有防火墙，用户在没有使用其他防火墙时，可以选择开启此防火墙。

1. 进入 Windows 防火墙

（1）在桌面上选择【开始】→【设置】→【控制面板】，进入控制面板，如图 7-11 所示。

（2）进入控制面板，双击"Windows 防火墙"图标，如图 7-12 所示。

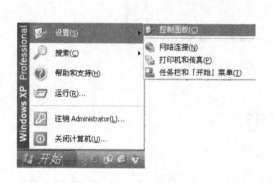

图 7-11 进入控制面板

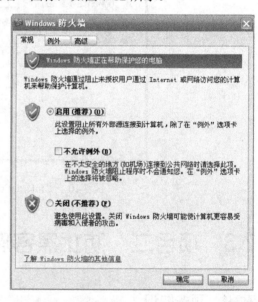

图 7-12 Windows 防火墙

2. 启动 Windows 防火墙

（1）如图 7-12 所示，选中"启动（推荐）"单选按钮，则启动 Windows 防火墙，如果要关闭防火墙，选中"关闭（不推荐）"单选按钮。

（2）单击"例外"选项，进入该选项卡，如图 7-13 所示。由于我们在上网过程中有些应用程序需要访问外网，我们可以在"程序和服务"列表框中添加允许访问 Internet 的程序，其他程序都禁止访问 Internet。

3. Windows 防火墙高级设置

在"Windows 防火墙"对话框中，单击"高级"选项，进入该选项卡。

(1）如果用户有多种连接方式，如图 7-14 所示，勾选连接方式的复选框可对指定的连接开启防火墙。

图 7-13 "例外"选项卡

图 7-14 "高级"选项卡

(2）在"安全日志记录"选项区中，用户单击【设置】按钮，可设置安全日志的路径及文件大小上限，单击【确定】按钮即可生效，如图 7-15 所示。

图 7-15 日志设置

在 Microsoft Windows XP SP2 中，Windows 防火墙在默认情况下处于打开状态，但是，一些计算机制造商和网络管理员可能会将其关闭。用户不一定要使用 Windows 防火墙，也可以安装和运行用户选择的任何防火墙。评估其他防火墙的功能，然后确定哪种防火墙能最好地满足用户的需要。如果用户选择安装和运行另一个防火墙，需要关闭 Windows 防火墙。

7.3.3 任务二　使用网络安全工具天网防火墙

1. 使用天网防火墙

（1）系统设置。

① 启动天网防火墙。

② 在如图 7-16 所示的"基本设置"选项卡，切换到"日志管理"选项卡（见图 7-17）。

图 7-16　"基本设置"选项卡

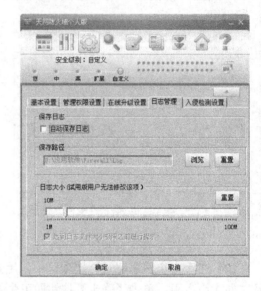

图 7-17　"日志管理"选项卡

③ 切换到【入侵检测设置】选项（见图 7-18）。

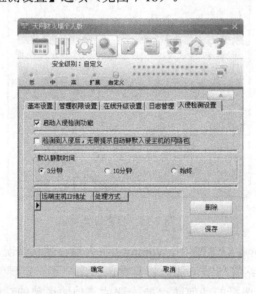

图 7-18　【入侵检测设置】选项卡

（2）应用 IP 规则。

① 打开 IP 规则管理器。

② 单击"自定义 IP 规则"工具栏中的 按钮,弹出"增加 IP 规则"对话框,在"规则"选项栏中设置规则的名称并添加说明,以便查找和阅读,如图 7-19 所示。

③ 在"数据包协议类型"下拉列表中选择"ICMP"选项,并设置"特征"选项栏中的"类型"为"0","代码"为"255",在"当满足上面条件时"的下拉列表中选择"通行"选项,如图 7-20 和图 7-21 所示。

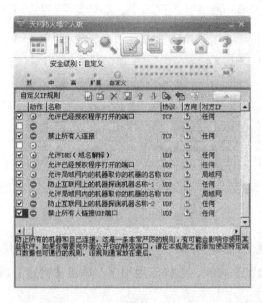
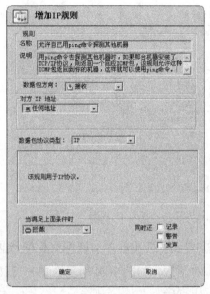

图 7-19 IP 规则管理器　　　　　　　　图 7-20 设置规则的名称并添加说明

④ 单击"自定义 IP 规则"工具栏中的 按钮,弹出"导入 IP 规则"对话框,如图 7-21 所示。勾选要导入的 IP 规则,单击【确定】按钮,导入规则。

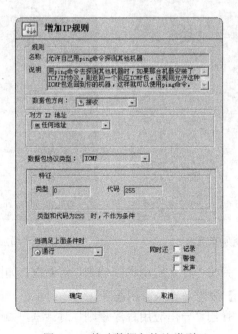

图 7-21 修改数据包协议类型

③ 单击"自定义 IP 规则"工具栏中的 按钮，弹出"导出 IP 规则"对话框，如图 7-22 所示。勾选要导出的 IP 规则，选择 IP 规则保存路径，单击【确定】按钮，导出规则。

（3）应用程序规则。

① 单击"自定义 IP 规则"工具栏中的 按钮，打开应用程序规则管理器，如图 7-23 所示。

图 7-22 "导入 IP 规则"对话框

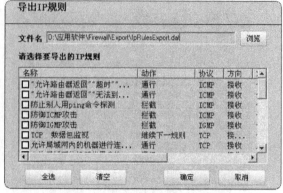
图 7-23 "导出 IP 规则"对话框

② 单击"应用程序访问网络权限设置"工具栏中的 按钮，弹出"增加应用程序规则"对话框，如图 7-24 所示。单击【浏览】按钮，选择应用程序；单击【确定】按钮，添加应用程序。

图 7-23 应用程序规则管理器

图 7-24 "增加应用程序规则"对话框

③ 单击 按钮，弹出"导入应用程序规则"对话框，如图 7-25 所示。勾选要导入的应用程序，单击【确定】按钮，导入应用程序。

④ 单击 按钮，弹出"导出应用程序规则"对话框，如图 7-26 所示。勾选要导出的应用程序，单击【确定】按钮，导出应用程序。

图 7-25 "导入应用程序规则"对话框　　　　图 7-26 "导出应用程序规则"对话框

2. 天网防火墙高级功能

- 监控应用程序网络访问（见图 7-27）。
- 查看与分析日志（见图 7-28）。
- 断开与接通网络。

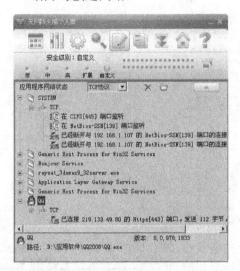
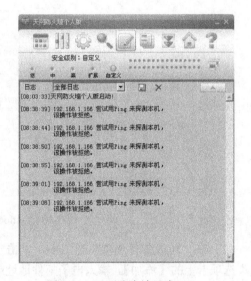

图 7-27 应用程序网络状态　　　　　　　　图 7-28 天网防火墙日志

7.4 项目三 防止垃圾邮件

7.4.1 预备知识

随着人们利用电子邮件的日趋频繁，各种各样的广告一改往日发传单、贴墙贴、出册子的方式，都以邮件广告的方式铺天盖地地向知名不知名的你发来，因为这种广告方式一则成本极低，再则更加直接，直接面对最终消费者。然而并不是所有的广告都对我们有用，也不是所有的广告邮件都要我们情愿接收的。有一些邮件根本就对接收者没有任何实际意义，纯属服务器某种错误引起，还有的是一些病毒携带邮件等等，我们称这些邮件为"垃圾邮件"。

垃圾邮件（Spam）的日益泛滥早在 1998 年就被选为国际互联网的十大新闻之一。由此可见垃圾邮件在当今网络社会中的危害之大，影响之广。然而要想真正防止这些垃圾的入侵并非易事，这些垃圾邮件制造者是如何获取大量的邮箱地址，以及我们该如何减少垃圾邮件的干扰？这是我们急需关心的问题。

7.4.2 任务一　使用 Outlook 阻止垃圾邮件

在使用 Outlook 的时候，有时你的信箱里是不是经常收到些广告的垃圾邮件，如果花时间去处理这些邮件，就太浪费时间和精力了，不处理邮箱又会很乱。这时可以通过运用 Outlook 2010 的"垃圾邮件"和"规则"两个选项，拒垃圾邮件于"千里"之外。

1. 垃圾邮件

（1）在 Outlook 2010 窗口中，如图 7-30 所示，选择"垃圾邮件"下的"垃圾邮件选项"，打开"垃圾邮件选项"窗口，如图 7-31 所示。

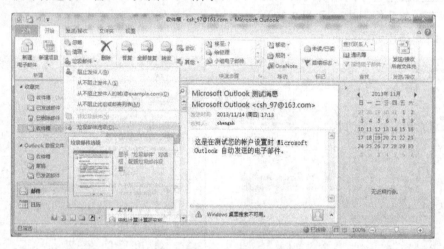

图 7-30　Outlook 2010 主界面

（2）在"垃圾邮件选项"窗口中，单击"安全发件人"选项卡上的【添加】。输入电子邮件地址或域名。如图7-31所示，例如，someone@exchange.example.com，单击【确定】按钮。若要添加更多电子邮件地址或域名，请重复添加即可。单击"导出到文件"，可以为安全发件人列表输入一个唯一的文件名，然后单击【确定】按钮。

（3）对"安全收件人"选项卡和"阻止发件人"选项卡重复以上步骤即可。同样可以创建安全收件人和阻止的发件人列表。注意，请确保为三个列表中的每个列表都指定一个唯一的文件名。

2. 规则

下面就以若"主题"行中包含特定的词，从服务器上删除为例，来说明如何创建邮件规则。具体步骤如下：

图 7-31　垃圾邮件选项

（1）在 Outlook 2010 中，如图 7-32 所示。单击"规则"菜单下的"创建规则"，打开"创建规则"窗口,如图 7-33 所示,再单击【高级选项目】按钮,打开"规则向导"对话框,如图 7-34 所示。

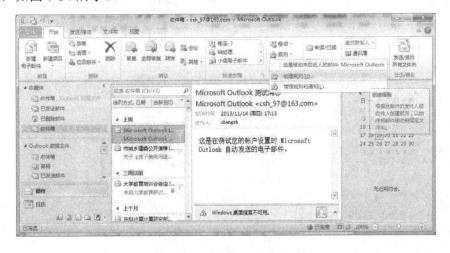

图 7-32　Outlook 2010 主界面

图 7-33　创建规则

图 7-34　规则向导

（2）根据要求,如图 7-34 所示,在"步骤 1 选择条件"列表框中,选择"若主题中包含 Microsoft Outlook 测试消息"复选框。在"步骤 2 编辑规则说明"列表框中,单击"Microsoft Outlook 测试消息",打开查找文本窗口,如图 7-35 所示。可以输入具体的字词或短语,然后单击【添加】按钮。如果不想查找,可以在搜索列表中选择后,单击【删除】按钮。

（3）单击【下一步】按钮,在"如何处理该邮件"窗口中,如图 7-36 所示,在步骤 1 选择操作中,选择"删除它",然后单击【完成】按钮。这时如果邮件主题中包含了"rush1"的邮件到达后就会删除,不再接收了。

图 7-35　查找文本　　　　　　　图 7-36　规则向导

同样，可以建立其他一些邮件规则，让发送来的邮件按账号转移到不同的文件夹中，或是自动分类、自动转发等。

7.4.3　任务二　有效拒收垃圾邮件

只要你使用某个电子信箱，该地址迟早会落入垃圾信制造者手中，因为我们不可能不把你自己的邮址告诉任何人，况且至少你所申请邮址的 ISP/ICP 知道，如果不告诉任何人，那申请邮址又有什么意义呢？所以如果想不让你的邮址不落入 Spammer 手中确实很难；但我们可以通过一些方法达到拒收这些垃圾邮件的目的，毕竟这主动权还是在我们手中。

1. ISP/ICP 发来的垃圾邮件

有些垃圾邮件本身就是一些 ISP 或 ICP 发来的，收到这种垃圾的最好处理方法是先停止使用这个邮址。这种垃圾邮件一般来说有确切的发信地址，我们可以通过邮件规则来限制这类垃圾邮件的接收，直接在服务器上删除它。

2. 一些商业广告垃圾邮件

这类邮件多数是你在申请邮箱时自己申请的，或者是一般购物网站知道你有这方面的需求后向你发信的。对于这类垃圾邮件我们最好的办法还是直接发信给这类网站的管理人员，告诉你已没有某方面的需求了，请他们不要再发信给你，因为这类广告垃圾邮件一般来说所写的发信地址是真实的，因为他们的目的毕竟还是要你与他们联系，购买他们推荐的产品或服务。

3. 一些来历不明的垃圾邮件

对于这类垃圾邮件是最让人头痛的，因为他们一般没有明确发信人的邮址，或者所写的邮址根本就是假的，如果采取上述两种方法显然是行不通的了，我们只好自己努力了。这时候研究信头就是追踪垃圾邮件来源比较方便的方法了。

4. 尽可能少的让你的邮址落入 Spammer 之手

上面拒收垃圾邮件的方法太被动，只有当垃圾邮件来了才能这么做，其实我们还可以更主动一点，就是尽量少的减少自己的邮址落入 Spammer 手中，这样从很大程度上杜绝了垃圾邮件对你的入侵。这种主动方法主要是针对邮址泄露的种种根源来采取的。

（1）使用特殊的方法书写邮址

前面提到，现在有邮址自动收集机，那些 Spammer 有相当一部分就是通过这种软件来达到收集成千上万个邮址的目的的，针对这种情况我们也有相应的办法。邮址自动收集机自动收集的原则就是根据邮址的特征字符"@"来搜索的。如果我们对自己的邮址进行适当地改造，那么这些自动收集机就失去了作用，如把"@"符号改写为"AT"（与@的英语读法一样），邮址其中的"."号也用"DOT"（"."的英语单词）代替，则一般的自动收集机不会识别你的邮址了。当然这也是就目前能做的，因为这些自动收集机的搜集规则也可更改，说不定那一天在搜集邮址时范围同样包括了以上字符时，这样的更改也就没有作用了，但至少目前这样可行，况且这么多邮址不可能全都都改成为上述方法标识，那些自动搜集机的搜集规则根本没有必要进行修改，因为现在邮址太多了。况且这种更改一般只对你的相识朋友方便使用，新朋友还得向他解释。

（2）采用"密件抄送"方式发送。

当需要给两个以上的朋友发信时，通常在收件人后面填上一大堆单独地址是最不明智的发信方式。一方面，它毫无意义地增大了信件的长度。这是因为所有的收件人后面的地址都会出现在每个接收者的信件里；另一方面，这种发信方式常常为垃圾信制造者所利用，设想一下，假设 100 个地址里，有一个是垃圾信制造者的，那不是把另 99 个邮址免费送上门吗？所以建议使用邮件软件的"密件抄送"功能，这样做就不会有这种麻烦，因为"密件抄送"后面的地址是不会出现在接收方的信头里的，所以每个接信人不会从他收到的 E-mail 中知道其他接信人的地址。

另外如果你很喜欢用在"收件人"中写上这些收件人的名字的话，也可以在地址簿里先建一个组，把你所有要发信去的朋友的信箱地址都放入这个组中，发信时在"收件人"后填上这个组名即可，这样接收者也只可看到组名而看不到其他人的地址了。

7.5 知识拓展

7.5.1 计算机病毒

1. 计算机病毒的危害

计算机病毒是指可以制造故障的一段计算机程序或一组计算机指令，它被计算机软件制造者有意无意地放进一个标准化的计算机程序或计算机操作系统中。然后，病毒会依照指令不断地进行自我复制，也就是进行繁殖和扩散传播。有些病毒能控制计算机的磁盘系统，再去感染其他系统或程序，并通过磁盘交换使用或计算机联网通信传染给其他系统或程序。病毒依照其程序指令，可以干扰计算机的正常工作，甚至毁坏数据，使磁盘、磁盘文件不能使用或者产生一些其他形式的严重错误。

2. 计算机病毒的传播途径

计算机病毒的传播方式主要有以下 3 种。

（1）软件传播：例如用户安装了来历不明的程序，程序中包含病毒程序，用户在安装好程序的同时病毒也会跟着存进硬盘里

（2）网页传播：例如用户浏览某个有毒的网页，在浏览它的内容时，网页的控件也在悄悄地运行，修改用户的注册表

（3）网络传播：这些病毒程序利用了 Windows 中的一些漏洞，通过漏洞对服务器或个人电脑进行攻击，它有点像病毒搜索引擎，谁的 Windows 有漏洞，就帮谁种病毒。

几年前，大多数类型的病毒主要通过移动存储工具传播，但是后来 Internet 引入了新的病毒传送机制。现在电子邮件被用作一个重要的企业通信工具，病毒就比以往任何时候都要扩展得快，它附着在电子邮件信息中，所以用户在查看邮件的附件时，需要先杀毒再保存。

3. 计算机感染病毒后的一般症状

从目前发现的病毒来看，计算机感染病毒后主要有以下症状：

- 由于病毒程序把自己或操作系统的一部分用坏簇隐藏起来，磁盘坏簇莫名其妙地增多。
- 由于病毒程序附加在可执行程序头尾或插在中间，使可执行程序容量增大。
- 由于病毒程序把自己的某个特殊标志作为选项，使接触到的磁盘出现特别选项。
- 由于病毒本身或其复制品不断侵占系统空间，使可用系统空间变小。
- 由于病毒程序的异常活动，造成异常的磁盘访问。
- 由于病毒程序附加或占用引导部分，使系统引导变慢。
- 丢失数据和程序。
- 死机现象增多。
- 生成不可见的表格文件或特定文件。
- 系统出现异常动作，例如突然死机，又在无任何外界介入下自行启动。
- 出现一些无意义的画面问候语等。
- 程序运行出现异常现象或不合理的结果
- 磁盘的卷标名发生变化
- 系统不能引导系统等。
- 在使用写保护的软盘时屏幕上出现软盘写保护的提示。
- 异常要求用户输入口令。

4. 防止计算机感染病毒的方法

阻止计算机病毒侵入系统通常只有两种方法：

（1）将计算机放置在一个受保护的"气泡"中，在现实中就意味着孤立此机器，将其从 Internet 和其他网络中断开，不使用任何软盘、光盘和其他任何可移动磁盘，从此就能确保计算机远离病毒，但同时也意味着计算机将接收不到任何信息，这样使用计算机没有多大实用意义。

（2）安装一套杀毒软件，它可以使用户的计算机免受恶意代码的攻击。接下来，将围绕如何使用杀毒软件进行介绍。

5. 杀毒软件的选择

现在市场上的杀毒软件有很多，例如国内的瑞星杀毒软件、江民杀毒软件、金山毒霸、

熊猫杀毒软件等，国外的卡巴斯基、诺顿等。用户在选择使用杀毒软件时，应该着重关注可管理性、安全性、兼容性、易用性4个方面，下面对这4个指标进行简单的介绍。

（1）可管理性：体现了网络杀毒软件的管理能力，主要包括了集中管理功能、杀毒管理功能、升级维护管理功能、警报和日志管理功能等几个部分，是网络杀毒软件杀毒能力在管理层次的体现。

（2）安全性：主要是对于用户认证、管理数据传输加密等方面的考虑，同时也涉及管理员对于客户端的某些强制手段。

（3）兼容性：主要是用于管理、服务、杀毒的各个组件对于操作系统的兼容性，直接体现了网络杀毒软件或解决方案的可扩展能力和易用程度。

（4）易用性：主要是指是否符合用户的使用习质，例如作为中国境内销售的软件，易用性中最主要的一个因素就是中文本地化的问题，还有就是对用户文档在易理解性和图文并茂等方面的要求，可以有效地保证用户在短时间内掌握网络杀毒软件的基本使用方法和技巧。

以上特性是相辅相成的一个有机整体，有些特性，如安全性和易用性，是一种需要平衡的矛盾，也就是说安全性高的产品通常易用性就会有所下降，这是不可避免的，需要根据产品面向的行业、领域和应用规模找到一个平衡点。

7.5.2 黑客

黑客是对英语 hacker 的翻译，hacker 原意是指用斧头砍柴的工人，最早被引进计算机圈则可追溯自 1960 年代。他们破解系统或者网络基本上是一项业余嗜好，通常是出于自己的兴趣，而非为了赚钱或工作需要。

加州柏克莱大学计算机教授 Brian Harvey 在考证此字时曾写到，当时在麻省理工学院中（MIT）的学生通常分成两派，一是 tool，意指乖乖牌学生，成绩都拿甲等；另一则是所谓的 hacker，也就是常逃课，上课爱睡觉，但晚上却又精力充沛喜欢搞课外活动的学生。这跟计算机有什么关系？一开始并没有。不过当时 hacker 也有区分等级，就如同 tool 用成绩比高下一样。真正一流 hacker 并非整天不学无术，而是会热衷追求某种特殊嗜好，比如研究电话、铁道（模型或者真的）、科幻小说、无线电，或者是计算机。也因此后来才有所谓的 computer hacker 出现，意指计算机高手。有些人很强调黑客和骇客的区别，根据开放原始码计划创始人 Eric Raymond（他本人也是个著名的 hacker）对此字的解释，hacker 与 cracker（一般译为骇客，有时也叫"黑帽黑客"。）是分属两个不同世界的族群，基本差异在于，黑客是有建设性的，而骇客则专门搞破坏。对一个黑客来说，学会入侵和破解是必要的，但最主要的还是编程，毕竟，使用工具是体现别人的思路，而程序是自己的想法一句话——编程实现一切。对于一个骇客来说，他们只追求入侵的快感，不在乎技术，他们不会编程，不知道入侵的具体细节。还有一种情况是试图破解某系统或网络以提醒该系统所有者的系统安全漏洞，这群人往往被称做"白帽黑客"或"匿名客"（sneaker）或红客。许多这样的人是电脑安全公司的雇员，并在完全合法的情况下攻击某系统。

7.5.3 垃圾邮件

有时当我们收到一封邮件，但发信人我们根本就不认识或不知道，我们就怀疑为什么他们会知道自己的邮址呢？就像我们在书信时代收到一封莫名的信件一样。如果这封邮件真对你有用那还好，如果是一点都没用，如果还是带有病毒之类的垃圾邮件，你一定非常痛恨为那发信人提供你的邮址的个人或单位，但我们又有什么办法呢？那么垃圾邮件制造者如何获取大量的邮址？

一般看来这些垃圾邮件制造者主要通过以下几种途径获取大量的邮址。

1. 各类信箱自动收集机

对于一个开放的、四通八达的互联来说，真是"林子大了，什么鸟儿都有"，大家都知道利用互联网可以做许多原来难以办到的事，正因为有这种需要，所以也就有人专门从事这门职业。如现在所说的邮址自动收集机，因为有些个人可单位出于某种目的需要大量邮址，但如凭人工去收集是比较困难的，所以就有人专门开发一种这样的软件，让软件来为代替人自动在网上收集，一则是比人快不知多少倍，再则花钱又少，准确无误。

有人根据 Altavista 这种网页自动搜索机器人的原理，编了一些软件，没日没夜地在网上爬，收集每个页面上的信箱地址，有许多黄页公司数据库里的大量 E-mail 地址就是这样获得的（当然他们不一定是垃圾信制造者）。其他还有许多专门针对新闻组、BBS 等的专项信箱收集机。此类软件在网上大大小小的 Spammer 站点上到处可以免费下载。更有一些商业站点的网管，在他们的邮件服务器上放置"信头扫描机"，通过扫描出入该服务器的所有 E-mail 的信头，收集信箱地址。

2. 人工收集

这类方法当然较前一种方法笨许多，但也是出于无奈（还没有找到自己收集邮址的软件或不想出那笔钱，或者为了追求实用性），这一方法更多的是一些"技术落后"的个人垃圾信制造者所用。他们主要靠人工收集，靠登录到他人服务器，获取用户列表等方法来收集信箱。此类垃圾信制造者虽然取得的信箱数量不像自动软件那么多，但是他们因为靠人工分析，所获得的大多是一些真实地址，危害更大。

3. 金钱收买

垃圾信制造者有时也许出钱，或者以信箱换信箱的方式交换他们收集来的地址，也有一些贪财的人，将他们的朋友或朋友的朋友的地址出卖给垃圾信制造者。

4. 邮件列表

最后值得一提的是邮件服务器的列表功能，因为常用的邮件列表服务器软件，像 Listserv、Majordomo，如果网管忘了关掉和限制一些"危险"的功能很容易被垃圾信制造者利用，因为我们知道邮件列表本来就是设计成可以通过某个地址向全部订户发信的，还可有选择性向某个工作组或某一类用户全部发信，如 Msmail Server、Exchange Server 等。

7.6 小结

本章描述了如何安装和使用防病毒软件、如何防止黑客攻击，以及如何防止垃圾邮件等。学习者应具备计算机网络安全的能力。

7.7 能力鉴定

本章主要为操作技能训练,能力鉴定以实作为主,对少数概念可以教师问学生答的方式检查掌握情况,如表 7-2 所示。

表 7-2 能力鉴定

序号	项目	鉴定内容	能	不能	教师签名	备注
1	项目一 常用杀毒软件	Symantec AntiVirus 软件				
2		扫描计算机病毒				
3		升级杀毒软件				
4	项目二 防止黑客攻击	使用 Windows 防火墙				
5		使用天网防火墙				
6	项目三 防止垃圾邮件	使用 Outlook 阻止垃圾邮件				
7		有效拒收垃圾邮件				

7.8 习题

一、选择题

1. 电子邮件的发件人利用某些特殊的电子邮件软件在短时间内不断重复地将电子邮件寄给同一个收件人,这种破坏方式叫做( )。
   A. 邮件病毒　　　　B. 邮件炸弹　　　　C. 特洛伊木马　　　　D. 蠕虫
2. 预防"邮件炸弹"的侵袭,最好的办法是( )。
   A. 使用大容量的邮箱　　　　　　　　B. 关闭邮箱
   C. 使用多个邮箱　　　　　　　　　　D. 给邮箱设置过滤器
3. 关于电子邮件不正确的描述是( )。
   A. 可向多个收件人发送同一消息
   B. 发送消息可包括文本、语音、图像、图形
   C. 发送一条由计算机程序作出应答的消息
   D. 不能用于攻击计算机
4. 小王想通过 E-mail 寄一封私人信件,但是他不愿意别人看到,担心泄密,他应该( )。
   A. 对信件进行压缩再寄出去　　　　　B. 对信件进行加密再寄出去
   C. 不用进行任何处理,不可能泄密　　D. 对信件进行解密再寄出去

5. 网络中个人隐私的保护是网络中谈得比较多的话题之一,以下说法中正确的是（　　）。

    A．网络中没有隐私,只要你上网你的一切都会被泄漏。

    B．网络中可能会泄漏个人隐私,所以对于不愿公开的秘密要妥善管理。

    C．网络中不可能会泄漏隐私。

    D．网络中只有黑客才可能获得你的隐私,而黑客又很少,所以不用担心。

6. 小李很长时间没有上网了,他很担心他电子信箱中的邮件会被网管删除,但是实际上（　　）。

    A．无论什么情况,网管始终不会删除信件

    B．每过一段时间,网管会删除一次信件

    C．除非信箱被撑爆了,否则网管不会随意删除信件

    D．网管会看过信件之后,再决定是否删除它们

7. 目前,在互联网上被称为"探索虫"的东西是一种（　　）。

    A．财务软件   B．编程语言

    C．病毒   D．搜索引擎

8. 现有的杀毒软件做不到（　　）。

    A．预防部分病毒   B．杀死部分病毒

    C．清除部分黑客软件   D．防止黑客侵入电脑

9. 保证网络安全的最主要因素是（　　）。

    A．拥有最新的防毒防黑软件   B．使用高档机器

    C．使用者的计算机安全素养   D．安装多层防火墙

二、问答题

1. 如何有效地防止计算机病毒?

2. 如何有效地拒收垃圾邮件?

第 8 章

常用工具软件

8.1 项目描述

8.1.1 能力目标

通过本章的学习与训练,掌握图像浏览器、屏幕捕获工具 SnagIt 的使用以图像处理工具光影魔术手的使用,了解音频视屏处理工具酷我音乐盒和 Adobe Reader 阅读的使用。

8.1.2 教学建议

1. 教学计划

本章的教学计划如表 8-1 所示。

表 8-1 教学计划表

任务		重点(难点)	实作要求	建议学时
使用图形图像处理工具	任务一 屏幕捕获工具——SnagIt		会使用 SnagIt 抓图	2
	任务二 图像管理工具——ACDSee	难点	会使用 ACDSee 浏览器	
	任务三 图像处理工具——光影魔术手		熟练掌握"光影魔术"处理相片	
使用音频播放、阅读工具	任务一 音乐播放工具——酷我音乐盒		会使用"酷我音乐"	2
	任务二 Adobe Reader 的基本操作		会使用 Adobe Reader 阅读	
网速测试	任务一 在线网速测试		会在线进行网速测试	1
	任务二 无线网络带宽测试工具 IxChariot 的使用		会使用无线网络带宽测试工具	
远程控制工具	任务一 远程桌面的使用		会使用远程桌面	1
	任务二 VPN 软件的使用	难点	会使用 VPN 软件	
合计学时				6

2. 教学资源准备

(1)软件资源:IE 浏览器、SnagIt 软件、ACDSee 软件、光影魔术软件、酷我音乐软件、Adobe Reader 软件。

（2）硬件资源：安装 Windows XP 操作系统的计算机，每台计算机配备一套带麦克风的耳机。

8.1.3 应用背景

小刘是某公司的办公室秘书，经常要在网上查看各种资料信息，同时在休闲之余在网上看看电影、听听歌。网络就是她一个很好的助手，可以帮助她更好方便阅读和休闲娱乐。

那么对于她该如何更快、更熟练地掌握上网技巧呢？

8.2 项目一 使用图形图像处理工具

学生通过讨论，制定为所选照片进行处理的工作方案。并通过上网查找资料，了解图形图像工具，掌握 Snagit、光影魔术手等工具软件的使用方法

准备为班级制作"班级新年活动相册"，其中要对班级照片素材进行挑选、修改、艺术加工，完成这项工作需要使用图形图像处理工具，以达到满意的效果。

8.2.1 任务一 屏幕捕获工具——SnagIt

SnagIt 是一款非常精致且功能强大的屏幕捕获工具，它不仅可以捕捉屏幕、文本和视频图像，还可以对捕获的图像进行编辑，SnagIt 还可以将捕获的图像保存为 AVI 文件，并支持 Microsoft 的 DirectX 技术，以方便抓取 3D 游戏图片。

1. 捕获图像

（1）选择捕获方案。
- 启动 SnagIt，进入其操作界面，如图 8-1 所示。
- 在菜单栏中选择【捕捉】→【输入】→【区域】命令，如图 8-2 所示。或者在"基础捕获方案"选项组中单击 图标，选择"范围"捕获图像方案。
- 用图片浏览器打开小狗图片，来捕获图片上的小狗。

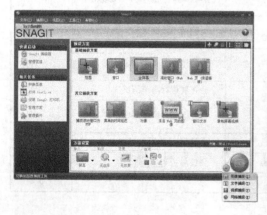
图 8-1 SnagIt 9.0.0 操作界面

图 8-2 选择"范围"捕获图像方案

(2) 捕获图像。

- 单击 SnagIt 操作界面中的 ● 按钮或按快捷键【Print Screen】开始捕获。SnagIt 界面将自动最小化到任务栏并显示为 ● 图标。
- 按住鼠标左键拖曳出用户需要捕获的图像范围，如图 8-3 所示。释放鼠标左键后随即打开 SnagIt 编辑器，用户可以预览和编辑捕获的图像，如图 8-4 所示。

图 8-3　捕获图像范围　　　　图 8-4　预览和编辑捕获图像

2. 编辑图像

（1）捕获图像。

- 启动 SnagIt，在"基础捕获方案"选项组中选择"窗口"捕获图像方案，如图 8-5 所示。下面来捕获 QQ 用户登录界面。

图 8-5　选择"窗口"捕获图像方案

- 打开 QQ 用户登录界面，单击 SnagIt 主界面中的按钮或按【Print Screen】快捷键开始捕获，移动鼠标指针选择用户需要捕获的窗口，被选中的窗口会加上红色的边框，如图 8-6 所示。然后打开 SnagIt 编辑器，如图 8-7 所示。

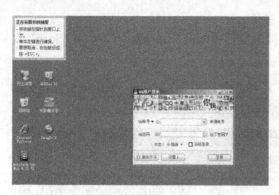 

图 8-6 捕获窗口　　　　　　　　　图 8-7 SnagIt 编辑器

（2）编辑图像。

● 在 SnagIt 编辑器的"绘图"选项卡中，单击"绘图工具"面板中的 A 图标，在"式样"面板中单击 Abc 图标（第 1 个），如图 8-8 所示。

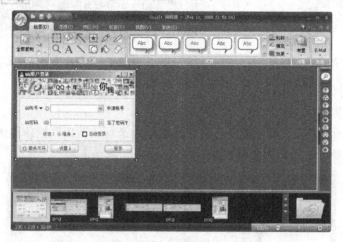

图 8-8 选择标注样式

● 在捕获的图像上拖动鼠标，将显示一个圆角矩形的标注框，释放鼠标左键将弹出"编辑文字"对话框，在其中输入需要标注的文字，如图 8-9 所示。

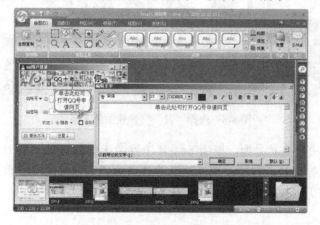

图 8-9 输入标注文字

- 单击 确定 按钮，完成文字标注。将鼠标指针移动到标注上面，当鼠标指针变成图标✥时，按住鼠标左键不放就可移动标注。调整如图 8-10 所示。标记处的 3 个黄色控制按钮，可以调整标注的位置和大小。

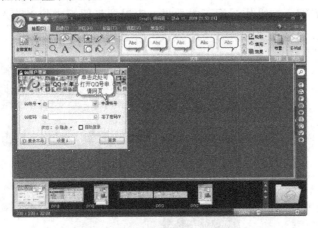

图 8-10　调整标注的位置和大小

- 切换到"图像"选项卡，单击"图像式样"面板中的 ▓ 图标，为捕获的图像添加边缘效果，如图 8-11 所示。

图 8-11　添加边缘效果后的图片

- 编辑完成后，单击工具栏上的 ▓ 按钮，保存图像，最终效果如图 8-12 所示。

图 8-12　编辑后的效果图

(3) 进行视频捕捉。

① 选择捕获方案。单击 SnagIt 操作界面右下方的 按钮，在打开的下拉列表中选择"视频捕捉"选项，如图 8-13 所示。

② 设置捕获方案。在操作界面下方的"方案设置"面板中将"输入"样式设置为"窗口"，"输出"样式设置为"无选择"，"效果"样式设置为"无效果"，如图 8-14 所示。

图 8-13 选择"视频捕获"选项　　　　图 8-14 设置视频捕获方案

3. 捕获视频

(1) 打开需要捕捉的视频，在播放的同时按【Print Screen】快捷键。可见捕获的区域以白色边框显示，同时弹出"SnagIt 视频捕捉"对话框，如图 8-15 所示。

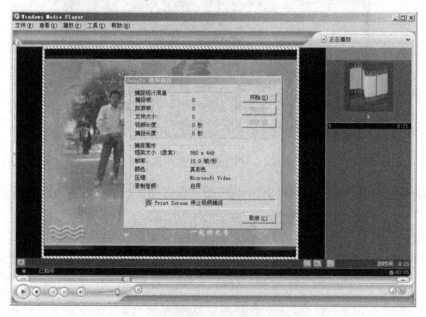

图 8-15 选择视频捕获

(2) 单击 开始(S) 按钮，开始捕获视频图像，视频图像边缘的白色边框开始闪烁，然后双击 Windows Media Player 任务栏右边的 图标或者按【Print Screen】快捷键，将再次弹出"SnagIt 视频捕捉"对话框，如图 8-16 所示。

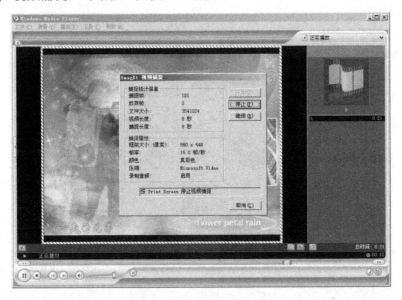

图 8-16　再次弹出"SnagIt 视频捕捉"对话框

（3）单击 按钮，打开 SnagIt 编辑器，即可预览和编辑所捕获的视频图像，如图 8-17 所示。

图 8-17　预览所捕获的图像

（4）单击工具栏上的 按钮，将捕获的图像保存为 AVI 格式的视频文件。

8.2.2　任务二　图像管理工具——ACDSee

ACDSee 是目前流行的数字图像管理软件，广泛应用于图片的获取、管理、浏览、优化等方面，可以轻松地处理数码影像。ACDSee 支持多种格式的图形文件，并能完成格式间的相互转换，还能进行批量处理。同时，ACDSee 也能处理如 MPEG 之类常用的视频文件。

1. 浏览图片

（1）打开浏览的图片。

① 启动 ACDSee，进入其操作界面，如图 8-18 所示。

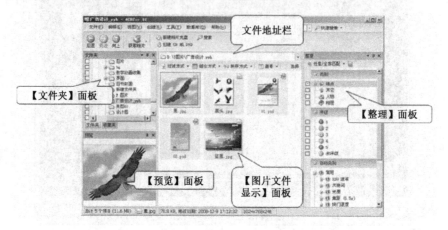

图 8-18　ACDSee 10.0 操作界面

② 在"文件夹"面板的列表中依次单击文件夹前的 ➕ 图标，展开图片所在盘符，展开后选中含有图片的文件夹，这里展开"D:\T 图片\bg"文件夹，在右侧的"图片文件显示"面板中便可浏览到"bg"文件夹中的所有图片，如图 8-19 和图 8-20 所示。

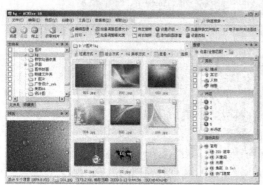

图 8-19　浏览文件夹中的图片

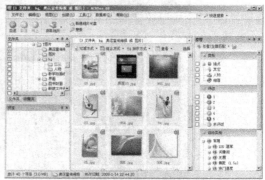

图 8-20　浏览多个文件夹中的图片

③ 在"图片文件显示"面板中选中需要浏览的图片，将会弹出一个放大的显示图片，在左下角的"预览"面板中也会显示此图片，如图 8-21 所示。

（2）选择浏览方式。

① 单击"图片文件显示"面板上方的 过滤方式 按钮，打开如图 8-22 所示的"过滤方式"下拉列表，选择列表中的"高级过滤器"选项，弹出如图 8-23 所示的"过滤器"对话框，通过设置"应用过滤准则"选项组下面的准则对图片进行过滤。

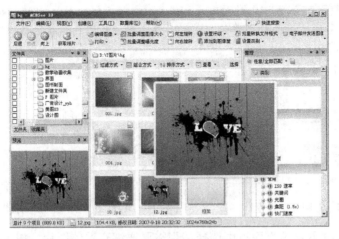

图 8-21　选中并浏览图片

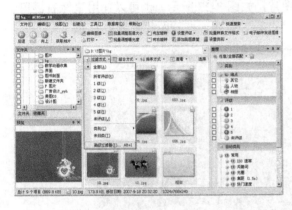

图 8-22　对图片进行过滤

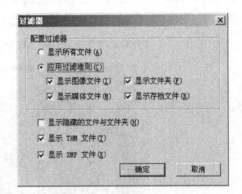

图 8-23　"过滤器"对话框

② 单击"图片文件显示"面板上方的 排序方式 按钮，在打开的"排序方式"下拉列表中可以选择按"文件名称"、"大小"、"图像类型"等进行排序，如图 8-24 所示。

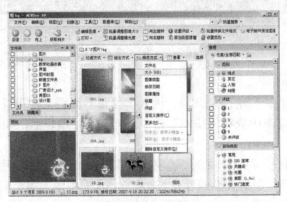

图 8-24　对图片进行排序

③ 单击"图片文件显示"面板上方的 查看 按钮，打开如图 8-25 所示的"查看"下拉列表，可以选择"平铺"、"图标"等显示方式。如图 8-26 所示即为选择以"平铺"方式进行浏览的效果。

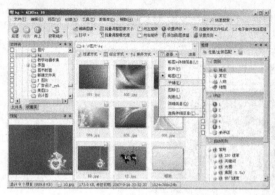
图 8-25　对图片进行查看

图 8-26　以"平铺"方式浏览图片

④ 在"图片文件显示"面板中选择某张需要详细查看的图片，按【Enter】键或双击该图片，即可打开图片查看器预览选中的图片，如图 8-27 所示。也可以使用鼠标右键单击要预览的图片，在弹出的快捷菜单中选择"查看"命令，打开图片查看器。

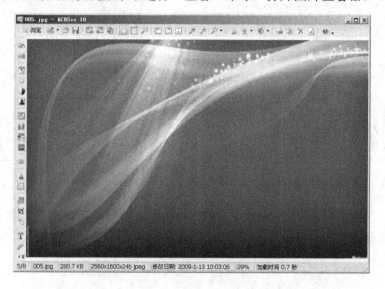
图 8-27　图片查看器

2．编辑图片

（1）进入编辑模式。启动 ACDSee，进入其操作界面后，使用鼠标右键单击待编辑的图片，在弹出的快捷菜单中选择"编辑"命令，打开图片编辑器，如图 8-28 所示。

（2）调整图片大小。

① 选择"编辑面板"列表框中的"调整大小"选项，切换到"调整大小"面板，在"预设值"下拉列表中选择所需的大小或者在"像素"文本框中输入用户需要的大小，如图 8-29 所示。

② 向下拖动标记的滑块，将下方的控制按钮显示出来，如图 8-30 所示。单击 完成 按钮，完成图像大小的调整。

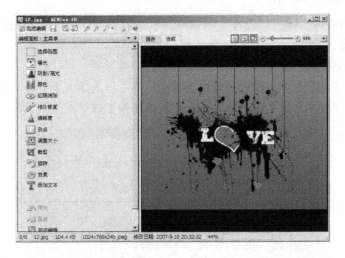

图 8-28 打开待编辑的图片

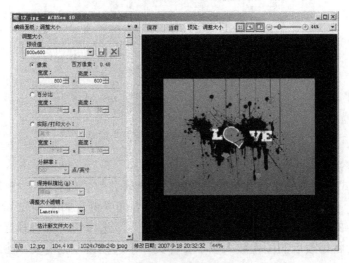

图 8-29 调整图片大小

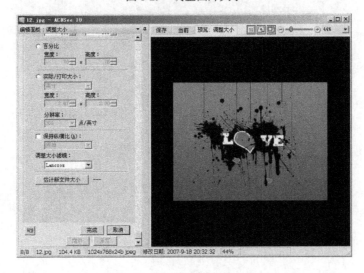

图 8-30 调整图片大小完成

③ 单击 ✕ 按钮，弹出"保存"对话框，单击 另存为 按钮，保存设置后的图片。

3．批量修改图片

（1）打开转换工具。

在"图片文件显示"面板中选择要转换的图片（可以选择多个文件）后，选择菜单栏中的【工具】→【转换文件格式】命令，弹出"批量转换文件格式"对话框，如图 8-31 所示。

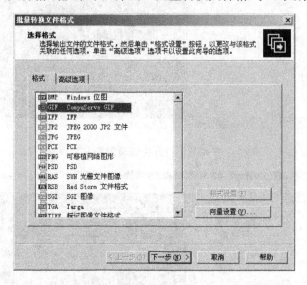

图 8-31 "批量转换文件格式"对话框

（2）相关参数设置。

① 在【格式】选项卡中选择要转换成的格式选项，这里选择 GIF 格式。

② 单击 下一步(N)> 按钮，进入"设置输出选项"向导页，如图 8-32 所示。若选择"目的地"选项组中的"将修改后的图像放入源文件夹"单选按钮，则替换当前所选择的图形文件；若选择"将修改后的图像放入以下文件夹"单选按钮，则需要单击右方的按钮，在弹出的"浏览文件夹"对话框中指定新的保存路径，这里选中前者。

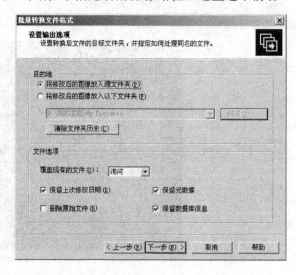

图 8-32 "设置输出选项"向导页

③ 单击 下一步(N) 按钮，进入"设置多页选项"向导页，如图 8-33 所示。其主要针对 CDR 格式的图片，这里保持默认设置即可。

④ 单击 开始转换 按钮，进入"转换文件"向导页，如图 8-34 所示，文件转换结束后，单击 完成 按钮即完成此次操作。

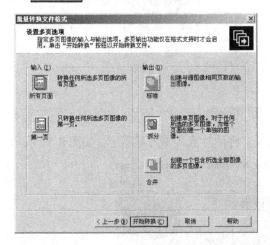
图 8-33 "设置多页选项"向导页

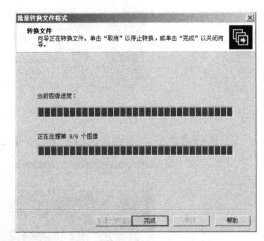
图 8-34 "转换文件"向导页

8.2.3 任务三　图像处理工具——光影魔术手

光影魔术手是一款改善图片画质以及个性化处理图片的软件。其具有简单、易用的特点，除了基本的图像处理功能外，还可以制作精美相框、艺术照、专业胶片等效果。

1. 图像调整功能

（1）打开要处理的图片。

① 启动光影魔术手应用程序，进入其操作界面，如图 8-35 所示。

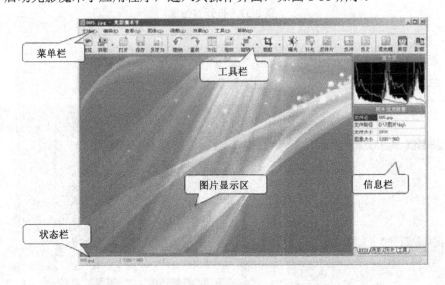
图 8-35 光影魔术手操作界面

② 单击工具栏中的"打开"按钮，弹出"打开"对话框，如图 8-36 所示。

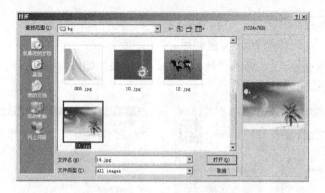

图 8-36 "打开"对话框

③ 选择要打开的图片后,单击【打开】按钮,将图片载入图片显示区,如图 8-37 所示。

图 8-37 打开的图片

(2) 旋转图片。

① 单击工具栏中的 按钮,弹出"旋转"对话框,如图 8-38 所示。

② 单击 任意角度 按钮,弹出"自由旋转"窗口。

图 8-38 "自由旋转"窗口

③ 将鼠标指针置于左边的图片显示区域,在鼠标指针经过的地方将会出现虚线坐标,以帮助用户确定水平和垂直的角度,如图 8-39 所示。

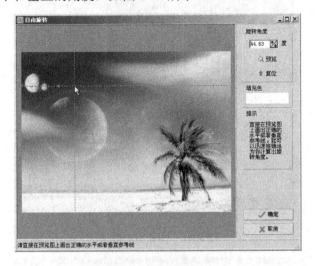

图 8-39　坐标定位

④ 按住鼠标左键不放,拖曳鼠标绘制一条旋转辅助线,此时旋转的角度已经由软件自动计算出来,如图 8-40 所示的标记处 。

图 8-40　绘制旋转辅助线

⑤ 单击 预览 按钮,可预览旋转效果,如图 8-41 所示。

⑥ 如果满足用户需要的旋转效果,单击 确定 按钮,完成旋转,如图 8-41 所示;如果不满足用户需要的旋效果,单击 复位 按钮,可重新旋转。

2. 解决数码照片的曝光问题

(1)打开需要处理的图片。

(2)选择数码补光功能。

① 单击工具栏中的 补光 按钮,软件将自动提高暗部的亮度,同时,亮部的画质不受影

响，效果如图 8-43 所示。

图 8-41　预览旋转效果

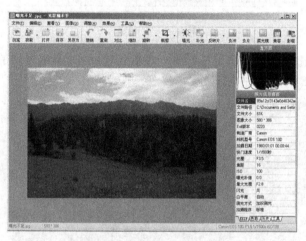

图 8-42　打开曝光不足的照片

图 8-43　第一次补光后的效果

② 再单击 ![补光] 按钮两次，最终效果如图 8-44 所示。

图 8-44　3 次补光后的效果

3．制作个人艺术照

（1）打开个人照片。启动光影魔术手应用程序，打开一张个人照片，如图 8-45 所示。

图 8-45　打开个人照片

（2）制作影楼人像。
- 在菜单栏中选择【效果】→【影楼风格人像照】命令，弹出"影楼人像"对话框，如图 8-46 所示。
- 在"色调"下拉列表中选择"冷绿"选项，如图 8-47 所示。
- 单击 ![确定] 按钮，此时的图片效果如图 8-48 所示。

图 8-46 "影楼人像"对话框　　　　　图 8-47 选择"冷绿"选项

图 8-48 添加"冷绿"效果后的图片

（3）制作撕边边框

① 在菜单栏中选择【工具】→【撕边边框】命令，弹出"撕边边框"对话框，如图 8-49 所示。

② 在边框样式中选择名为"letter1"的撕边样式，如图 8-50 所示。

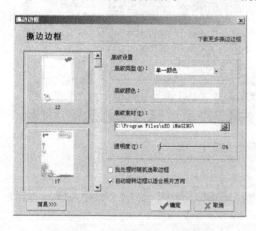 

图 8-49 "撕边边框"对话框　　　　　图 8-50 选择撕边样式

③ 单击 ✔确定 按钮，添加撕边边框效果后的图片如图 8-51 所示。

图 8-51　添加撕边边框效果后的图片

（4）制作花样边框。

① 在菜单栏中选择【工具】→【花样边框】命令，弹出"花样边框"对话框，如图 8-52 所示。

② 在"花样边框"下拉列表中选择"简洁"选项，然后在边框样式中选择名为"Book2"的相框样式，如图 8-53 所示。

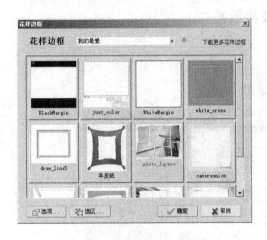

图 8-52　"花样边框"对话框

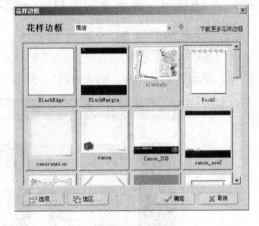

图 8-53　选择相框样式

③ 单击 确定 按钮，添加花样边框效果后的图片如图 8-54 所示。

图 8-54　添加花样边框效果后的图片

8.3　项目二　使用音频播放、阅读工具

学生通过讨论，制定为所选照片进行处理的工作方案。并通过上网查找资料，了解音频视频处理工具，掌握酷我音乐盒、Windows Movie Maker 等工具软件的使用方法。

8.3.1　任务一　音乐播放工具——酷我音乐盒

1．播放网络音乐

（1）网络歌曲选择

① 启动酷我音乐盒，打开如图 8-55 所示的操作界面

图 8-55　酷我音乐盒界面

② 打开的是"今日推荐"选项卡，其中是软件服务器端推荐的目前最流行的各种音乐专辑和歌曲。

③ "网络曲库"选项，切换到"网络曲库"选项卡，如图 8-56 所示。

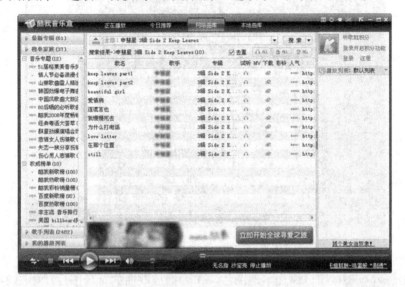

图 8-56 "网络曲库"选项卡

④ "网络曲库"选项卡中陈列了丰富的歌曲，在左侧区域中将歌曲分为了"最新专辑"、"榜单家族"、"歌手列表"和"我的播放列表"4 大版块。在"最新专辑"中单击某个歌手的名字即可打开该歌手的最新专辑歌曲列表，如图 8-57 所示。

图 8-57 专辑歌曲列表

⑤ "专辑"栏的右边还有"试听"栏、"MV"栏、"下载"栏、"彩铃"栏和"人气"栏，栏标题下面显示相应图标的表明软件可提供相应的服务。如某歌曲的"MV"栏标题下面显示 图标，则表明该歌曲提供了"MV"服务，单击 图标可观看歌曲的 MV。

（2）设置播放属性。

① 单击某歌曲的 图标播放该歌曲，单击 按钮，切换到如图 8-58 所示的"正在播放"选项卡，在该框中将滚动显示该歌曲中的"歌词"。

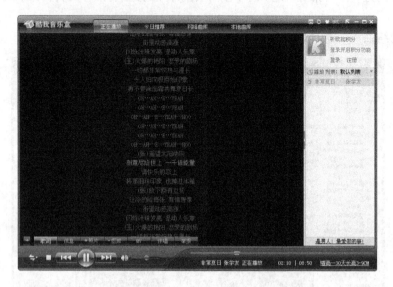

图 8-58 "正在播放"选项卡

② 单击 +照片 按钮,添加本地图片,作为播放歌曲的背景图片,如图 8-59 所示。

③ 选择图片后,单击 确定 按钮,完成添加。播放音乐的同时就可以缓缓地展示添加的图片了,如图 8-60 所示。

图 8-59 添加本地图片

图 8-60 将本地图片作为背景

④ 单击 ▼图库 按钮,可在网络上搜索该歌曲的相关图片来作为播放背景,如图 8-61 所示。

⑤ 单击 MV 按钮,将自动在网络上搜索并播放该歌曲的 MV,如搜索 MV 失败将显示如图 8-62 所示的提示信息。

⑥ 单击 伴唱 按钮,将播放该歌曲的伴唱。

常用工具软件 第8章

图 8-61 将网络图片作为背景

图 8-62 提示信息

2. 播放本地歌曲
（1）添加本地歌曲。
单击 本地曲库 按钮，切换到如图 8-63 所示的"本地曲库"选项卡。

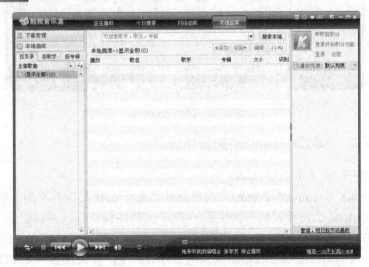

图 8-63 "本地曲库"选项卡

单击 +添加 按钮，弹出"添加到本地曲库"对话框，选择"搜索歌曲文件夹"单选按钮，如图 8-64 所示。

单击 添加文件夹 按钮，弹出"浏览文件夹"对话框，选择存放音乐的文件夹，如图 8-65 所示。

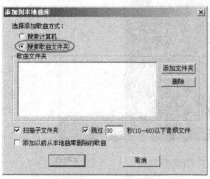

图 8-64　添加到本地曲库　　　　　　　　图 8-65　选择音乐文件夹

单击 确定 按钮，完成音乐文件夹的添加。单击 启动添加 按钮，即可将本地音乐文件添加到【本地曲库】中，如图 8-66 所示。单击  图标即可播放该歌曲。

图 8-66　添加本地曲目

8.3.2　任务二　Adobe Reader 的基本操作

1. 下载和安装 Adobe Reader

PDF（Portable Document Format）文件格式是电子发行文档的事实上的标准。Adobe Reader 是美国 Adobe 公司开发的一款优秀的 PDF 文档阅读软件。可以使用 Reader 查看、打印和管理 PDF。在 Reader 中打开 PDF 后，可以使用多种工具快速查找信息。如果用户收到一个 PDF 表单，则可以在线填写并以电子方式提交。如果收到审阅 PDF 的邀请，则可使用注释和标记工具为其添加批注。使用 Reader 的多媒体工具可以播放 PDF 中的视频和音乐。如果 PDF 文件包含敏感信息，则可利用数字身份证对文档进行签名或验证。

Adobe Acrobat(Acrobat Reader) XI 新版最大的亮点是 PDF 文件可以与 Office 文件实现相互转换和无缝对接。同时 Acrobat XI 支持云端功能，除了可以将文件储存在 Microsoft SharePoint 服务器和 Office 365 之外，同时 Adobe 也支持自己的 Acrobat.com 云端服务，同时更整合了专门为平板和移动设备设计的多项功能，让用户可以轻松地在智能手机和平板电脑上进行触控操作。

目前 Adobe Reader 最新的版本为 11.0.6，属于免费软件。用户可到 http://www.adobe.com/cn/ products/ acrobat/ readstep2.html 下载，安装文件为 42.5MB 左右。

下载完成后，双击安装文件"AdobeRdr90_zh_CN.exe"即启动该软件的安装向导，然后根据安装向导的提示进行选择便可顺利完成安装过程。

2．阅读 PDF 文档

回到桌面单击【开始】→【所有程序】→【Adobe Reader 9】命令，进入 Adobe Reader 的 PDF 浏览器窗口。选择【文件】→【打开】菜单选项，进入"打开文件"对话框，选择要打开的 PDF 文档，单击"打开"按钮，打开的 PDF 文档便自动出现在 Adobe Reader 窗口中，如图 8-67 所示。鼠标指针放在阅读窗口中会变成小手形状，通过鼠标可以上下拖动页面，通过工具栏上的【上一页】、【下一页】按钮，可以进行 PDF 文档翻页。

在 Adobe Reader 的左侧选择页面按钮，可以看到 PDF 文档的页面缩略图按顺序排列，如果用户需要阅读某页上的内容，可以在"页面"缩略图中选择相应的缩略图。另外在左侧栏中还有注释、附件选项，用户可以根据阅读 PDF 文档的需要选择所需的方式。在阅读文档时还可以单页、单页连续、双联、双联连续方式进行阅读，通过菜单【视图】→【页面显示】选项进行相应的选择。如果有倒放的 PDF 文件需要查看，可选择【视图】→【旋转视图】→【顺时针】或【逆时针】菜单将其旋转正放后再进行查看。

图 8-67　Adobe Reader 窗口

3. 复制 PDF 文档内容

普通 PDF 文档支持文本复制功能，但受保护的除外。打开 PDF 文档，选择【工具】→【选择和缩放】→【选择工具】菜单，此时鼠标指针就由手形变成 I 形，把指针定位到需要复制文本的开始，用鼠标左键拖拉文本内容，将其选中，选中的文字呈蓝色显示，如图 8-68 所示，然后右击鼠标，在弹出的右键菜单中选择"复制"选项。可将复制的内容粘贴到记事本或 Word 文档中。

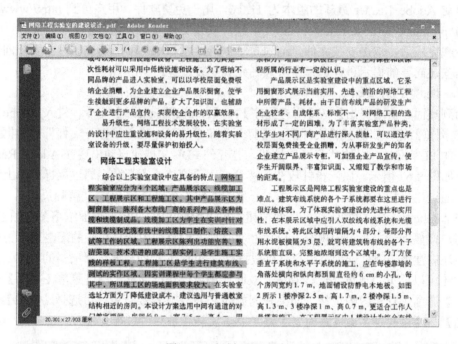

图 8-68　复制 PDF 文本

4. 复制 PDF 图片内容

Adobe Reader 支持将 PDF 文档中的图片或文本以图形的方式复制出来，此工具被称为"快照"。打开 PDF 文档，选择【工具】→【选择和缩放】→【快照工具】菜单，此时鼠标指针就由手形变成"+"形，把指针定位到需要复制内容的开始，按住鼠标左键拖拉，将其选中，选中的区域呈蓝色显示，如图 8-69 所示，然后右击鼠标，在弹出的快捷菜单中选择"复制选定的图形"选项。可将复制的内容粘贴到 Word 文档或其他图形处理软件中。

5. 朗读 PDF 内容

Adobe Reader 支持将 PDF 文档中的文本以声音的形式展示出来。方法是打开 PDF 文档，选择【视图】→【朗读】→【启用朗读】菜单，此时音箱或耳机会传来该文档的阅读声音。如果选择"仅朗读本页"，就可听到关于本页文档的朗读。如果选择"朗读到文档结尾处"，朗读将在 PDF 文档的结束处停止。如果用户安装了中文版 Office 2003 的语音输入功能（通常在安装中文版 Office 2003 时如果选择完全安装，则汉语的声音库文件会自动被安装），在 Adobe Reader 中还可以朗读中文内容。

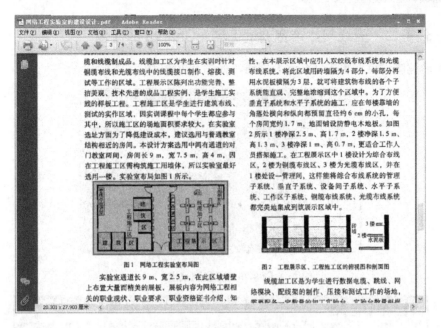

图 8-69 复制 PDF 图形

8.4 项目三 网速测试

8.4.1 预备知识

网速测试、网络速度测试服务，建议多次测试后取平均值，也可分时段进行测试，如每日早晚进行测试取平均值；网速测试同时会受硬件和宽带的影响。网速一般是指你用计算机/手机上网时，上传和下载的速度。要提高网速，还要看你的 ISP 的情况，比如让他加大带宽，还有网络软件，可以提高拨号的速度。

如果在线测网速，请注意以下几点：

（1）建议使用 IE 内核的浏览器进行网速测试，否则可能无法显示网速测试的结果。

（2）测网速时若本机运行程序占用网络带宽，则可能会使网速测试速度变慢，例如，在线听歌（酷狗）、视频电影、BT 下载等，将会影响网速测试的准确性。

（3）上网高峰时间，服务器响应过多也可能导致网速测试结果不准确，如晚上测出的网速数据相对早上要慢，建议避开高峰时段进行网速测试。

（4）在不同时间段，分别多测几次网速，然后取平均值。

8.4.2 任务一 在线网速测试

以下几个网址，都能较好地在线测试网速：

http://www.wangsu123.cn/

http://tool.cncn.com/cewangsu/

http://www.wangsu.org/

http://tool.chinaz.com/speedtest.aspx

8.4.3 任务二 无线网络带宽测试工具 IxChariot 的使用

(1) 新建测试点，单击【New】按钮，如图 8-70 和图 8-71 所示。

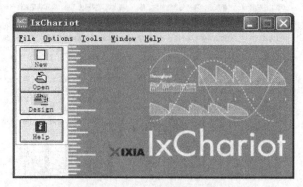

图 8-70 新建测试点

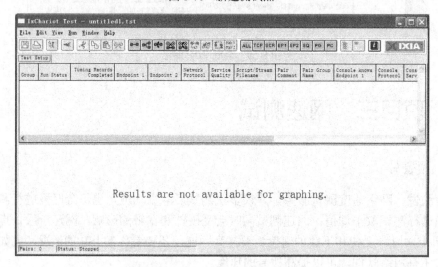

图 8-71 建立测试点

(2) 单击 按钮，新建需要测试的网络接点，如图 8-72 所示。

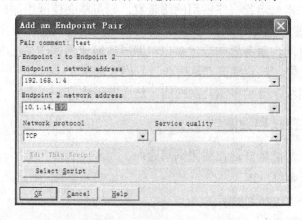

图 8-72 新建需要测试的网络接点

(3) 选择对应的脚本文件，如图 8-73 所示（该脚本文件会发到你注册的邮箱）。

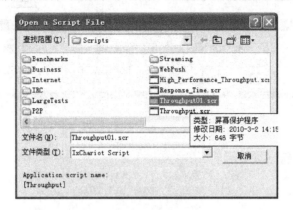

图 8-73　选择对应的脚本文件

(4) 查看对应的脚本文件数据，单击 Edit This Script 按钮，查看数据是否正确，如图 8-74 和图 8-75 所示，数据准确就可以开始测试了。

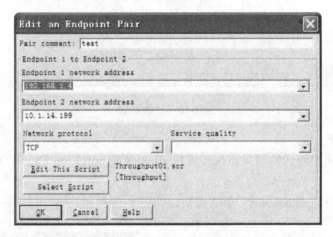

图 8-74　查看对应的脚本文件数据

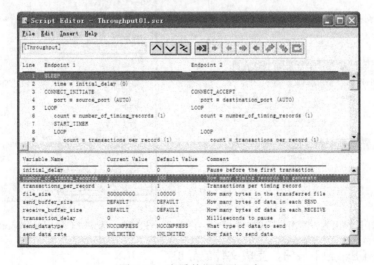

图 8-75　查看数据是否正确

(5)单击 [图标] 按钮开始测试,如图8-76所示;另外,单击 [图标] 按钮更换测试方向。

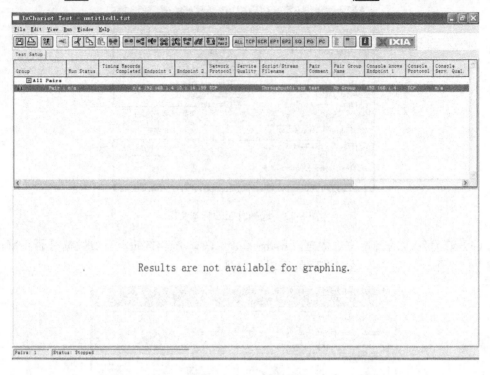

图8-76 开始测试

保存测试结果

(1)如果想保存测试的结果,执行【File】→【Export】→【To HTML…】命令,如图8-77所示。

(2)选中"Complete report"单选按钮,如图8-78所示。

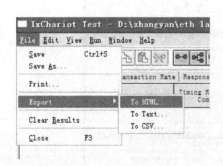

图8-77 打开导出为HTML格式文件

图8-78 选中"Complete report"单选按钮

(3)单击【Export】按钮,完成文件的导出。

8.5 项目四 远程控制工具

8.5.1 预备知识

远程控制是指，管理人员在异地通过计算机网络异地拨号或双方都接入 Internet 等手段，连接需被控制的计算机，将被控制计算机的桌面环境显示到本地的计算机上，通过本地计算机对远方计算机进行配置、软件安装、修改等工作。远程唤醒（WOL），即通过局域网络实现远程开机。

通过远程控制，可以进行远程办公、远程教育、远程维护，远程协助，任何人都可以使用远程控制技术为远程计算机用户解决问题。如安装和配置软件、绘画、填写表单等协助用户解决问题。

8.5.2 任务一 远程桌面的使用

（1）打开"远程桌面"连接，如图 8-79 所示。

图 8-79 "远程桌面"连接

（2）输入需要连接的计算机名或 IP 地址，单击【连接】按钮，如图 8-80 所示。

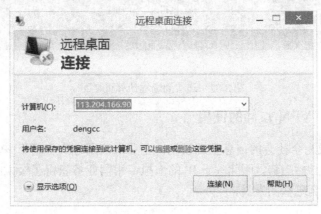

图 8-80 输入远程计算机的 IP 地址

（3）接下来输入远程计算机的用户名和密码，单击【确定】按钮即可登录，如图 8-81 所示。

图 8-81　远程桌面连接窗口

（4）此时可以看到远程计算机的桌面了，如图 8-82 所示。

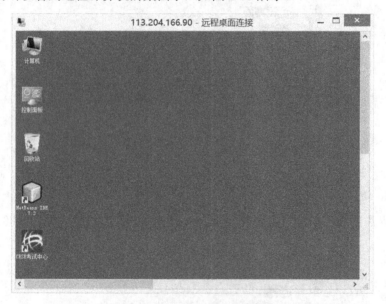

图 8-82　连接到远程计算机桌面

8.5.3　任务二　VPN 软件的使用

VPN 目前已成为全社会的信息基础设施，企业端应用也大多基于 IP，在 Internet 上构筑应用系统已成为必然趋势，因此基于 IP 的虚拟专用网业务获得了极大的增长空间。在国内，虚拟专用网得到迅猛的发展。

VPN 分类：

根据 VPN 的服务类型，可以将 VPN 分为 Access VPN、Intranet VPN 和 Extranet VPN 三类。

- Access VPN（远程访问虚拟专网）

在该方式下远端用户拨号接入到用户本地的 ISP，采用 VPN 技术在公众网上建立一个虚拟的通道到公司的远程接入端口。这种应用既可适应企业内部人员移动和远程办公的需要，又可用于商家提供 B2C（企业对客户）的安全访问服务。

- Intranet VPN（企业内部虚拟专网）

在公司的两个异地机构的局域网之间在公众网上建立 VPN，通过 Internet 这一公共网络将公司在各地分支机构的 LAN 连接到公司总部的 LAN，以便公司内部的资源共享、文件传递等，可以节省 DDN 等专线所带来的高额费用。

- Extranet VPN（扩展的企业内部虚拟专网）

在企业网与相关合作伙伴的企业网之间采用 VPN 技术互连，与 Intranet VPN 相似，但由于是不同公司的网络相互通信，所以要更多地考虑设备的互连、地址的协调、安全策略的协商等问题。公司的网络管理员还应该设置特定的访问控制表 ACL（Access Control List），根据访问者的身份、网络地址等参数来确定相应的访问权限、开放部分资源而非全部资源给外联网的用户。

Extranet VPN 通过使用一个专用连接的共享基础设施，将客户、供应商、合作伙伴或兴趣群体连接到企业内部网。企业拥有与专用网络的相同的政策，包括安全、服务质量（QoS）、可管理性和可靠性。

使用 VPN 的优点：

- 降低费用

首先远程用户可以通过向当地的 ISP 申请账户登录到 Internet，以 Internet 作为隧道与企业内部专用网络相连，通信费用大幅度降低；其次企业可以节省购买和维护通信设备的费用。

- 增强安全性

VPN 通过使用点到点协议用户级身份验证的方法进行验证，对于敏感的数据，可以使用 VPN 连接通过 VPN 服务器将高度敏感的数据地址物理地进行分隔，只有企业 Intranet 上拥有适当权限的用户才能通过远程访问建立与 VPN 服务器的 VPN 连接，并且可以访问敏感部门网络中受到保护的资源。所有的流量均经过加密和压缩后在网络中传输，为用户信息提供了最高的安全性保护。

- 高度灵活性

用户不论是在家中、在出差途中或是在其他任何环境中，只要该用户能够接入 Internet，便能够安全地接入企业网内部。既不受地域限制，也不受接入方式限制。

- 带宽

用户可以选择使用本地服务供应商所能够提供的任何宽带接入技术，不论是 ADSL、Cable Modem，还是在信息化小区或酒店中使用以太网接入。

- 网络协议支持

VPN 支持最常用的网络协议，基于 IP、IPX 和 NetBEUI 协议，网络中的客户机都可以很容易地使用 VPN。这意味着通过 VPN 连接可以远程运行依赖于特殊网络协议的应用程序。

- IP 地址安全

因为 VPN 是加密的，VPN 数据包在 Internet 中传输时，Internet 上的用户只看到公用的 IP 地址，看不到 VPN 使用的协议。因此，利用 Internet 作为传输载体，采用 VPN 技术，实现企业网宽带远程访问是一个非常理想的企业网远程宽带访问解决方案。

随着虚拟运营商进入 VPN 服务领域，以及更多的电信业务运营的 ISP 浮出水面，国内企业对 VPN 的认识在逐步加深。现在，国内的 VPN 应用已经出现向银行、保险、运输、大型制造与连锁企业迅速扩散的趋势，这既是一种技术的跟进，也是市场发展的必然。在不远的将来，虚拟专用网技术将成为广域网建设的最佳解决方案。

可以利用 Windows 自带的 VPN 功能实现让远程的一台计算机通过 VPN 连接和你组成一个局域网。比如我想和一个朋友联机玩"魔兽争霸、DOTA"这种局域网游戏，但不想利用第三方平台进行联机，又不想每次都拿着计算机去联机，那么通过公共网络组建一个局域网进行联机游戏。

首先要配置 VPN 服务端

1. 条件

服务端必须拥有一个外网 IP，或者内网做成 DMZ 主机也可以，这样客户端就可以使用你的 IP 连接上来。

随便选择一台计算机作为服务端，服务端需要关闭所有第三方防火墙（不然可能有被阻挡，连接不上的情况），以及系统防火墙（Windows 自带的防火墙，像 DOTA 就要求关闭防火墙才能看到局域网创建的游戏列表，所以建议都关掉），这里需要注意的一点就是 Windows 7 和 Windows 8 经过测试，关闭系统自带的防火墙后，必须重启一次，才能连接成功。

2. 关闭系统防火墙

单击【开始】→【运行】（在 Windows 8 里可以使用快捷键 Win 键+R 来打开"运行"对话框，Windows 键就是键盘上显示 Windows 标志的按键。位于 Ctrl 键与 Alt 键之间）输入 services.msc 然后按回车键确定，打开服务列表，然后按图 8-83 中标示的顺序操作。

图 8-83　关闭防火墙

3. 配置 VPN

按照上面的方法打开服务列表，找到一个叫做"Routing and Remote Access"的服务，启动它，按照图 8-84 中的顺序操作。

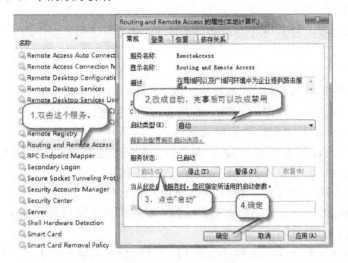

图 8-84　启动"Routing and Remote Access"

打开【控制面板】→【网络和 Internet】→【网络和共享中心】，在窗口的左侧上方可以看到一个"更改适配器设置"，单击后就能看到一个叫做"传入的连接"的图标（Windows XP 用户直接找到本地连接，就能看到了），如图 8-85 所示。

图 8-86　传入的连接

在弹出的属性对话框的"常规"选项卡中，勾选"虚拟专用网络"复选框，然后切换到"用户"选项卡，如图 8-86 所示。

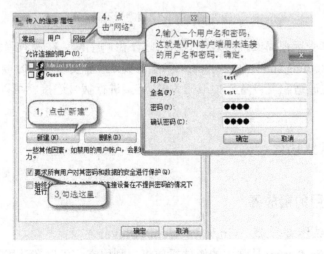

图 8-86　用户选项卡

到此，服务端的配置完成，接下来介绍客户端的连接。然后使用客户端计算机连接到 VPN 服务端计算机。

（1）打开【控制面板】→【网络和 Internet】→【网络和共享中心】，选择"设置新的连接或网络"。

（2）选择"连接到工作区"，单击【下一步】按钮。

（3）选择"使用我的 Internet 连接(VPN)"。这一步，需要输入 VPN 服务端的公网 IP 地址，目标名称只是本地标识用，然后单击【下一步】按钮。

（4）输入 VPN 服务端创建的用户名和密码，然后开始连接。

这时候如果 VPN 服务端公网 IP 无误的话，就可以连接上了。我们可以在【网络和共享中心】→【更改适配器设置】中看到这个 VPN 连接了。

但现在，还存在一个问题，VPN 的客户端无法上网了，只能和 VPN 服务端进行局域网通信，这是因为客户端还有个地方需要设置，就能实现既能和远程的 VPN 服务端在一个局域网，又能自己上互联网。

打开【控制面板】→【网络和 Internet】→【网络和共享中心】，选择"更改适配器设置"，在其中可以看到 VPN 连接图标，右击此图标，然后选择"属性"，进入图 8-87 所示的窗口。

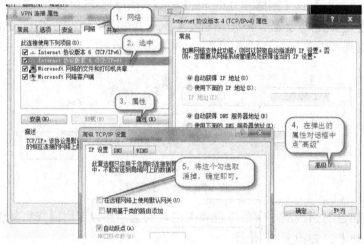

图 8-87　按标示顺序号设置

到此，可以享受远程局域网游戏的联机，还不影响上网。在没有联机的时候，可以将 VPN 服务端的"Routing and Remote Access"服务关闭，需要使用的时候再开启，而客户端这边只需要在"更改适配器设置"中双击 VPN 连接进行拨号连接就可以了。

8.6　知识拓展

8.6.1　其他常用的播放器

1. 强大的媒体播放器 Windows Media Player

Windows Media Player 是强大的媒体播放机，利用它，可以在计算机上轻松地管理、查找、播放 MP3 歌曲，VCD，DVD 等各种数字媒体。Window Media Player 是完全免费下载的。

2. Windows Movie Maker 2.1

Windows Movie Maker 2.1 使制作家庭电影充满乐趣。使用 Movie Maker 2.1，您可以在个人计算机上创建、编辑和分享自己制作的家庭电影。通过简单的拖放操作，精心的筛选画面，然后添加一些效果、音乐和旁白，家庭电影就初具规模了。之后您就可以通过 Web、电子邮件、个人计算机或 CD，甚至 DVD，与亲朋好友分享您的成果了。您还可以将电影保存到录影带上，在电视中或者摄像机上播放。

3. 暴风影音

暴风影音——全球领先的万能播放器一次安装、终身更新，再也无须为文件无法播放烦恼。支持数百种格式，并在不断更新中。专业媒体分析小组双重更新，持续升级。新增动态换肤、播放列表、均衡器等功能。新增在线视频总库 2627 万，高清 12 万，每日新增 500 部。在线视频几乎没有缓冲时间，播放流畅清晰，无卡段。支持 456 种格式，新格式 15 天定期更新。领先的 MEE 播放引擎专利技术，效果清晰，CPU 占用降低 50%以上。

4. 终极解码

"终极解码"是一款全能型、高度集成的解码包，自带三种流行播放器（MPC/KMP/BSP）并对 WMP 提供良好支持，可在简、繁、英 3 种语言平台下实现各种流行视频音频的完美回放及编码功能。推荐安装环境的是 Windows XP、DirectX 9.0C、Windows Media Player 9/10、IE6，不支持 Windows 9x。若需要和 Realplayer (Realone Player) 同时使用，请在安装时不要选择 Real 解码器，QuickTime 类似。安装前请先卸载与本软件功能类似的解码包及播放器，建议安装预定的解码器组合，以保证较好的兼容性。

8.6.2 iSee 数字图像工具

iSee 是一个功能全面的国产免费数字图像处理工具，它能轻松进行图片的浏览、管理、编辑，甚至是与人分享。目前的最新版是 iSee 3.9.3.0，在图像处理方面具有抠图、照片排版、个性化礼品定制等实用功能。

iSee 的主要功能有：

（1）支持各种常用图形、RAW 原始图片、Flash 动画的快速浏览、编辑、保存、导入、导出。

（2）快速的缩略图预览模式，自由设置壁纸或 Windows 登录背景，简单方便的邮件发送功能。

（3）具有傻瓜式图像处理方法。包括旋转、亮度/对比度/饱和度/RGB 调节、尺寸调节、添加特效文字、图像特效、填充/删除/剪裁/抠图、边缘羽化、背景虚化、去除选区红眼、添加水印等。

（4）具有半专业的色彩调整系列功能，如反转负冲、白平衡调节、曲线调节等。

（5）支持 20 多种图像特效，快速实现各种有趣的图像效果，如锐化、模糊、抽丝、怀旧照片、浮雕/雕刻等。

（6）具有相册处理功能，有强大的照片排版能力，可快速制作贴纸、日历、卡片、信纸等，可合成相册程序、活动壁纸、屏保或 AVI 视频，支持自定义特效和背景音乐。

8.7 小结

本章主要描述了图像浏览器 ACDSee、SnagIt 软件、PPLive 等软件的使用，学习者应该掌握图像浏览器、文本浏览器的使用能力。

8.8 能力鉴定

本章主要为操作技能训练，能力鉴定以实作为主，对少数概念可以教师问学生答的方式检查掌握情况。

表 8-2 能力鉴定记录表

序号	项目	鉴定内容	能	不能	教师签名	备注
1	项目一 使用图形图像处理工具	会使用 SnagIt 工具抓图				
2		会使用 ACDSee 查看器				
3		会使用光影魔术手				
4	项目二 使用音频播放、阅读工具	会使用酷我音乐盒				
5		会使用 Adobe Reader				
6	项目三 网速测试	在线网速测试				
7		无线网络带宽测试工具 IxChariot 的使用				
8	项目四 远程控制工具	远程桌面的使用				
9		VPN 软件的使用				

8.9 习题

1．现有一张数码相机拍摄的照片分辨率为 3840×2064 像素，需要将它修改为 600×480 像素后上传到 Internet，请简述通过 ACDSee 修改该图片大小的步骤？

2．如何复制 PDF 图片内容，请简述操作步骤？